新編
化学工学

Chemical Engineering

架谷昌信 監修

共立出版

〈監　修〉
架谷昌信　愛知工業大学工学部

〈編　集〉
板谷義紀　岐阜大学工学部

〈執筆者〉　五十音順
板谷義紀　岐阜大学大学院工学研究科
上宮成之　岐阜大学工学部
小倉裕直　千葉大学大学院工学研究科
加藤禎人　名古屋工業大学つくり領域
神原信志　岐阜大学大学院工学研究科
窪田光宏　名古屋大学大学院工学研究科
汲田幹夫　金沢大学理工研究域
小林　潤　工学院大学工学部
小林信介　岐阜大学大学院工学研究科
小林敬幸　名古屋大学大学院工学研究科
出口清一　名古屋大学大学院工学研究科
中村　肇　大同工業大学工学部
成瀬一郎　名古屋大学エコトピア科学研究所
西村　顕　三重大学大学院工学研究科
二宮善彦　中部大学工学部
橋爪　進　名古屋大学大学院工学研究科
羽多野重信　株式会社ナノシーズ
坂東芳行　㈱森松総合研究所
宮本　学　岐阜大学工学部
守富　寛　岐阜大学大学院工学研究科
渡邉智秀　群馬大学大学院工学研究科
渡辺藤雄　愛知工業大学総合技術研究所

はじめに

　本書の前身版ともいえる「改訂 通論化学工学」が刊行されて以来すでに20年余り経過するが，その間に化学工学分野を取り囲む状況が大きく変貌してきている．たとえば，大学では従来のように化学工学科を冠する学科名は，大学改組に伴い一時期ほとんど消滅し，その後一部では元の化学工学科に戻すところもあるものの未だ少数といえる．このため少なくとも化学工学系の研究室に配属になるまで，多くの学生諸氏は自分の専門を化学工学と意識することが希薄になりつつあるように感じられる．また，近年では社会一般の風潮がエレクトロニクス，ナノ，バイオ，医薬をはじめとするいわゆる「最先端科学技術」へと指向されつつある．しかし，これらの分野でいかに優れた発見・発明などの成果が得られたとしても，産業として成立するためには，安定的かつ経済的な生産技術を確立するのみならず，生産に伴うシステムや体制の整備，さらには製品のニーズが社会情勢とマッチングしていることが不可欠となる．

　化学工学は，このような視点をもった技術者を養成する工学分野のひとつとして位置づけることができる．すなわち，複雑な一連の生産技術をシステムとして捉え，そこで関与する物質，エネルギー，流体などの移動現象をバランスさせつつ，平衡論，速度論，反応論を基盤とし，各要素技術となるプロセスを組み立てて最適なトータルシステムへと構築するいわゆる単位操作的な方法論を体系化してきた化学工学の役割は，あらゆる分野でますます重要性を増すであろう．

　また最近では各国のエネルギーセキュリティーが強く求められている一方で，地域のみならず温暖化等に代表される世界規模のグローバルな環境と調和した技術導入が不可欠となっている．これらの問題解決に対しても化学工学は，本質的にあるべきトータルシステムを見極めて，それを構築するためのプロセス技術課題を開発する大きなツールになりうると期待される．また同時に化学工学教育を通して，そのような問題解決のリーダーシップとなる人材育成の重要

性は論を待たない．

　上述のように化学工学を専門とする大学の学部学科が少なくなる中，本書は必ずしも化学工学を専門としない学生や技術者にも参考となるようなテキストを新たに編纂することを目指した．読者の学習する目的に応じて，各章をある程度独立して理解できるようにできる限り平易に解説することを努めた．また理解の一助となるように第1章と章末の付録には，専門内容の予備知識として役立つ熱力学，古典力学運動法則，分子運動論の概要ならびに主要な数学公式集を配するとともに，各章ではできるだけ多くの例題と章末に演習問題を取り入れた．

　本書が工学系学部および大学院学生のみならず，あらゆる分野の技術者養成のための参考になれば幸いである．

　最後に本書の執筆から刊行に至るまで細部にわたり大変お世話になった共立出版（株）の瀬水勝良氏に，編著者を代表して謝意を表したい．

2012年2月

編著者を代表して

監修　架谷　昌信

目 次

第1章　化学工学計算の基礎

- 1.1 単位と次元 ……………………………………………………………… 1
  - 1.1.1 単位とは，次元とは ……………………………………… 1
  - 1.1.2 単位換算の必要性とその方法 …………………………… 2
  - 1.1.3 無次元数 …………………………………………………… 4
- 1.2 熱力学 …………………………………………………………………… 5
  - 1.2.1 熱力学における重要な3つの法則 ……………………… 5
  - 1.2.2 平衡論 ……………………………………………………… 7
  - 1.2.3 熱-動力変換 ……………………………………………… 10
  - 1.2.4 エクセルギー …………………………………………… 12
- 1.3 収　支 ………………………………………………………………… 14
  - 1.3.1 収支の概要 ……………………………………………… 14
  - 1.3.2 物理プロセスにおける物質収支 ……………………… 15
  - 1.3.3 反応プロセスにおける物質収支 ……………………… 16
  - 1.3.4 リサイクル操作 ………………………………………… 18
  - 1.3.5 エネルギー収支 ………………………………………… 19
- 演習問題 …………………………………………………………………… 20

第2章　流体移動

- 2.1 流動の基礎 …………………………………………………………… 23
  - 2.1.1 流体の特性 ……………………………………………… 23
  - 2.1.2 流体の運動 ……………………………………………… 26
  - 2.1.3 流れの物質収支およびエネルギー収支 ……………… 30
- 2.2 流体輸送 ……………………………………………………………… 34
  - 2.2.1 管路内の圧力損失 ……………………………………… 34

	2.2.2　流体輸送機器 …………………………………………	*37*
	2.2.3　輸送機器所要動力 ……………………………………	*39*
	2.2.4　流量計 …………………………………………………	*42*
	2.2.5　流体の速度計測器（流速計）………………………	*44*
2.3	混相流動 ……………………………………………………………	*45*
	2.3.1　管内における流動様式 ………………………………	*45*
	2.3.2　混相流動となる装置 …………………………………	*48*
2.4	分離・混合 …………………………………………………………	*49*
	2.4.1　分　　離 ………………………………………………	*49*
	2.4.2　混　　合 ………………………………………………	*54*
	演習問題 ……………………………………………………………	*59*

第3章　熱移動

3.1	伝熱の基礎 …………………………………………………………	*63*
	3.1.1　熱伝導 …………………………………………………	*63*
	3.1.2　対流熱伝達 ……………………………………………	*68*
	3.1.3　熱放射 …………………………………………………	*71*
3.2	断　熱 ………………………………………………………………	*76*
	3.2.1　断熱の基本 ……………………………………………	*77*
	3.2.2　断熱材の基本 …………………………………………	*78*
	3.2.3　断熱材の最適厚さ ……………………………………	*79*
3.3	蒸発・熱交換 ………………………………………………………	*80*
	3.3.1　蒸発操作 …………………………………………………	*80*
	3.3.2　熱交換器 …………………………………………………	*85*
3.4	伝熱計測 ……………………………………………………………	*96*
	3.4.1　温度目盛の定義 …………………………………………	*96*
	3.4.2　温度計測技術の概要 ……………………………………	*96*
	3.4.3　各温度計測技術の詳細 …………………………………	*97*
	3.4.4　熱流束計測技術 …………………………………………	*103*
	演習問題 ……………………………………………………………	*104*

第4章 拡散移動・分離

- 4.1 物質移動······107
  - 4.1.1 拡散による物質移動······107
  - 4.1.2 物質伝達······110
- 4.2 気液平衡・蒸留······113
  - 4.2.1 気液平衡······113
  - 4.2.2 平衡蒸留（フラッシュ蒸留）······115
  - 4.2.3 単蒸留（微分蒸留）······116
  - 4.2.4 連続精留······117
- 4.3 吸収・吸着······123
  - 4.3.1 溶解度······123
  - 4.3.2 吸収速度······124
  - 4.3.3 吸収装置······126
  - 4.3.4 吸収塔の設計基礎······128
  - 4.3.5 吸着剤······135
  - 4.3.6 吸着平衡······136
  - 4.3.7 吸着速度······137
  - 4.3.8 吸着装置······139
  - 4.3.9 吸着操作の設計方法······140
- 4.4 調湿・乾燥······144
  - 4.4.1 調湿······144
  - 4.4.2 乾燥······147
- 演習問題······154

第5章 粉体

- 5.1 粒度分布・分級······157
  - 5.1.1 粒度分布······157
  - 5.1.2 分級······162
- 5.2 集塵・粉砕・造粒・混合······165

5.2.1　集　塵 ··· *165*
　　　5.2.2　粉　砕 ··· *166*
　　　5.2.3　造　粒 ··· *169*
　　　5.2.4　混　合 ··· *173*
　5.3　微粒子生成 ·· *175*
　　　5.3.1　気相法 ··· *175*
　　　5.3.2　液相法 ··· *176*
　　　5.3.3　固相法 ··· *179*
　　　5.3.4　微粒子のハンドリング ··· *180*
　演習問題 ·· *181*

第6章　化学反応

　6.1　化学反応の種類と反応速度 ·· *183*
　　　6.1.1　化学反応の種類 ··· *183*
　　　6.1.2　反応速度の定義 ··· *184*
　　　6.1.3　反応次数と速度定数 ·· *186*
　　　6.1.4　可逆反応と化学平衡 ·· *186*
　　　6.1.5　アレニウス式 ··· *187*
　6.2　均一反応操作 ·· *189*
　　　6.2.1　化学反応の分類 ··· *189*
　　　6.2.2　反応器の分類と特徴 ·· *190*
　　　6.2.3　均一反応器の設計・解析の基礎 ····································· *192*
　　　6.2.4　均一反応器の設計方程式 ··· *194*
　6.3　気固反応操作 ·· *200*
　　　6.3.1　気固反応の概要 ··· *200*
　　　6.3.2　気固反応の律速段階 ·· *201*
　　　6.3.3　気固反応のモデル ·· *201*
　6.4　固体触媒反応操作 ·· *206*
　　　6.4.1　固体触媒と流体間の物質移動 ······································· *206*
　　　6.4.2　総括反応速度 ··· *207*

　　　　6.4.3　触媒有効係数 ……………………………………………… 209
6.5　反応装置の分類 ……………………………………………………… 211
　　　　6.5.1　反応装置の操作法 ……………………………………… 211
　　　　6.5.2　反応装置の型式 ………………………………………… 212
　　　　6.5.3　単相理想反応器の設計 ………………………………… 213
6.6　反応プロセス設計の概要 …………………………………………… 214
　　　　6.6.1　水素製造プロセス ……………………………………… 214
　　　　6.6.2　反応プロセス設計の基礎 ……………………………… 216
　　　　6.6.3　熱プロセス設計の基礎 ………………………………… 222
6.7　バイオ反応操作 ……………………………………………………… 226
　　演習問題 …………………………………………………………………… 233

第7章　プロセス制御

7.1　プロセス制御とは …………………………………………………… 237
7.2　システムの表現 ……………………………………………………… 239
　　　　7.2.1　状態方程式 ……………………………………………… 239
　　　　7.2.2　伝達関数 ………………………………………………… 240
　　　　7.2.3　ブロック線図 …………………………………………… 242
7.3　システムの応答特性 ………………………………………………… 243
　　　　7.3.1　過渡応答 ………………………………………………… 243
　　　　7.3.2　周波数応答 ……………………………………………… 243
　　　　7.3.3　基本要素の応答特性 …………………………………… 244
7.4　システムの安定性 …………………………………………………… 250
7.5　制御系の解析・設計 ………………………………………………… 252
　　　　7.5.1　制御系の伝達関数 ……………………………………… 252
　　　　7.5.2　制御系の安定性 ………………………………………… 253
　　　　7.5.3　定常特性 ………………………………………………… 254
　　　　7.5.4　過渡特性 ………………………………………………… 255
　　　　7.5.5　PID制御系の設計 ……………………………………… 256
　　演習問題 …………………………………………………………………… 257

付録A	数学基本公式集 ……………………………………… *259*
付録B	運動法則（ニュートン古典力学の基礎）……………… *263*
付録C	分子運動論（気体分子運動，熱伝導率，拡散係数，粘度）……… *267*
付録D	単位換算表 ……………………………………………… *274*
付録E	諸物性値 ………………………………………………… *279*

演習問題略解 ……………………………………………………… *291*
索 引 ……………………………………………………………… *297*

1 化学工学計算の基礎

1.1 単位と次元

1.1.1 単位とは,次元とは

　長さ,質量,時間,温度といった物理量の大きさを客観的に表現する基準が単位である.単位には,基本単位と誘導単位の2種類があり,これらを組み合わせることですべての物理量の大きさを表現できる.表1.1にはSI基本単位を,表1.2にはSI誘導単位をまとめた.

　また,基本単位である長さ,質量,時間,温度をそれぞれ,L, M, Θ, T というように記号で表すと,誘導単位である圧力,エネルギー,密度などもそれぞれ $M \cdot L^{-1} \cdot T^{-2}$, $M \cdot L^2 \cdot \Theta^{-2}$, $M \cdot L^{-3}$ というように記号化できる.このように単位を $L^x \cdot M^y \cdot \Theta^z \cdot T^w$ のように次元式で表したときのべき数 x, y, z, w(いずれも整数)を次元と称す.すなわち,次元は諸量の単位と基本単位との関係を一般形として表

表1.1 SI基本単位

物理量	単位の名称	単位の記号
長さ	メートル	m
質量	キログラム	kg
時間	秒	s
熱力学温度	ケルビン	K
物質量	モル	mol
電流	アンペア	A
光度	カンデラ	cd

表1.2 SI誘導単位

物理量	単位の名称	単位の記号	SI基本単位による定義
力	ニュートン	N	$kg \cdot m \cdot s^{-2}$
圧力	パスカル	Pa	$kg \cdot m^{-1} \cdot s^{-2}$
エネルギー	ジュール	J	$kg \cdot m^2 \cdot s^{-2}$
仕事量	ワット	W	$kg \cdot m^2 \cdot s^{-3}$
周波数	ヘルツ	Hz	s^{-1}
電荷	クーロン	C	$A \cdot s$
電位差	ボルト	V	$kg \cdot m^2 \cdot s^{-3} \cdot A^{-1}$
電気抵抗	オーム	Ω	$kg \cdot m^2 \cdot s^{-3} \cdot A^{-2}$
電気容量	ファラド	F	$s^4 \cdot A^2 \cdot kg^{-1} \cdot m^{-2}$
電導度	ジーメンス	S	$s^3 \cdot A^2 \cdot kg^{-1} \cdot m^{-2}$
インダクタンス	ヘンリー	H	$kg \cdot m^2 \cdot s^{-2} \cdot A^{-2}$
磁束	ウェーバ	Wb	$kg \cdot m^2 \cdot s^{-2} \cdot A^{-1}$
磁束密度	テスラ	T	$kg \cdot s^{-2} \cdot A^{-1}$
光束	ルーメン	lm	$cd \cdot sr$
照度	ルクス	lx	$cd \cdot sr \cdot m^{-2}$
放射能	ベクレル	Bq	s^{-1}
吸収線量	グレイ	Gy	$m^2 \cdot s^{-2}$
セルシウス温度	セルシウス度	℃	$t[℃] = (t + 273.15)[K]$
線量当量	シーベルト	Sv	$m^2 \cdot s^{-2}$

すためのものである．

〈**例題1.1**〉 誘導単位である速度について，次元式で表せ．

（**解**）速度の単位は$m \cdot s^{-1}$より，$L \cdot \Theta^{-1}$となる．

1.1.2 単位換算の必要性とその方法

今日一般に使用されている単位系は，第11回国際度量総会において採用が決定された国際単位系（The International System of Units，略してSI）である．これは，十進法を原則とした最も普遍的な単位系である．従来SI以外で主に用いられてきたのは，絶対単位系，重力単位系，工学単位系の3つであり，さらにこれらの単位系はメートル制単位とイギリス制単位に分類される．

化学工学の分野では，質量に関係する物理量（質量，密度，粘度など）を表す絶対単位系（MLT系）と力に関係する物理量（力，圧力，表面張力，仕事，動力など）を表す重力単位系（FLT系）とを使い分けるため，質量［M］，力［F］，長さ［L］，時間［T］の次元を有する4つの基本量を基に構成される工学単位系

(FMLT 系) がよく用いられてきた．工学単位系では，質量と力の単位が混在して使用されるため，次元の点で不都合を生じやすい．そこで，次元を合わせるための単位換算が必要で，$[\mathrm{M}\cdot\mathrm{L}\cdot\mathrm{F}^{-1}\cdot\mathrm{T}^{-2}]$ の次元を有する重力換算係数 g_c を用いる．この値は，次のように与えられる．

$$\left.\begin{array}{l}g_c = 9.80665 \ \mathrm{kg}\cdot\mathrm{m}\cdot\mathrm{kg_f}^{-1}\cdot\mathrm{s}^{-2}\\g_c = 32.1740 \ \mathrm{lb}\cdot\mathrm{ft}\cdot\mathrm{lb_f}^{-1}\cdot\mathrm{s}^{-2}\end{array}\right\}\begin{array}{l}(\text{メートル制単位})\\(\text{イギリス制単位})\end{array} \quad (1.1)$$

この重力換算係数 g_c を絶対単位系（MLT 系）で表示した物理量に乗ずると，重力単位系（FLT 系）に換算される．逆に重力単位系（FLT 系）から絶対単位系（MLT 系）に換算する場合は，重力換算係数 g_c で除する．

〈例題 1.2〉 水の 293 K（20℃）のときの比熱 $C_p = 1.000 \ \mathrm{Btu}\cdot\mathrm{lb}^{-1}\cdot{}^\circ\mathrm{F}^{-1}$ を SI 単位およびメートル制工学単位系に換算せよ．

（解） $\mathrm{Btu}, \mathrm{lb}^{-1}, {}^\circ\mathrm{F}^{-1}$ はそれぞれイギリス制単位で熱量，質量，温度を表し，SI 単位に変換すると以下のようになる．

$$1 \ \mathrm{Btu} = 1.054 \ \mathrm{kJ}, \quad 1 \ \mathrm{lb} = 0.4536 \ \mathrm{kg}, \quad 1\,{}^\circ\mathrm{F}(\text{温度差}) = 5/9 \ \mathrm{K}(\text{温度差})$$

これより
$$C_p = 1.000 \ \mathrm{Btu}\cdot\mathrm{lb}^{-1}\cdot{}^\circ\mathrm{F}^{-1} = (1.000)(1.054)(0.4536)^{-1}(5/9)^{-1} = 4.183 \ \mathrm{kJ}\cdot\mathrm{kg}^{-1}\cdot\mathrm{K}^{-1}$$

次に，メートル制単位に変換するには，$1 \ \mathrm{kJ} = 0.2390 \ \mathrm{kcal}$ より
$$C_p = (4.183)(0.2390) \ \mathrm{kcal}\cdot\mathrm{kg}^{-1}\cdot{}^\circ\mathrm{C}^{-1} = 1.000 \ \mathrm{kcal}\cdot\mathrm{kg}^{-1}\cdot{}^\circ\mathrm{C}^{-1}$$

〈例題 1.3〉 293 K（20℃）のとき，空気の粘度 $\mu = 1.82\times 10^{-2}\,\mathrm{cP}$ を SI 単位に換算せよ．

（解） $1 \ \mathrm{cP} = 0.01 \ \mathrm{P} = 0.01 \ \mathrm{g}\cdot\mathrm{cm}^{-1}\cdot\mathrm{s}^{-1}$ より
$$\mu = (1.82\times 10^{-2})(0.01)(10^{-3})(10^{-2})^{-1} = 1.82\times 10^{-5} \ \mathrm{Pa\cdot s}$$

〈例題 1.4〉 圧力 $1.00 \ \mathrm{atm}, 1.00 \ \mathrm{mmHg}(=\mathrm{Torr}), 1.00 \ \mathrm{mH_2O}, 1.00 \ \mathrm{kgf}\cdot\mathrm{cm}^{-2}$ をそれぞれ SI（Pa）に換算せよ．

（解） $1.00 \ \mathrm{atm} = 101 \ \mathrm{kPa}, 1.00 \ \mathrm{mmHg} = 133 \ \mathrm{Pa}, 1.00 \ \mathrm{mH_2O} = 9.81 \ \mathrm{kPa}, 1.00 \ \mathrm{kgf}\cdot\mathrm{cm}^{-2} = 98.1 \ \mathrm{kPa}$

〈例題 1.5〉 20.0℃ を SI 単位（K）に換算せよ．また，67.7 °F を SI に換算せよ．

（解） K = ℃ + 273.15 より，20.0℃ = 293 K

$$°C = \frac{5}{9}(°F - 32) \text{ より, } 67.7°F = 19.8°C = 293\,K$$

1.1.3 無次元数

種々の現象についてそれらの支配因子となる物理量の比をとって整理したものが無次元数である．実験結果を一般化して他の系へ応用することを可能にする便利な指標であるため，種々の無次元数が用いられている．表 1.3 に化学工学の分野でよく使用される無次元数を示す．

表 1.3 化学工学の分野で使用される無次元数

名称	記号	定義	物理的意味
ビオー数	Bi	$h \cdot l \cdot \lambda_s^{-1}$	(対流熱伝達による熱輸送速度)/(熱伝導による熱輸送速度) 注) 固体側の熱伝導率 λ_s を用いる
摩擦係数	f	$(1/2)\varDelta P \cdot d \cdot \rho^{-1} \cdot u^{-2} \cdot l^{-1}$	(圧力損失)/(動圧) 注) 円管内流れについて
フーリエ数	F_O	$\lambda_s \cdot t \cdot \rho^{-1} \cdot C_p^{-1} \cdot l^{-2}$	(熱伝導による熱輸送速度)/(熱の蓄積速度)
フルード数	Fr	$u^2 \cdot g^{-1} \cdot l^{-1}$	(慣性力)/(重力)
グラスホフ数	Gr	$l^3 \cdot \rho^2 \cdot \beta \cdot g \cdot \varDelta T \cdot \mu^{-2}$	(温度差による浮力)/(粘性力)
グレツ数	Gz	$u \cdot d^{-2} \cdot C_p \cdot \lambda_f^{-1} \cdot l^{-1}$	(熱伝導で半径方向へ熱拡散する時間)/(流体が流れ方向に進むための時間) 注) 円管内流れ (層流) について
ヌッセルト数	Nu	$h \cdot l \cdot \lambda_f^{-1}$	(対流熱伝達による熱輸送速度)/(熱伝導による熱輸送速度) 注) 流体側の熱伝導率 λ_f を用いる
ペクレ数	Pe	$u \cdot \rho \cdot C_p \cdot l \cdot \lambda_f^{-1}$ または $u \cdot l \cdot D^{-1}$ ($Re \cdot Pr$ または $Re \cdot Sc$)	(対流熱伝達による熱輸送速度)/(熱伝導による熱輸送速度) または (対流による物質輸送速度)/(物質拡散速度)
プラントル数	Pr	$C_p \cdot \mu \cdot \lambda_f^{-1}$	(運動量拡散)/(熱拡散)
レイノルズ数	Re	$\rho \cdot u \cdot l \cdot \mu^{-1}$	(慣性力)/(粘性力)
シュミット数	Sc	$\mu \cdot \rho^{-1} \cdot D^{-1}$	(運動量拡散)/(物質拡散)
シャーウッド数	Sh	$k_m \cdot l \cdot D^{-1}$	(物質伝達)/(物質拡散)
スタントン数	St	$h \cdot C_p^{-1} \cdot u^{-1} \cdot \rho^{-1}$ ($Nu \cdot Pe^{-1}$ または $Nu \cdot Re^{-1} \cdot Pr^{-1}$)	(対流熱伝達による熱輸送速度)/(熱の蓄積速度)
ウェーバー数	We	$\rho \cdot u^{-2} \cdot d \cdot \sigma^{-1}$	(慣性力)/(表面張力) 注) 気泡や液滴の界面において

C_p：比熱，D：拡散係数，d：代表長さ（球状物体を対象），g：重力加速度，h：熱伝達係数，λ_f：流体の熱伝導率，k_m：物質移動係数，λ_s：固体の熱伝導率，l：代表長さ，t：時間，u：流体の速度，β：体膨張係数，$\varDelta T$：温度差，$\varDelta P$：圧力損失，μ：流体の粘度，ρ：流体の密度，σ：表面張力

1.2 熱力学

1.2.1 熱力学における重要な3つの法則

熱力学を扱う上でまず基本となる考えが，第1法則，第2法則，第3法則である．以下にそれぞれの法則について説明する．

A. 第1法則

第1法則は，エネルギーの総和は保たれるという保存則であり，「系に与えられた熱量 Q[J] と仕事 W[J] の和は系のエネルギー（運動エネルギー E_k[J]，位置エネルギー E_p[J]，内部エネルギー U[J]）の増加分の和に等しい」と定義される．図1.1にこの関係を模式化した．このとき，「系」は考察の対象とする部分である．ここで，第1法則を式で表すと，式 (1.2) のようになる．

$$Q + W = \Delta E_k + \Delta E_p + \Delta U \tag{1.2}$$

ただし，熱力学では，系の運動エネルギーや位置エネルギーの変化を無視できる場合も数多く，以降では式 (1.2) を次のように簡略化して表す．

$$Q + W = \Delta U \tag{1.3}$$

図1.1に示したように，熱あるいは仕事が系の周囲から系内へ流入する場合には正値，系外へ流出する場合には負値とする．

熱力学では，対象とする系によってエネルギーのつり合いの式の形が変化する．たとえば，孤立系（境界を通して系の内外で物質，仕事，熱の出入りがまったくない系）について第1法則を考えると

$$\Delta U = 0 \tag{1.4}$$

となる．

ピストン・シリンダ系のような閉じた系（境界を通して系の内外で仕事，熱は出

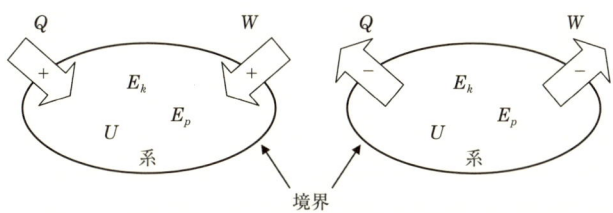

図1.1 熱力学第1法則の概念図

入りするが物質は出入りしない系）について第1法則を考えると，系の動作流体が気体の場合，内部エネルギーの変化量に比べて運動や位置のエネルギーの変化量は無視できるほど小さいので，式 (1.3) が適用できる．あるいは，次式のようにおける．

$$\delta Q + \delta W = dU \tag{1.5}$$

ピストン・シリンダ系のように絶対仕事のみを扱う場合は，可逆変化で圧力一定の下，体積が変化することによって生じる仕事より，式 (1.5) は

$$\delta Q = dU - (-pdV) \tag{1.6}$$

と変形される．ここで仕事 δW の符号は，膨張では負，圧縮では正とする．なお，可逆変化とは変化の途中で変化の向きを逆に変えても平衡状態を崩さずにその前とまったく逆の変化を行わせることができる状態変化のことである．また，不可逆変化は，逆の変化を行わせた際に何らかの損失を伴う状態変化であり，実際の状態変化はすべて不可逆変化になる．

B. 第2法則

第2法則を考える際に重要な状態量がエントロピー $S [\text{J} \cdot \text{K}^{-1}]$ である．エントロピーとは，(1) 変化が可逆であるか否かを判定する指標，(2) 現実の不可逆変化がどの方向に進むかという変化の方向を示す指標，(3) もうそれ以上変化しない状態として孤立系の平衡を定義する指標である．

「孤立系ではエントロピーが増大する方向に変化する.」というのが，第2法則である．エントロピーの変化量 ΔS は，次式のように定義できる．

$$\Delta S = \int \frac{\delta Q}{T} \tag{1.7}$$

また，無限小の可逆変化に対するエントロピーの変化 dS は次式のようになる．

$$dS = \frac{\delta Q}{T} \tag{1.8}$$

ここで，$dS \geq 0$ である．ちなみに，閉じた系や開いた系のように系の内外で熱の出入りが行われる場合は，次式が成り立つ．

$$dS \geq \frac{\delta Q}{T} \quad \text{あるいは} \quad TdS - \delta Q \geq 0 \tag{1.9}$$

ここで，可逆変化であれば等号が，不可逆変化であれば不等号が成り立つ．また，第2法則は「熱はそれ自身では低温の物体から高温の物体へ移動できない.」とも定義される．

C. 第3法則

 第3法則は,「純物質で,熱力学的に安定な状態については絶対零度でのエントロピーはゼロとなる.」で定義される.

 この法則は,標準エントロピーが次式のように定義され,純物質では絶対零度においてすべての原子が完全に規則的に配列し,熱運動も起きないことから実証される.

$$S°(T) = S°_{0K} + \int_0^T \frac{C_p°}{T} dt \tag{1.10}$$

ここで,上付き記号の○は標準状態の物理量を表し,$C_p°$ は標準状態の定圧比熱 $[\mathrm{J \cdot kg^{-1} \cdot K^{-1}}]$ を,$S°_{0K}$ は絶対零度での物質の標準エントロピー $[\mathrm{J \cdot kg^{-1} \cdot K^{-1}}]$ をそれぞれ表す.

〈例題1.6〉 質量 (G) 1.0 kg の気体が入れられているピストン・シリンダ系を考える.一定圧力 1.0 MPa の状態で体積が 1.5 m³ から 3.0 m³ に膨張した.このとき,比内部エネルギー(単位質量当たりの内部エネルギー (u))は 45 kJ·kg⁻¹ から 30 kJ·kg⁻¹ に変化した.熱エネルギーの移動量と方向を求めよ.

(解) このとき,系で行われた仕事 W は膨張仕事(系に対して外向き)より,次のように求められる.

$$W = -\int_1^2 p dV = -p(V_2 - V_1) = -(1.0 \times 10^6)(3.0 - 1.5) = -1.5 \times 10^6 \mathrm{J}$$

式 (1.3) より $Q + W = \Delta U$ であるから

$$Q = \Delta U - W = G(u_2 - u_1) - W = (1.0)(30 \times 10^3 - 45 \times 10^3) - (-1.5 \times 10^6)$$
$$= 1.485 \times 10^6 ≒ 1.5 \times 10^6 \mathrm{J}$$

これより,系内に 1.5 MJ の熱エネルギーが流入した.

1.2.2 平衡論

A. 熱平衡

 熱力学では,平衡状態を対象とする.もうこれ以上変化しない,という状態が平衡状態である.たとえば,温度の異なる2つの物体を接触させれば,温度変化が起こるが,それは温度差を小さくする方向に進み,最終的に2つの物体の温度が等しくなって安定する.この安定した状態が平衡状態(熱平衡)である.このとき,エントロピー変化は0となる.逆に,平衡状態にないとエントロピーは増大する方向に進む.上述した例では,2つの物体間の温度差を小さくする方向がエントロピー

増大の方向である．

B．化学平衡

化学変化についても平衡状態があり，これも熱力学的な観点からその状態変化を整理できる．たとえばある密閉された断熱容器内でAとBが反応してCが生成する系について，十分な時間放置すると，もうこれ以上変化しなくなるまで反応が進み，A，B，Cが共存する（平衡組成）状態となる．これを化学平衡状態といい，このときエントロピーは最大となり，それ以上エントロピーは増加しない．また，このときギブスの自由エネルギーGは最小となる．ここで，閉じた系全体のギブスの自由エネルギーGは次式で表される．

$$G = \sum n_i \mu_i \tag{1.11}$$

ここで，n_i：化学種iの物質量［mol］

μ_i：化学種iの化学ポテンシャル［J・mol^{-1}］

上式より，化学ポテンシャルは単位物理量あたりのギブスの自由エネルギーで，単位の取り方によって種々の表し方がある．以下に気体混合物の場合の化学ポテンシャルの表し方をいくつかあげる．

（Ⅰ） 分圧　　$\mu_i = \mu_i^\circ + RT \ln(P_i/P_0)$ （1.12）

ここで，μ_i°：気体iが単独で$P_i = P_0 = 1\,\mathrm{atm}$となるときの化学ポテンシャル［J・mol^{-1}］，R：気体定数［m^3・atm・K^{-1}・mol］，P_i：気体iの分圧［atm］

（Ⅱ） 濃度　　$\mu_i = \mu_i^\circ + RT \ln(C_i/C_0)$ （1.13）

ここで，μ_i°：i成分の濃度が$C_i = C_0 = 1\,\mathrm{mol}\cdot l^{-1}$のときの化学ポテンシャル［J・mol^{-1}］，C_i：気体iのモル濃度［mol・l^{-1}］

（Ⅲ） モル分率　　$\mu_i = \mu_i^\circ + RT \ln x_i$ （1.14）

ここで，μ_i°：純粋なi成分の温度Tにおける化学ポテンシャル［J・mol^{-1}］，x_i：i成分のモル分率［－］

（Ⅳ） 活量　　$\mu_i = \mu_i^\circ + RT \ln a_i$ （1.15）

ここで，μ_i°：i成分の活量（活動度）1のときの化学ポテンシャル［J・mol^{-1}］，a_i：i成分の標準状態を基準に取ったときの活量［－］

ここにあげたギブスの自由エネルギーと化学ポテンシャルを用いると，系が化学平衡に達しているときは以下の性質を有する．

1. 系内の化学ポテンシャルは一定となる．
2. 系内で起こり得るいかなる化学反応のギブスの自由エネルギー変化もゼロとなる（$\Delta G = 0$）．

1.2 熱力学

この性質から質量作用の法則が導出される．まず，次式のような反応を考える．

$$n_A \mathrm{A} + n_B \mathrm{B} = n_C \mathrm{C} + n_D \mathrm{D} \tag{1.16}$$

ここで，A, B, C, D は系内の化学種で，上の化学反応式を満足する．また，n_A, n_B, n_C, n_D は上式における各化学種の化学量論数である．

上式で示した系の中から A と B を dn_A, dn_B モルだけ取り出し，代わりに C と D を dn_C, dn_D モル追加すると，各元素の総量は変化していないので，ギブスの自由エネルギーの変化量 dG は次のように計算できる．

$$\begin{aligned} dG &= dn_C \mu_C + dn_D \mu_D - dn_A \mu_A - dn_B \mu_B \\ &= d(n_C \mu_C + n_D \mu_D - n_A \mu_A - n_B \mu_B) \end{aligned} \tag{1.17}$$

式 (1.15) を用いて整理すると

$$n_C \mu_C + n_D \mu_D - n_A \mu_A - n_B \mu_B = -RT(n_C \ln a_C + n_D \ln a_D - n_A \ln a_A - n_B \ln a_B) \tag{1.18}$$

この式の左辺の項はすべて既知の値より，系の状態によらず計算できる．反応に関与する化学種がすべて標準状態の値で表せるので，反応に伴う標準ギブス自由エネルギー変化 $\Delta G°$ は，次式のように定義できる．

$$\Delta G° = n_C \mu_C° + n_D \mu_D° - n_A \mu_A° - n_B \mu_B° \tag{1.19}$$

式 (1.19) の右辺は系内の化学種の状態を直接表す量で構成され，反応に関与している化学種のそのときの状態（活量，分圧など）から計算される．対数項を1つにまとめると

$$\Delta G° = -RT \ln K \tag{1.20}$$

$$K = \frac{a_C^{n_C} a_D^{n_D}}{a_A^{n_A} a_B^{n_B}} \tag{1.21}$$

となる．ここで，K は平衡定数であり，この関係を質量作用の法則と呼ぶ．表 1.4 と表 6.2 には種々の物質の 25 ℃ における標準生成ギブス自由エネルギーを示した．

〈例題 1.7〉 1500 K での CO, O_2, CO_2 の生成ギブス自由エネルギーの値がそれぞれ -243.8 kJ·mol^{-1}, 0.0 kJ·mol^{-1}, -396.5 kJ·mol^{-1} であるとき，CO, O_2, CO_2 の分圧より平衡定数を計算して，式 (1.20) が成り立つことを確認せよ．なお，このときの CO, O_2, CO_2 の分圧はそれぞれ 9.993×10^{-1}, 1.045×10^{-17}, 6.711×10^{-4} atm とする．

（解） 反応式は次式となる．

$$\mathrm{CO} + 0.5 \mathrm{O}_2 = \mathrm{CO}_2 \tag{1.22}$$

このときの平衡定数 K は

表1.4 種々の物質の25℃における標準生成ギブス自由エネルギー[5]

物質	化学式	$\Delta G°$ [kJ·mol^{-1}]	物質	化学式	$\Delta G°$ [kJ·mol^{-1}]
水蒸気	H_2O (g)	-228.6	硫酸鉛	$PbSO_4$ (s)	-811.2
水	H_2O (l)	-237.2	塩化銀	$AgCl$ (s)	-109.7
塩化水素	HCl (g)	-95.27	三二酸化鉄	Fe_2O_3 (s)	-741.0
臭化水素	HBr (g)	-53.26	四三酸化鉄	Fe_3O_4 (s)	-1014
ヨウ化水素	HI (g)	1.30	アルミナ	Al_2O_3 (s)	-1576
硫黄	S	0.096	酸化カルシウム	CaO (s)	-604.2
二酸化硫黄	SO_2 (g)	-300.4	炭酸カルシウム	$CaCO_3$ (s)	-1129
三酸化硫黄	SO_3 (g)	-370.4	塩化ナトリウム	$NaCl$ (s)	-384.0
硫化水素	H_2S (g)	-33.02	塩化カリウム	KCl (s)	-408.3
アンモニア	NH_3 (g)	-16.64	アセチレン	C_2H_2 (g)	209.2
硝酸	HNO_3 (l)	-79.91	ベンゼン	C_6H_6 (l)	124.5
ダイヤモンド	C	2.87	ホルムアルデヒド	$HCOH$ (g)	-110
一酸化炭素	CO (g)	-137.2	アセトアルデヒド	CH_3COH (g)	-133.7
二酸化炭素	CO_2 (g)	-394.4	ギ酸	$HCOOH$ (l)	-346
酸化鉛	PbO_2 (s)	-219.0	酢酸	CH_3COOH (l)	-392

$$\ln K = \ln p(CO_2) - \{\ln p(CO) + 0.5 \ln p(O_2)\}$$
$$= \ln(6.711 \times 10^{-4}) - \{\ln(9.993 \times 10^{-1}) + 0.5 \ln(1.045 \times 10^{-17})\}$$
$$= 12.24$$

次に,反応に伴う標準ギブス自由エネルギー変化から

$$-\ln K = \frac{\Delta G°}{RT} = \frac{\{-396.5-(-243.8+0.0)\} \times 10^3}{(8.314)(1500)} = -12.24$$

となり,両者が一致することから,式(1.20)が成立することを確認できた.

1.2.3 熱-動力変換

熱-動力変換技術(熱機関)は,熱エネルギーを機械的エネルギーに変換して動力を得る原動機の総称である.高温熱源と低温熱源との間を動作流体が移動することで熱を仕事に変換する.代表的なものを以下にあげて説明する.

理論上,最高の熱効率を有するサイクルがカルノーサイクルである.図1.2にはカルノーサイクルのp-V線図とT-S線図を示した.ここで,p-V線図はサイクルの状態変化の際のpとVの関係を表し,線図で囲まれた部分の面積からそのサイクルによってなされた仕事が算出できる.また,T-S線図はサイクルの状態変化の際のTとSの関係を表し,線図で囲まれた部分の面積からそのサイクルで出入りする熱量が求まる.図1.2に示すように,1→2:等温膨張,2→3:断熱膨張,3

1.2 熱力学

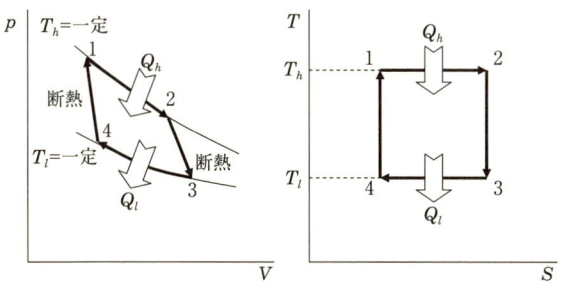

図 1.2 カルノーサイクルの p-V 線図と T-S 線図

→4：等温圧縮，4→1：断熱圧縮，という行程が繰り返される．このサイクルで系外になされる仕事 W[J] は次のように表される．

$$W = Q_h - Q_l \tag{1.23}$$

ここで Q_h と Q_l はそれぞれ等温変化での受熱量と放熱量であり，次式で表される．

$$Q_h = RT_h \ln \frac{V_2}{V_1} \tag{1.24}$$

$$Q_l = RT_l \ln \frac{V_3}{V_4} \tag{1.25}$$

ここで，行程 2→3 と行程 4→1 は断熱変化より

$$T_h V_2^{\kappa-1} = T_l V_3^{\kappa-1}, \quad T_h V_1^{\kappa-1} = T_l V_4^{\kappa-1} \tag{1.26}$$

の関係が成り立つ．ここで κ は動作流体の定圧比熱と定積比熱の比で定義される比熱比である．式 (1.26) を整理すると

$$\frac{T_h}{T_l} = \left(\frac{V_3}{V_2}\right)^{\kappa-1} = \left(\frac{V_4}{V_1}\right)^{\kappa-1} \tag{1.27}$$

となり

$$\frac{V_3}{V_2} = \frac{V_4}{V_1} \quad \text{すなわち} \quad \frac{V_2}{V_1} = \frac{V_3}{V_4} \tag{1.28}$$

なる関係が導かれる．したがって，カルノーサイクルの熱効率は

$$\eta_{\text{carnot}} = \frac{W}{Q_h} = \frac{Q_h - Q_l}{Q_h} = 1 - \frac{Q_l}{Q_h}$$

$$= 1 - \frac{T_l}{T_h} \tag{1.29}$$

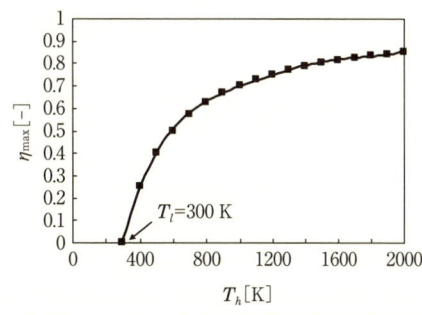

図 1.3 カルノーサイクルの熱効率と T_h の関係

と表され,高温熱源の温度と低温熱源の温度によってのみ決まる.図1.3に,$T_l = 300\,\mathrm{K}$ における T_h とカルノーサイクルの熱効率との関係をまとめた.T_h の増加に伴いカルノーサイクルの熱効率は増大する.

〈例題 1.8〉 図1.4に示すような $T_h = 900\,\mathrm{K}$,$T_l = 300\,\mathrm{K}$ の間で動くカルノーサイクルの熱効率を求めよ.また,このカルノーサイクルの1サイクルあたりの供給熱量が 50.0 kJ であるとすれば,1サイクルあたりの正味仕事はいくらか.

(解)熱効率は式(1.29)より

$$\eta_{\mathrm{carnot}} = 1 - \frac{T_l}{T_h} = 1 - \frac{300}{900} = 0.667$$

正味仕事 W は,$Q_h = 50.0\,\mathrm{kJ}$ より

$$W = Q_h \eta_{\mathrm{carnot}} = (50.0)(0.667) = 33.35 = 33.4\,\mathrm{kJ}$$

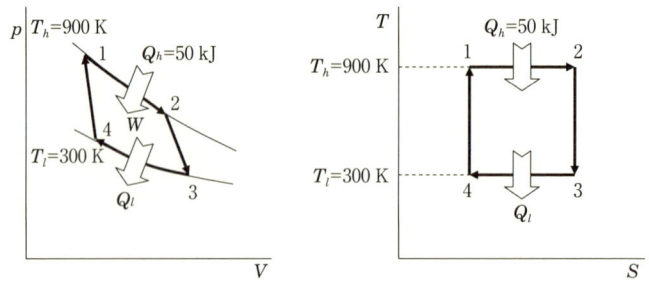

図1.4 例題1.8のカルノーサイクルの p-V 線図と T-S 線図

1.2.4 エクセルギー

エクセルギーとは,投入したエネルギー量から取り出すことができる最大有効仕事量のことである.これはいわばエネルギーの質を表す指標で,エネルギーの量が大きくてもこの値が小さいと,得られる仕事の量は小さく,エネルギーの質は低いことになる.実際にエネルギーを使用する過程では,たとえば電気エネルギーや化学エネルギーから熱エネルギーに変換される際には熱力学の第1法則よりエネルギーの総量は保存されるが,非可逆的過程を経るため,有効に取り出しうる仕事量は減少する.これは熱力学第2法則の別の表現となり,系でのエネルギー変換・輸送・蓄積などの過程の際のエントロピー増大に伴い,エクセルギーは保存されずに消費

され,減少することになる.エクセルギー A は下式のように定義され

$$A = (U-U_0) + p_0(V-V_0) - T_0(S-S_0) \quad \text{(閉じた系)} \quad (1.30)$$

$$A = (H-H_0) - T_0(S-S_0) \quad \text{(開いた系)} \quad (1.31)$$

ここで,下付文字0は周囲環境状態におけるそれぞれの物理量である.一般的には標準大気状態(25℃,1気圧)を用いる.

次に,エネルギー総量のうちエクセルギーに変換できる割合をエクセルギー効率 η_{exergy} とすると,たとえば開いた系で定圧変化する場合,下式のように定義できる.

$$\eta_{\text{exergy}} = \frac{A - A_0}{H - H_0} = 1 - \frac{T_0(S-S_0)}{H-H_0} \quad (1.32)$$

理想気体を仮定すると,式(1.32)は

$$\eta_{\text{exergy}} = 1 - \frac{T_0}{(T-T_0)} \ln \frac{T}{T_0} \quad (1.33)$$

とおける.ここで,図1.5に各熱エネルギー利用技術のエクセルギー効率の温度依存性を示す.なお,このとき $T_0 = 298$ K である.本図から,高温の状態ほどエクセルギー効率は高く,より有効に仕事を取り出すことができる質の高いエネルギーであるといえる.たとえば化石燃料を燃焼してガスタービンでエネルギーを得る場合,化石燃料のエクセルギー効率は30〜35%低下するが,これは燃焼させることでエネルギーの質が低下したことになる.化石燃料が保有するエクセルギーを真に有効に利用するには,高温の状態から環境温度まで低下する過程でエクセルギー低減を極力押さえつつ温度降下に合わせて段階的に取り出すこと(カスケード利用)である.

なお,本章の詳細は参考文献1)〜5)を参照されたい.

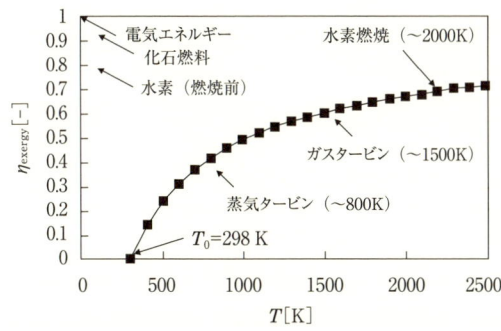

図1.5 エクセルギー効率の温度依存性

1.3 収支

1.3.1 収支の概要

化学プラントを設計,製作,操作する際に一連の化学プロセスの中で物質やエネルギーの流れがどのようになっているのか定量的に把握することは非常に重要である.化学プロセスの中での物質やエネルギーの流れを知るためには,流量や温度,濃度や圧力などを測定する必要があるが,測定が困難なパラメータや測定不能なパラメータも数多くあり,測定だけでプロセス全体の物質やエネルギーの流れが把握できるわけではない.また,化学プラントの設計段階においてすべての設計・操作条件が決まっていることはまれで,既知のパラメータを用いて未知のパラメータを数学的に推定することができれば,装置の大きさや操作条件が決定でき,事前に製品の収率やプロセスのエネルギー効率など装置性能を評価することが可能となる.そこで一般的には装置やプラント全体など閉じられた系内において,物質やエネルギーの流れに対して質量保存則やエネルギー保存則を適用することで系内への流入量,系外への流出量および系内での蓄積量を算出し,全体的な物質やエネルギーの流れを定量化する.物質やエネルギーのプロセス全体の流れを式で表すと

$$[系内への流入量]-[系外への流出量] = [系内での蓄積量] \quad (1.34)$$

となり,この式を収支式という.系内での物質量の変化に関する収支を物質収支,エネルギーに関する収支をエネルギー収支という.連続したプロセスにおいては系内での蓄積量の時間的変化はなく,ある時間内に系内に流入した量がすべて系外に流出される定常状態においては,系内での蓄積量はゼロとなり,次式のように表すことができる.

$$[系内への流入量] = [系外への流出量] \quad (1.35)$$

反応を伴うプロセスのように系内で起こる変化を考えて式 (1.35) を一般化すると,系内の各成分についての物質収支は次式のように表すことができる.

$$[系内への流入量]-[系外への流出量]+[系内での発生量]-[系内での消滅量]$$
$$=[系内での蓄積量] \quad (1.36)$$

式 (1.36) は,系内に出入りする全物質および元素について考えれば,発生量および消滅量はゼロとなり,式 (1.34) が導かれ,定常状態の場合には,式 (1.35) が導かれることになる.エネルギー収支においては式 (1.36) と同様に系内で起こる

変化,すなわち系内で発生または吸収されるエネルギーの量について考慮することになる.

1.3.2 物理プロセスにおける物質収支

化学プロセスは,一般的に化学反応を伴うプロセスと化学反応を伴わない物理的なプロセス(以下,物理プロセス)との組み合わせにより構成されている.物理プロセスでは化学反応を伴わないため,物質収支をとる場合,系内で関係する物質全体およびその系に含まれる個々の成分に着目して,質量 [kg] あるいは物質量 [mol] 基準のいずれかで収支を考えればよい.連続操作で定常状態である場合には,物質量の時間的変化がないことから,質量流速 [kg·s^{-1}],あるいはモル流速 [mol·s^{-1}] を基準として収支をとることもできる.物質収支を組み立てる場合には,系内における物質の流れを整理し,既知量と未知量を明確にした上でフローシートにまとめると理解しやすい.物理プロセスには,流動,伝熱,蒸発,蒸留,抽出,吸収,調湿,濾過,混合などがあるが,ここではいくつかの代表的な物理プロセスを取り上げて,各プロセスにおける物質収支式の適用法を考えることにする.

(1) 分離プロセス

〈例題 1.9〉 硫酸銅を重量分率で x_F だけ含む水溶液を,蒸発缶に F [kg·s^{-1}] の割合で連続供給し,溶質濃度を重量分率で x_W まで濃縮したい.このとき得られる濃縮液 W [kg·s^{-1}] および発生蒸気量 V は何 kg·s^{-1} か.

(**解**) この系のフローシートは,図 1.6 のように描くことができる.質量流速を基準として,全体の物質収支に式 (1.35) を適用すると,$F = V + W$ が得られ,同様に水溶液中の溶質については,$x_F F = x_W W$ となり,以上の式から

$$W = (x_F/x_W)F, \quad V = (1 - x_F/x_W)F$$

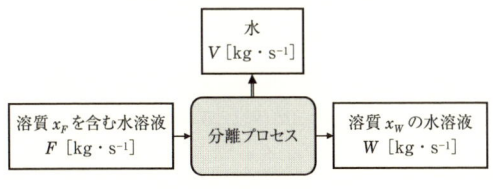

図 1.6 分離プロセス例

(2) ガス吸収プロセス

〈例題 1.10〉 図 1.7 のようにアンモニア 15.0 mol%含む空気 8.00 kmol·h^{-1} と水 60.0

kmol·h^{-1} を向流接触させ，空気中のアンモニアを水に吸収させるプロセスにおいて出口気体のアンモニア濃度を 2.00 mol% にしたい．このときの，出口液中のアンモニアのモル分率を求めよ．

(**解**)　出口気相および出口液相のモル流量をそれぞれ G [kmol·h^{-1}], L [kmol·h^{-1}], 出口液中のアンモニアモル分率を m_a として全体の物質収支をとると，8.00 + 60.0 = $G + L$ となり，アンモニアについての物質収支は，$(8.00)(0.15) = G(0.02) + Lm_a$，さらに水の物質収支は，$60.0 = L(1 - m_a)$ となる．よって，$x_a = 0.0173$ となることから，出口液中のアンモニアモル分率は，1.73 mol% となる．

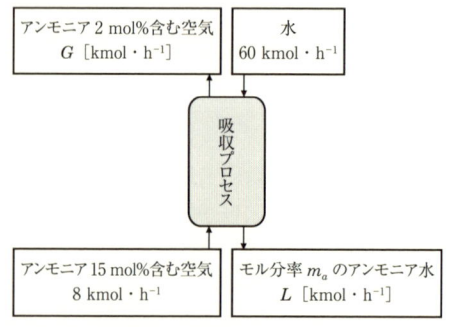

図 1.7　ガス吸引プロセス例

1.3.3　反応プロセスにおける物質収支

化学反応を伴うプロセスにおいて物質収支をとる場合には，流入した物質が系内での化学反応により形を変えて系外へ流出してくる点で物理プロセスにおける物質収支と異なっている．化学反応により関係する各成分の化学組成が系の入り口と出口において変化するため，系内でどのような化学反応が生じているか把握しなければならない．化学反応は化学反応式に基づいて，化学量論的に反応が起こるため，化学反応量論係数を含めた化学反応式をまず求めておく必要がある．物質収支の組立て方は，物理プロセスの場合と同様であるが，系内での化学反応を考慮してフローシートを作製しなければならない．反応により物質量が変化する反応プロセスの物質収支は，物理プロセスと同様に系内全体の物質収支は，質量基準 [kg] でとることができるが，入り口と出口の物質量変化が伴う場合には，物質量 [mol] 基準で収支をとることができないので注意を要する．ただし，各成分については，物理プロセスと同様に，質量，物質量基準で収支をとることが可能である．

1.3 収支

実際の化学プロセスにおける反応においては，化学量論比に基づいて反応操作が行われることはまれであり，原料となるいずれかの反応成分は化学量論量以上に過剰供給することで，反応を速めたり，反応率を高めたり，あるいは歩留りを上げたりすることが多い．この場合，化学量論比に比べて最も少なく供給された成分が生成物の量を決定することから，この物質を限定物質と呼んでいる．化学プロセスにおける化学反応は，限定物質量により制限されるため，その他過剰供給された物質（過剰反応物質）は未反応のまま残ることになる．

(1) 反応を伴うプロセス

〈例題 1.11〉 アンモニアの合成反応において，窒素（N_2）10 mol と水素（H_2）32 mol を 788 K，300 atm で反応させたところ，平衡状態において 38 mol の気体が存在することがわかった．平衡状態におけるアンモニア（NH_3）の mol 数を求めよ．また，この反応における限定反応物質および過剰反応物質は何か．

（解） アンモニアの合成反応は $N_2 + 3H_2 \Leftrightarrow 2NH_3$ で表される．反応により消失する N_2 のモル数を M とすると，反応する H_2 のモル数は $3M$，生成する NH_3 は $2M$ となる．平衡状態において 38 mol の気体が存在するので，$(10-M)+(32-3M)+2M = 38$ が得られる．$M=2$ であることから，平衡状態での NH_3 のモル数は 4 となる．また，10 mol の N_2 と反応可能な H_2 モル数は 30 mol であり，この系においては H_2 が過剰に存在していることから，H_2 が過剰反応物質，N_2 が限定反応物質となる．

(2) 燃焼プロセス

〈例題 1.12〉 炭素 84.8 wt%，水素 12.0 wt%，硫黄 3.2 wt%からなる燃料油を 10%の過剰空気で完全燃焼させた場合の水蒸気を除いた燃焼ガスの組成［vol%］を求めよ．ただし，空気中の酸素の容積割合は 0.21 する．

（解） 燃焼プロセスにおけるフローシートは図 1.8 のように描くことができる．炭素，水素，硫黄の燃焼方程式は，それぞれ $C + O_2 = CO_2$，$H_2 + 1/2 O_2 = H_2O$，$S + O_2 = SO_2$ である．100 kg の燃料油を完全燃焼するために必要な理論酸素量は

$$(84.8)/12 + (0.5)(12.0)/2 + (3.2)/32 \fallingdotseq 10.17 \text{ kmol} \cdot \text{kg}^{-1} \text{燃料油}$$

である．燃焼により生成するガス量は，CO_2 が $(84.8)/12$，H_2O が $(12)/2$，SO_2 が $(3.2)/32$ となる．10%の過剰空気で完全燃焼させるため，燃焼ガス中の酸素量は $(0.1)(10.17)$，窒素量は $(1.1)(0.79)/(0.21)(10.17)$ となる．したがって，生成した水蒸気を除いた燃焼ガスの組成は表のようになる．

成分	CO₂	SO₂	O₂	N₂	合計
kmol·kg⁻¹ 燃料油	7.07	0.10	1.02	42.08	50.27
%	14.06	0.200	2.03	83.71	100

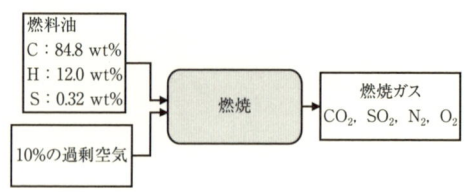

図 1.8　燃焼プロセス例

1.3.4　リサイクル操作

化学プロセスにおいて，系外に流出した生成物の一部を系内に再びフィードバックするリサイクル操作が行われる．たとえば，微生物による排水処理などのように反応速度が低い場合や，モノマーの重合反応など高い転化率が要求される場合など，未反応物質を生成物から分離し原料とともに再循環される．リサイクル操作における物質収支は，系全体の物質収支と個々の装置における局所的な物質収支を考える必要がある．

〈例題 1.13〉　ポリスチレンを製造する図1.9に示すようなプロセスにおいて，原料のスチレンモノマーの95%が重合してポリスチレンとなるが，未反応スチレンモノマーは分離後に反応装置に戻される．分離装置でのスチレンモノマーの回収率は97%であり，残りは系外へと排出される．反応装置に供給される原料毎分100 kmolに対して分離装置から反応装置へのリサイクル量は何 kmol·min⁻¹ となるか計算せよ．

（解）　分離装置でリサイクルされるスチレンモノマーの量を M_s [kmol·min⁻¹] とすると，反応装置に供給されるスチレンモノマーの総量は $100 + M_s$ となる．供給量の95%がポリスチレンになるので未反応のスチレンモノマー量は $(0.05)(100 + M_s)$ となる．未反応スチレンモノマーのうち97%が分離装置で分離・回収されリサイクルされることから，スチレンモノマーのリサイクル量は $M_s = (0.97)(0.05)(100 + M_s)$ で表される．よって，リサイクル量は 5.10 kmol·min⁻¹ となる．

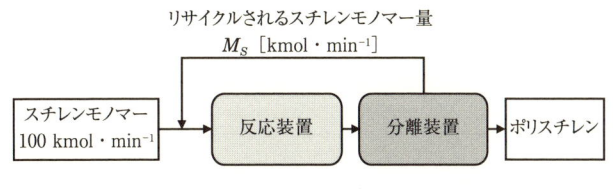

図1.9　リサイクルを伴うプロセス例

1.3.5　エネルギー収支

物質収支は物質の流れに対して収支を組み立てたように，エネルギー収支はエネルギーの流れに対して収支をとることになる．エネルギーには機械的エネルギー，熱エネルギー，電気エネルギー，磁気エネルギー，原子エネルギーなどのいろいろな形態があるが，化学プロセスにおいては主として機械的エネルギー，熱エネルギーの収支関係が重要となる．

系内のエネルギーの総量は，熱力学第1法則より一定に保たれる．したがって，系内へのエネルギー流入量，系外へのエネルギー流出量，およびエネルギーの蓄積量を考えると，式（1.36）と同様な式（1.37）が得られる．

[系内へのエネルギー流入量] − [系外へのエネルギー流出量]
 = [エネルギーの蓄積量] (1.37)

化学プロセスにおいてエネルギー収支をとる場合，エンタルピー収支を考えることになる．エンタルピー計算に必要な熱容量には，一定圧力のもとで1K上昇させるのに必要な熱量（このように基準となる熱容量を比熱と呼ぶ）定圧比熱 C_p と体積一定の条件における定容比熱 C_v がある．固体や液体では単位質量が基準とされ [J·kg^{-1}·K^{-1}]，気体は物質量基準で [J·mol^{-1}·K^{-1}] が単位としてよく用いられる．

ある温度 T_1 から T_2 までのエンタルピー変化を計算する場合には，この温度範囲における平均比熱 $\overline{C_p}$ を用いた次式が便利である．

$$\Delta H = \overline{C_p} \Delta T \qquad (1.38)$$

ここで，$\Delta T = T_2 - T_1$ である．

〈例題1.14〉　熱交換器を用いて433 K，0.5 kg·s^{-1} で流れている油を313 Kまで冷却したい．冷却水を293 K，5 kg·s^{-1} で供給した場合，冷却水の戻り温度を求めよ．た

だし，油の比熱は 2.093 kJ·kg^{-1}·K^{-1}，水の比熱は 4.186 kJ·kg^{-1}·K^{-1} とし，熱損失はないものとする．

（解）図 1.10 に熱交換器におけるフローシートを示す．基準温度を 293 K とし，冷却水戻り温度を T [K] とする．図より入熱量および出熱量について計算を行うと，油側の入熱量は，$(0.5)(2.093)(433-293)=146.51$ kJ·s^{-1}，出熱量は，$(0.5)(2.093)(313-293)=20.93$ kJ·s^{-1} である．一方，水の入熱量は基準温度で供給されるため 0，出熱量は $(5)(4.186)(T-293)=20.93(T-293)$ となる．入熱 = 出熱の関係より $146.51=20.93+20.93(T-293)$ となり，$T=299$ K となる．

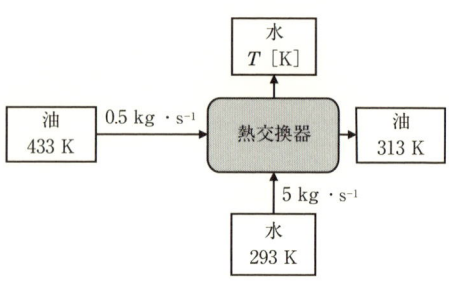

図 1.10 エンタルピーの計算例

〈演習問題〉

1.1（単位）次の誘導単位について，次元式で表せ．
  (1) 熱伝導率 [W·m^{-1}·K^{-1}]
  (2) 粘度 [Pa·s]
  (3) エンタルピー [J·kg^{-1}]
  (4) ガス定数 [J·mol^{-1}·K^{-1}]
  (5) 電位差 [V]

1.2（単位）水の 293 K (20℃) のときの密度 $\rho=62.32$ lb·ft^{-3} を SI 単位に換算せよ．

1.3（単位）気体の圧力が $P=14.50$ psi (= lb·in^{-2}) のとき，これをメートル制単位および SI 単位に換算せよ．

1.4（単位）熱量 1.00 kcal（メートル制単位），1.00 Btu（イギリス制単位）をそれぞれ SI (J, kWh) に換算せよ．

1.5（単位）力 1.00 kgf（メートル制単位），1.00 lbf（イギリス制単位）を SI (N) に換算せよ．

1.6（熱力学）圧力 5.0 MPa，体積 1.0 m^3 の気体 2.0 kg を体積 5.0 m^3 まで膨張させた．膨張過程は $pV=$ 一定の関係に従う．このとき，内部エネルギーが 70 kJ 減少したとすると，外部から加えられた熱量はいくらか．

1.7（平衡論）アンモニアの生成反応 (N$_2$ + 3H$_2$ = 2NH$_3$) について，次の値を求めよ．

(1) 窒素 1.00 mol と水素 3.00 mol を混合して反応させ, 400℃, 10.0 atm で平衡になるまで放置したときの平衡定数（圧平衡定数）はいくらか. ただし, 平衡混合物のアンモニア組成は, $x = 4.00 \times 10^{-2}$ である.
(2) このときの反応に伴う標準ギブス自由エネルギー変化 $\Delta G°$ はいくらか.

1.8 （熱-動力変換） 温度 800 K の高温熱源から毎時 720 kJ の熱が供給され, 300 K の一定温度の大気を低温熱源として, この間でカルノーサイクルを行う熱機関が運転されるとき, サイクルの熱効率と出力はいくらか.

1.9 （物質収支） ベンゼンおよびトルエンを等モル含むベンゼン-トルエンの混合液を 50 kg·h^{-1} で蒸留塔に供給するプロセスにおいて, 塔頂から 95.0 mol%のベンゼンを含む留出液, 塔底から 5.00 mol%のベンゼンを含む缶出液を取り出したときの留出液量および缶出液量 [kg·h^{-1}] を求めよ. ただし, ベンゼンおよびトルエンの分子量はそれぞれ 78.1, 92.1 とする.

1.10 （物質収支） グルコース 8%, セルロース 10%を含むバイオマスからエタノールを製造したい. セルロースは加水分解によりグルコースに変換し, グルコースは $C_6H_{12}O_6 \rightarrow 2C_2H_5OH + 2CO_2$ の反応でエタノールに変換される. セルロースの糖化率は 90%, グルコースからエタノールへの変換率は 95%, 蒸留工程におけるエタノールの損失が 2%である場合, バイオマス原料 1 kg あたりのエタノール生産量 [kg] はいくつになるか.

1.11 （エネルギー収支） 22℃の水を流量 150 kg/h で加熱器に供給し, 出口から 95℃の水が 120 kg/h で排出され, 残りの水は 95℃の水蒸気として排出されている. 定常状態において加熱器に供給されるべき熱量はいくらになるか.

[参考文献]
1) 小宮山宏：入門熱力学—実例で理解する, p.84, 培風館, 2005
2) 藤田秀臣, 加藤征三：機械システム入門シリーズ 10, 熱エネルギーシステム, p.96, 共立出版, 2004
3) 小林恒和：わかりやすい機械教室 熱力学—考え方解き方, p.80, 東京電気大学出版局, 2006
4) 阿竹徹（編）：熱力学, p.157-159, 丸善, 2001
5) 妹尾学：サイエンスライブラリ 7, 熱力学, p.83, サイエンス社, 1977

2 流体移動

2.1 流動の基礎

2.1.1 流体の特性

A. 粘度

川の中の水の流れをみると，川の中心部では速度は大きく，岸に近いところでは速度は小さい．特に岸の面では水は流れない．これは水のもっている剪断応力（粘性力）のためである．この粘性力の大きさは次のことからわかる．図2.1のように2枚の平行な板の間に流体があって，下の板を固定し，上の板を一様な速度 u で平行に動かす場合を考えよう．板に接している流体は板に付着しているから，流体の速度は上の板の面（$y = L$）で u，下の板の面（$y = 0$）で 0，その間では図のように直線的になっている．

なお，上の板を速度 u で動かすのには，流体から板に板の運動を妨げようとする力（抵抗）が働いているので，それだけの力が必要である．板の単位面積に働くこの力 τ_0 は，板の動く速度 u に比例し，距離 L に反比例する．したがって τ_0 は

$$\tau_0 = \mu \frac{u}{L} \quad (2.1)$$

ここで μ は比例定数で流体の粘性係数ある

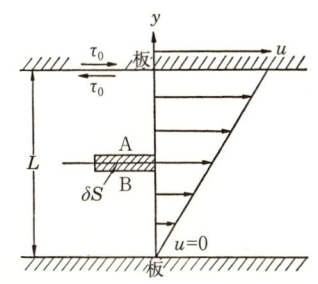

図2.1 速度の異なる平行平板間の流れ

いは粘度といい，単位は [Pa·s] である．

板に働くこのような抵抗の現れる理由を知るには，さらに詳細に現象を調べる必要がある．板の間の流れは図2.1に示すように層をなしていると考えられ，隣り合った層について接触面 δS の2つの小部分 A，B を考える．面 δS の上部（速度が大）の A は，δS の下部（速度が小）の B に，加速する方向に摩擦力 δF を及ぼし，B は A に減速する方向に摩擦力 δF を及ぼす．この2つの部分を限りなく小さくした極限を考えると，面 δS に働く摩擦力 δF は

$$摩擦応力 = \frac{\delta F}{\delta S} = \tau = -\mu \frac{du}{dy} \tag{2.2}$$

で表される．式 (2.2) で y は板の面の垂直方向の座標である．経験的に知られる式 (2.1) は，式 (2.2) のような意味をもっており，式 (2.2) の関係をニュートンの摩擦法則という．

摩擦応力 τ は，流体力学では，剪断応力あるいは粘性力と呼ばれる．式 (2.2) の du/dy は，一種の剪断歪とみなされ，剪断応力と剪断歪のこのような関係は，固体力学のフックの法則に相当している．

図2.1において，Aの部分がBの部分に，加速する方向に摩擦力を及ぼす結果，B は運動量が増加し，A は運動量を失う．単位時間に運動量が増減した量は，作用した外力の大きさに等しい（ニュートンの運動の法則）から，次のようになる．つまり面 δS に作用する摩擦力により，この面を横切って速度大なる側から速度小なる側へ単位時間に $\tau \delta S$（$= \delta F$，外力）の運動量が輸送される．この意味から流体の内部摩擦力の作用は，運動量の輸送とみなされる．摩擦応力 τ は，ニュートンの摩擦法則では（摩擦力）/（面積），すなわち，"単位面積あたりの力" の量として表されているが，上述の考え方からすれば，τ は "単位時間に単位面積を通過する運動量" を表すことになる．したがって，τ を運動量流束ともいう．

さて，物体表面近くでは表面に沿った粘性の効果により，流体の速度は著しく変化する．粘性の影響の著しい層を境界層という．境界層の厚さは，物体の長さに比べて非常に小さいが，細長い管内の流れでは，管壁からの境界層が十分厚くなって，遂には管内全部が境界層であるような粘性の効果を考慮しなければならない流れになる．このように，物体表面近傍の境界層内や細い管内の流れのように，粘性の効果を無視できないような流れを粘性流という．物体から十分に離れた流域，すなわち境界層の外では，流体のもつ粘性の効果は無視することができ，その流れを非粘性流という．

粘性による剪断歪 du/dy [s^{-1}] と剪断応力 τ [Pa] が式 (2.2) のように比例する流体はニュートン流体と呼ばれる．図 2.2 に示す流動曲線（横軸：剪断歪，縦軸：剪断応力）では原点を通る直線で表され，この直線の勾配が粘度 μ [Pa·s] に相当する．気体や水・グリセリンなどの低分子流体がニュートン流体である．

液体の中にはニュートンの摩擦法則に従わないものも多い．図 2.2 に示すように，縦軸切片をもったり，剪断歪に対して剪断応力が曲線的に変化するものもあり，これらはすべて非ニュートン流体と呼ばれる．縦軸切片は降伏応力で，この応力がかかるまでは流体は流動しない．降伏応力以上での変化が直線的であるものはビンガム流体と呼ばれ，ある種のペンキや下水汚泥がこの挙動を示す．曲線的変化を示すもので，上に凸状となるのが擬塑性流体，下に凸状となるのがダイラタント流体と呼ばれ，コロイドや高分子の溶液が前者，澱粉や微粒子の溶液が後者の例である．このほか，流動特性が時間的に変化する流体や粘性に加えて弾性も有する流体も非ニュートン流体である．

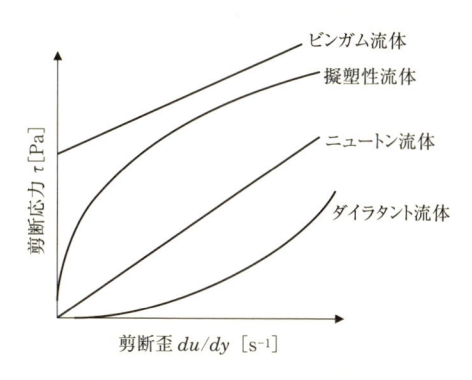

図 2.2 いろいろな流体の流動曲線

B. 圧縮性

流体には液体と気体があり，ともに形を自由に変えることができるという性質をもっている．さらに，体積を変える性質，すなわち圧縮性ももっている．ただし，気体では容易にその体積を変えて密度を変化することができるが，液体ではその体積や密度は容易に変化しないという相異がある．液体や速度のあまり大きくない気体（流れの速度がその気体内の音速に比較してかなり小さい場合）ではその圧縮性を無視でき，密度は一定に保たれると仮定できる（ただし，流体が局所的に加熱または冷却され，流体の膨張を考慮しなければならないような場合は，密度を一定とすることはできない）．このような流体を非圧縮性流体という．圧縮性流体では運動によって体積が変化し，密度も変わる．

2.1.2 流体の運動

A. 流れと流線

流体の運動を流れという．流体の小部分が運動したとき，それが描く軌跡を流線という．流線は流れ模様を直感的にわかりやすくする．流れ模様が時間とともに変化しないで，定常状態を保っている流れを定常流といい，そうでないときは非定常流という．定常流では流線と流体の道すじは一致するが，非定常流では一致しない．

B. 層流と乱流

流体の各小部分が，秩序正しく図2.3のように，層をなして運動している状態の流れを層流という．各小部分における速度は，実際には時間的に一定ではなく，平均値のまわりに細かい変動をしているのが普通である．ただし層流ではその変動量がきわめて小さい．一方，時間的変動が大きく，図2.4のように乱れた状態の流れを乱流という．

管内の流れにみられるように，管の入口近くでは乱れが小さく，流れは層流とみなされる場合でも，下流へいくに従って乱れが大きくなり，乱流となることがある．このような層流から乱流への変化は，物体表面に沿う境界層（後で説明される）の流れでもみられる．層流から乱流に移り変わることを遷移という．遷移の起こる詳細な機構は，理論的にも実験的にも，完全に解明することは困難である．

レイノルズ数 Re [*1]は，流れの慣性力の大きさと粘性力の大きさの程度の比で，次式で表される．

$$Re = \frac{\rho u^2 d^2}{\mu(u/d)d^2} = \frac{du\rho}{\mu} \quad [-] \tag{2.3}$$

ここで，ρ は密度 $[\mathrm{kg \cdot m^{-3}}]$，$\mu$ は粘度 $[\mathrm{Pa \cdot s}]$，u は速度 $[\mathrm{m \cdot s^{-1}}]$，$d$ は代表長さ

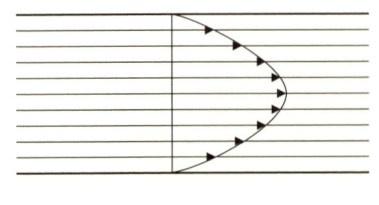

図2.3 層 流

図2.4 乱 流

[*1] 1883年 Reynolds により発見された．

(円管の場合は直径)[m]である．レイノルズ数により，その流れにおいて粘性の効果が著しいかどうかを表すことができる．レイノルズ数は無次元であり，流動の力学的相似をはかる尺度にもなる．

遷移点のレイノルズ数を臨界レイノルズ数といい，表面が平滑でまっすぐな管内の流れでは，この値は大体 $2 \times 10^3 \sim 1.3 \times 10^4$ の間で，入口の形状や管の表面の状態で変わる．しかし，レイノルズ数が 2×10^3 より小さいと乱れは下流へいくに従って減衰してしまい，管内の流れは層流となる．一方，レイノルズ数が 4×10^4 以上では常に乱流となる．

〈例題 2.1〉 293 K の水が内径 25 mm の管を $1.20 \text{ kg} \cdot \text{s}^{-1}$ で流れるとき，レイノルズ数はいくらか．

（解） 293 K の水の粘度 $\mu = 10.1 \times 10^{-4}$ Pa·s，密度 $\rho = 998.2 \text{ kg} \cdot \text{m}^{-3}$

$$\text{平均速度} \quad u = \frac{1.20/998.2}{\pi(0.025)^2/4} = 2.45 \text{ m} \cdot \text{s}^{-1}$$

$Re = du\rho/\mu = (0.025)(2.45)(998.2)/(10.1 \times 10^{-4}) = 6.1 \times 10^4$．流れは乱流であることがわかる．

C. 直管内の摩擦損失

図 2.5 に示されるように，直径 d の一様な円形断面をもつまっすぐな管の中の非圧縮性流体の定常粘性を考えよう．ここでは流体は管内全部で粘性があるとし，流れは定常非圧縮性であるとする．この場合，流体は管の両端の圧力差によって，軸方向にのみ運動する．円管と同軸の半径 r の円柱面についてみると，円柱面上では流れの速度は一定で，その外側の流体部分との間に速度勾配があり，そのため円柱面に剪断応力が働く．図 2.5 の両端①，②において速度分布が同じであるとすると，①から入ってくる運動量と②から出ていく運動量は等しく，運動量変化はない．よって

$$2\pi rL\tau = \pi r^2(P_1 - P_2) \tag{2.4}$$

となる．剪断応力 τ は式（2.2）の定義に従って，次式のように書くことができる．

$$\tau = -\mu \frac{du}{dr} \tag{2.5}$$

式（2.4）と（2.5）から

$$\tau = -\mu \frac{du}{dr} = \frac{P_1 - P_2}{L} \frac{r}{2} \tag{2.6}$$

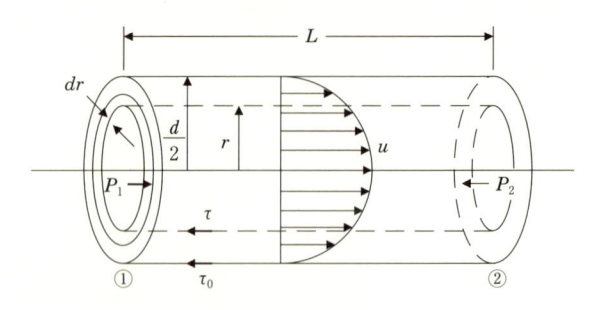

図 2.5 円管内の流れ

を得る．式 (2.6) は半径 r における速度を与える式とみなせるから，μ を一定として積分し，$r = d/2$ (d は管内径) で $u = 0$ となるように積分定数を選ぶと

$$u = \frac{P_1 - P_2}{4\mu L}\left\{\left(\frac{d}{2}\right)^2 - r^2\right\} = u_{\max}\left\{1 - \left(\frac{2r}{d}\right)^2\right\} \tag{2.7}$$

となり，図 2.5 に示すように速度分布は放物線的である．ここで $u_{\max} [= (P_1 - P_2)d^2/16\mu L]$ は最大速度である（管中心での u の値）．

また，単位時間に管内を流れる流体の質量流量 G は，式 (2.7) を用いて次式で与えられる．

$$G = \rho \int_0^{d/2} u 2\pi r dr = \frac{\pi \rho (P_1 - P_2) d^4}{128\mu L} \tag{2.8}$$

平均速度 $\bar{u}$ は

$$\bar{u} = \frac{G}{\pi (d/2)^2 \rho} = \frac{(P_1 - P_2) d^2}{32\mu L} = \frac{1}{2} u_{\max} \tag{2.9}$$

で最大速度 $u_{\max}$ の 1/2 である．これは次式のようにも表せる．

$$P_1 - P_2 = \Delta P = \frac{32\mu L \bar{u}}{d^2} \quad [\text{Pa}] \tag{2.10}$$

式 (2.10) はハーゲン・ポアズイユの式といい，層流の場合には実験結果とよく一致し，これより質量流量 G の計算や，粘度 μ を実験的に求めることができる．ΔP は圧力損失という．

乱流の場合，流体の運動は先に述べたように層流とはまったく異なり[1]，圧力損

---

[1] 乱流の場合の速度分布は次式で表される．

$$u = u_{\max}\left[1 - \frac{2r}{d}\right]^{1/n}$$

n は 3～10 の値をとり，Re が大きいほど大きくなる．通常，$n = 7$（Karman-Prandtl の式）にとり，そのときの平均速度 $\bar{u}$ は最大速度 $u_{\max}$ の約 0.8 倍である．

失 ΔP は式（2.10）のように，平均速度の1乗に比例せず，ほぼ2乗に比例し，次式のように表される．

$$P_1 - P_2 = \Delta P = 4f\frac{L}{d}\frac{\rho \bar{u}^2}{2} \quad [\text{Pa}] \tag{2.11}$$

式（2.11）をファニングの式という．式（2.11）の係数 f は摩擦係数［−］である．式（2.11）で層流の場合，$f = 16/Re$ とおけば，ハーゲン・ポアズイユの式とまったく一致し，ファニングの式は層流の場合でも適用できる．乱流の場合の f は，レイノルズ数および面の粗滑度の関数になるが，ガラス管，銅管，黄銅管のような平滑管では，レイノルズ数 $5 \times 10^3 \sim 2 \times 10^5$ の範囲で

$$f = 0.079\, Re^{-0.25} \tag{2.12}$$

のように与えられる．式（2.12）をブラジウスの式という．

〈**例題 2.2**〉 管径 $d = 100$ mm の平滑管内を，密度 $\rho = 1100$ kg·m^{-3}，粘度 $\mu = 0.010$ Pa·s の液体が，平均速度 $\bar{u} = 1.5$ m·s^{-1} で流れている．長さ 10 m あたりの圧力損失を求めよ．

（**解**） $Re = d\bar{u}\rho/\mu = (0.100)(1.5)(1100)/(0.010) = 1.65 \times 10^4$
乱流であるから f は式（2.12）より求める．

$$f = 0.079(1.65 \times 10^4)^{-0.25} = 0.0072$$

圧力損失 ΔP は式（2.11）を用いて

$$\Delta P = (4)(0.0072)\frac{10}{0.1}\frac{(1100)(1.5)^2}{2} = 3.56 \times 10^3 \text{ Pa}$$

D．境界層とその厚さ

流体は強弱の差はあっても必ず粘性があり，そのため先に述べたように物体表面へ付着する．物体表面に付着した流体は，さらに粘性による剪断応力のため，その外側の部分を引き付ける．この影響は物体表面から次々と遠くに及ぼしていく．流体の慣性力が大きければ剪断応力の影響は，流体表面から離れるに従って急激に弱くなり，流れは非粘性として取り扱うことができる．このように物体表面には粘性を無視できない層があり，粘性の影響の著しい層を境界層という．境界層内では流体の小部分は，大体物体表面に平行な層を成して流れ，速度分布は物体表面における0から主流の速度 U まで急激に増加する．これを層流境界層という．境界層には乱流境界層もある．境界層の厚さは，物体表面から粘性による剪断応力の影響が無視できる点までの距離をいう．

図 2.6 のような速度 U の一様な流れの中に,流れに平行におかれた平板上の境界層について考える.境界層内では速度は 0 から U まで増す.長さ l の平板に対し,流れの方向の速度勾配は U/l に比例するから,単位体積あたりの流体の慣性力の大きさは $\delta \rho U^2/l$ 程度である.平板に垂直方向の速度勾配は,境界層厚さを δ で表せば U/δ 程度の大き

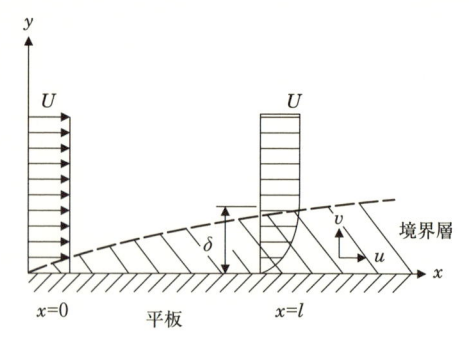

図 2.6 平板に沿う流れの境界層

さであり,単位体積あたりの粘性力の大きさの程度は $\mu U/\delta$ である.境界層内では,慣性力と粘性力とは同程度であると考えれば

$$\frac{\delta \rho U^2}{l} \simeq \mu \frac{U}{\delta} \tag{2.13}$$

式 (2.13) を整理して

$$\frac{\delta}{l} = \sqrt{\frac{\mu}{\rho u l}}$$

となる.ここで $\rho u l/\mu$ はレイノルズ数を表すから

$$\frac{\delta}{l} = \frac{1}{\sqrt{Re}} \tag{2.14}$$

と書くことができる.δ/l がレイノルズ数の平方根に逆比例することは,境界層の基本的な性質の 1 つで,流体の速度や物性が変わってもレイノルズ数の値が同じであると,δ/l の値は u, μ, ρ, l の個々の値に関係なく同一である.

2.1.3 流れの物質収支およびエネルギー収支

A. 連続の式

簡単のため,図 2.7 のような流管内の定常状態における物質収支を考えよう.垂直断面①から入る流体の質量は $\rho_1 u_1 S_1$ [kg·s^{-1}] であり,断面②から出ていく流体の質量は $\rho_2 u_2 S_2$ [kg·s^{-1}] である.定常状態なので断面①と②の間の流体の質量は一定である.すなわち

$$\rho_1 u_1 S_1 = \rho_2 u_2 S_2$$

一般に任意の場所の断面積,密度,平均速度をそれぞれ S, ρ, $\bar{u}$ とすれば,次

2.1 流動の基礎

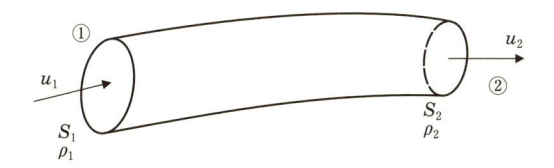

図2.7 流管

のような関係が成り立つ．

$$\rho \bar{u} S = 一定 \tag{2.15}$$

これを連続の式という．もし流体が非圧縮性であれば，ρ は一定であるから式(2.15)は

$$\bar{u} S = 一定 \tag{2.16}$$

この結果を適用範囲の広い一般の場合に拡張する．流れの中にある一定の位置に，微小正六面体の体積素片を考え，その中心 (x, y, z) における速度をとる（簡単のため流れは図2.8のように1次元（x方向）とする）．体積素片の中心を通り，x軸に直角な断面 $\delta y \delta z$ を $\delta\theta$ 時間に左から右へ通過する流体の質量は $\rho u \delta y \delta z \delta \theta$ であるから，面AB，面CDより体積素片に流入，流出する質量は

左の側面（面AB）を通る質量

$$\left\{ \rho u + \frac{\partial(\rho u)}{\partial x}\left(-\frac{1}{2}\delta x\right) \right\} \delta y \delta z \delta\theta \tag{2.17}$$

右の側面（面CD）を通る質量

$$\left\{ \rho u + \frac{\partial(\rho u)}{\partial x}\left(\frac{1}{2}\delta x\right) \right\} \delta y \delta z \delta\theta \tag{2.18}$$

$\delta\theta$ 時間の体積素片内の質量の増加は式（2.17）と式（2.18）との差より

$$-\frac{\partial(\rho u)}{\partial x}\delta x \delta y \delta z \delta \theta \tag{2.19}$$

この体積素片は一定の容積であると考えているので，この増加分は体積素片内の密度 ρ の増加となるはずである．そこで増加分は，次式のようにも書ける．

$$\frac{\partial \rho}{\partial \theta}\delta x \delta y \delta z \delta \theta \tag{2.20}$$

式（2.19）と式（2.20）は相等しいから

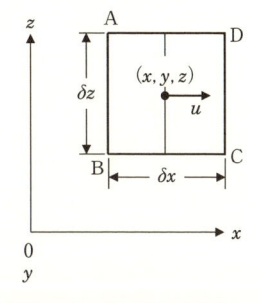

図2.8 体積素片の物質収支

$$\frac{\partial \rho}{\partial \theta} + \frac{\partial (\rho u)}{\partial x} = 0 \tag{2.21}$$

密度 ρ が一定,すなわち非圧縮性流体なら

$$\frac{\partial u}{\partial x} = 0 \tag{2.22}$$

式 (2.22) は3次元では次式のように書くことができる.

$$\frac{\partial u}{\partial x} + \frac{\partial v}{\partial y} + \frac{\partial w}{\partial z} = 0 \tag{2.23}$$

式 (2.21) あるいは式 (2.22) を一般的な連続の式という.

B. ベルヌイの式

連続の式は,図2.7に示した流管の①と②の部分に,質量保存の法則を適用して物質収支を導いた.ここでは同じ流管にエネルギー保存の法則を適用してみる.簡単のため密度 ρ は一定とする.

位置のエネルギーの基準を与えるため,基準面を考え,これから断面①および②までの高さを z_1, z_2 [m] とし,また各断面の圧力を P_1, P_2 [Pa] とすれば,単位質量の流体が,単位時間に断面①を通ってこの区間に持ち込むエネルギーは,運動エネルギーとして $u_1^2/2$, 位置エネルギーとして gz_1, 圧力 P_1 がこの部分になす仕事は $P_1 S_1 u_1$ であるから,単位質量あたりとしては $\rho S_1 u_1$ で除して,P_1/ρ の圧力エネルギーを持ち込むことになる.同様に,断面②から持ち出される流体単位質量,単位時間あたりのエネルギーは,運動エネルギー $u_2^2/2$, 位置エネルギー gz_2, 圧力エネルギー P_2/ρ となり,定常状態ではこの区間のエネルギーは一定であるから,これらの合計は等しいはずである.すなわち

$$\frac{u_1^2}{2} + gz_1 + \frac{P_1}{\rho} = \frac{u_2^2}{2} + gz_2 + \frac{P_2}{\rho} \tag{2.24}$$

よって,一般に

$$\frac{u^2}{2} + gz + \frac{P}{\rho} = 一定 \tag{2.25}$$

これをベルヌイの式という.この式の各項は [J·kg^{-1}] の単位をもち,流体1 kg あたりのエネルギーを表している.式 (2.25) は,各エネルギーの総和は1つの流管について,その位置に無関係に一定であることを示しており,これをベルヌイの式という.

C. 運動方程式

流体のもつ運動量は摩擦力により輸送されることは先に述べた.ここでは,運動

2.1 流動の基礎

量移動方程式がどのように表されるかを図2.9の場合について説明する．簡単のため，圧力一定で体積素片に作用する力は，摩擦力だけを考えればよいこととする．

体積素片の上面に作用する力：$\tau' \delta x \delta y$

体積素片の下面に作用する力：$\tau \delta x \delta y$

これらの外力のため，体積素片には $Du/D\theta$ [*1] なる加速度が生ずる．そこで次式のような運動方程式が示される．

$$\frac{Du}{D\theta} = \frac{1}{\rho}\frac{\tau'+\tau}{\delta z} \tag{2.26}$$

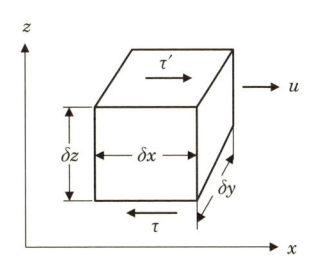

図2.9 体積素片の運動量収支

これは x 方向の運動方程式であるが，前に説明したように τ および τ' を運動量流束とみれば，式 (2.26) はそのままで z 方向の"運動量の流れ"についての連続の式とも考えられる．左辺 $Du/D\theta$ は

$$\frac{Du}{D\theta} = \frac{\partial u}{\partial \theta} + u\frac{\partial u}{\partial x} + v\frac{\partial u}{\partial y} + w\frac{\partial u}{\partial z}$$

であるから，ここで $v = w = 0$, $\partial u/\partial x = 0$ とすれば，$Du/D\theta = \partial u/\partial \theta$ となり，式 (2.26) は

$$\frac{\partial u}{\partial \theta} = \frac{1}{\rho}\frac{\tau'+\tau}{\delta z} \tag{2.27}$$

ここで

$$\tau = -\mu\frac{\partial u}{\partial z}, \quad \tau' = -\left(\tau + \frac{\partial \tau}{\partial z}\delta z\right)$$

[*1] 運動している流体の1つの体積素片を考える．これが時刻 θ において，(x, y) の位置にあり，その速度を (u, v) とする．この部分の状態 ζ（圧力，密度，速度など）が時間 θ と位置 (x, y) の関数であるとすると，ζ は次のように表される．

$$\zeta = f(\theta, x, y)$$

わずかな時間 $\Delta\theta$ 後の ζ の変化 $\Delta\zeta$ は，ζ を全微分することにより

$$\Delta\zeta = \frac{\partial \zeta}{\partial \theta}\Delta\theta + \frac{\partial \zeta}{\partial x}\Delta x + \frac{\partial \zeta}{\partial y}\Delta y$$

$\Delta x = u\Delta\theta$, $\Delta y = v\Delta\theta$ であるから

$$\Delta\zeta = \frac{\partial \zeta}{\partial \theta}\Delta\theta + \frac{\partial \zeta}{\partial x}u\Delta\theta + \frac{\partial \zeta}{\partial y}v\Delta\theta$$

時間とともに変化する割合を $D/D\theta$ で表せば

$$\frac{D\zeta}{D\theta} = \frac{\Delta\zeta}{\Delta\theta} = \frac{\partial \zeta}{\partial \theta} + u\frac{\partial \zeta}{\partial x} + v\frac{\partial \zeta}{\partial y}$$

であるから，式 (2.27) は $\mu/\rho \equiv \nu$ とおけば

$$\frac{\partial u}{\partial \theta} = \nu \frac{\partial^2 u}{\partial z^2} \qquad (2.28)$$

ここで ν を動粘性係数 [$m^2 \cdot s^{-1}$] という．後に述べるように熱伝導や物質の拡散では，係数 ν が熱拡散率 α あるいは拡散係数 D と置き換わるが，方程式の形はまったく同じになる．

図 2.9 の体積素片に作用する力は摩擦力だけでなく，各面に働く圧力の合力，重力などがある．これらを考慮した一般的な運動方程式がナビア・ストークス式である．流れの詳細は連続の式と運動方程式を解くことにより知ることができるが，流れが複雑な場合はほとんど不可能である．

2.2 流体輸送

粘度が 0 の流体は完全流体（理想流体）と呼ばれ，実在しない仮想流体である．つまり，すべての流体は正の粘度をもつ粘性流体である．2.1 節のニュートンの摩擦法則で記載のとおり，流体の重要な性質である粘性により流れと逆方向の力（剪断力）が働くため，流体は何らかの形で力を与えられなければ輸送されない．本節では，単相非圧縮性（密度一定）流体の流体輸送について解説する．

2.2.1 管路内の圧力損失

図 2.10 のような円管内流の断面 1 から 2 の間で，E_{in} [$J \cdot kg^{-1}$] のエネルギーをポンプやブロワなどにて与え，E_{out} [$J \cdot kg^{-1}$] のエネルギーをタービンなどにて取り出す場合を考える．

管の入口と出口における内部エネルギーをおのおの U_1, U_2 [$J \cdot kg^{-1}$] とすると，全エネルギー収支は 2.1 節のベルヌイの式 (2.24) をもとに次式が成り立つ．

$$\frac{\bar{u}_1^2}{2} + \frac{P_1}{\rho_1} + gz_1 + U_1 + E_{\text{in}} - E_{\text{out}} = \frac{\bar{u}_2^2}{2} + \frac{P_2}{\rho_2} + gz_2 + U_2 \qquad (2.29)$$

上式では各項の単位が [$J \cdot kg^{-1}$]（流体 1 kg あたりのエネルギー）で統一されている．

内部エネルギー変化 $U_2 - U_1$ は，粘性摩擦による熱生成量 $\sum_i E_{\text{loss},i}$（機械的エネルギー損失）[$J \cdot kg^{-1}$] と流体の圧力変化に伴う体積変化による外部への仕事量 $\int_{v_1}^{v_2} P dv$ [$J \cdot kg^{-1}$] で表される．

$$U_2 - U_1 = \sum_i E_{\text{loss},i} - \int_{v_1}^{v_2} P dv \quad (2.30)$$

$v\,[\mathrm{m^3 \cdot kg^{-1}}]$ は流体の比容積（単位質量あたりの容積）$[\mathrm{m^3 \cdot kg^{-1}}]$ で，密度 $\rho\,[\mathrm{kg \cdot m^{-3}}]$ の逆数である．右辺第2項を部分積分して

$$\int_{v_1}^{v_2} P dv = (P_2 v_2 - P_1 v_1) - \int_{P_1}^{P_2} v dP$$

$$= \left(\frac{P_2}{\rho_2} - \frac{P_1}{\rho_1}\right) - \int_{P_1}^{P_2} v dP \quad (2.31)$$

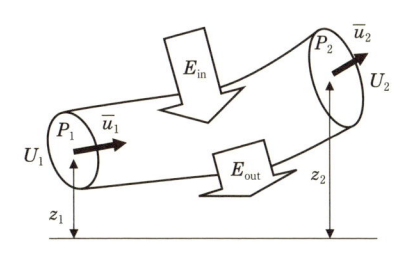

図2.10 一般管内のエネルギー保存

式（2.29）に代入すると，次式が得られる．

$$\frac{\bar{u}_1^2}{2} + gz_1 + E_{\text{in}} - E_{\text{out}} - \sum_i E_{\text{loss},i} - \int_{P_1}^{P_2} v dP = \frac{\bar{u}_2^2}{2} + gz_2 \quad (2.32)$$

液体のように，v の圧力変化が十分小さいとすると，$v \approx (v_1 + v_2)/2 = 1/\rho$ で近似でき，上式は，以下のように表される．

$$\frac{\bar{u}_1^2}{2} + gz_1 + \frac{P_1}{\rho} + E_{\text{in}} - E_{\text{out}} - \sum_i E_{\text{loss},i} = \frac{\bar{u}_2^2}{2} + gz_2 + \frac{P_2}{\rho} \quad (2.33)$$

断面1と2の面積が等しく（$\bar{u}_1 = \bar{u}_2$），高低差がなく（$z_1 = z_2$），エネルギー授受がない（$E_{\text{in}} = E_{\text{out}} = 0$）とすると，上式は次のように簡略化される．

$$\sum_i E_{\text{loss},i} = \frac{P_1 - P_2}{\rho} = \frac{\Delta P}{\rho} \quad (2.34)$$

すなわち，粘性摩擦による機械的エネルギー損失は，圧力差（圧力損失）を流体密度で除した値となる．たとえば，直管内の層流流れの場合には，管の直径を $d\,[\mathrm{m}]$，長さを $L\,[\mathrm{m}]$ とし，ハーゲン・ポアズイユの式（2.10）と，レイノルズ数の定義（$Re = d\bar{u}\rho/\mu$）から

$$\sum_i E_{\text{loss},i} = E_{\text{loss}} = \frac{32\mu}{\rho \bar{u} d} \frac{L\bar{u}^2}{d} = \frac{64}{Re} \frac{L}{d} \frac{\bar{u}^2}{2} \quad (2.35)$$

となる．なお，流路形状が円形でない場合には，次式で求められる相当直径 $d_e\,[\mathrm{m}]$ を用いる．

$$d_e = \frac{4A_s}{L_s} \quad (2.36)$$

ここで A_s は流路断面積 $[\mathrm{m^2}]$ であり，円管ならば $\pi d^2/4\,[\mathrm{m^2}]$，$L_s$ は流路の浸辺長 $[\mathrm{m}]$ であり，円管ならば $\pi d\,[\mathrm{m}]$ にあたる．

直管内の乱流流れの場合には，ファニングの式（2.11）を用いて，次式で与えられる．

$$E_{\text{loss}} = \frac{\Delta P}{\rho} = 4f \frac{L}{d} \frac{\bar{u}^2}{2} \; [\text{J}\cdot\text{kg}^{-1}] \tag{2.37}$$

ここで f は管摩擦係数［－］で，さまざまな実験式，半理論式がある．層流では，式（2.35）で示したように以下の式となる．

$$f = \frac{16}{Re} \tag{2.38}$$

平滑円管内乱流では，次の式が代表的である．

 ブラジウスの式：$f = 0.079 Re^{-1/4}$ （$5\times 10^3 \leq Re \leq 2\times 10^5$） (2.39)

 ニクラーゼの式：$f = 0.0008 + 0.0552 Re^{-0.237}$ （$10^5 \leq Re \leq 10^8$） (2.40)

鋼管などの粗面円管内の摩擦抵抗係数 f は，図 2.11 のムーディー線図にまとめられている．図 2.11 の右上の表の粗滑度 ε は管表面の粗さ（凹凸の高さ）［m］を表し，ムーディー線図では管内径に対する粗滑度比 ε/d（相対粗度）［－］がパラメータとなる．

〈例題 2.3〉 内径 30 mm，長さ 50 m の滑らかな水平円管中を，密度 750 kg·m^{-3}，粘度 0.06 Pa·s の流体が 20 l/min の流量で流れている．これの摩擦損失エネルギーを求めよ．

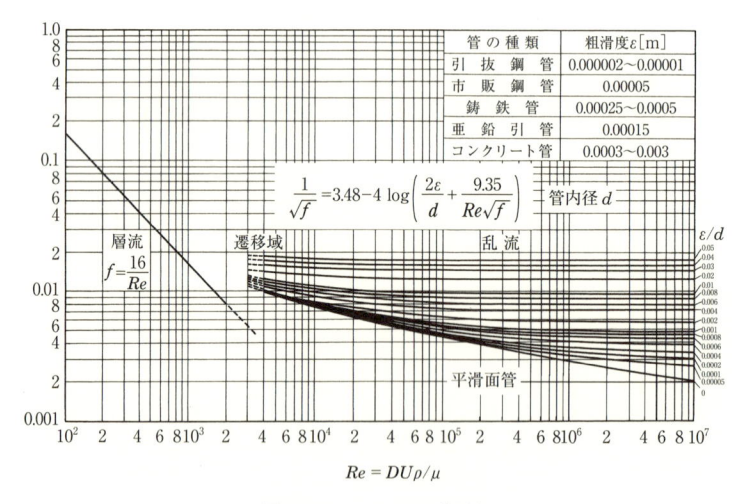

図 2.11 ムーディー線図[1]

(**解**) まず Re を算出し，流動状態を確認する．

$$\bar{u} = \frac{(20 \times 10^{-3})/60}{\pi (0.030)^2/4} = 0.4718 \text{ m} \cdot \text{s}^{-1}$$

$$Re = \frac{d\bar{u}\rho}{\mu} = \frac{(0.030)(0.4718)(750)}{0.06} = 176.9 < 2300 \quad \therefore \quad \text{層流}$$

$$E_{\text{loss}} = \frac{64}{Re}\frac{L}{d}\frac{\bar{u}^2}{2} = \frac{64}{176.9}\frac{50}{0.030}\frac{0.4718^2}{2} = 67.11 \text{ J} \cdot \text{kg}^{-1} \quad \text{あるいは} \quad 50.3 \text{ kPa}$$

2.2.2 流体輸送機器

非圧縮性流体である液体の輸送にはポンプ，本節では対象外とした圧縮性流体である気体の輸送には送風機（ファンやブロワ）と圧縮機が用いられる．表 2.1 に液体輸送機の分類，表 2.2 に気体輸送機の分類を，その特徴とともにまとめる．ポンプ（送風機）の選定は，輸送機の特徴に加え吐出し量（吸込み風量）と全揚程（吐出し圧力）の関係が重要であり，図 2.12 および図 2.13 に各輸送機の適用範囲を示す．

ポンプ使用上の注意点として，キャビテーション，サージングならびに水撃作用

表 2.1 液体輸送機（ポンプ）の分類

作動方式			特徴
ターボ型	遠心	渦巻	羽根車の回転運動で駆動 回転軸に対し液体吐出方向は直角 小吐出量片吸込み単段から大吐出量両吸込み 多段まで多様
		ディフューザ	渦巻羽根外側の固定案内羽根にて高圧運転を可能 渦巻に比べ高効率，高効率運転範囲は狭い 圧力変動少運転に最適
	斜流		渦巻と軸流の中間 回転軸に対し傾斜した羽根により昇圧
	軸流		羽根車の回転運動で駆動 回転軸と液体吐出方向は一致 渦巻に比べ大回転数・小型化が可能 屈曲少流路で流体損失少
容積型	往復		ピストン・ダイヤフラム（膜）などの往復運動で駆動 脈流の問題あり
	回転		ローター・歯車（ギヤ）・ネジの回転で駆動 脈流は改善の方向

表 2.2　気体輸送機の分類

吐出ゲージ圧	名称		特徴
0.1 MPa 未満	送風機	ファン	圧縮比 1.1 以下，ターボ（遠心・軸流）など
0.1～1 MPa		ブロワ	圧縮比 1.1～2 程度 ターボ（遠心・軸流）・容積（ルーツ）など
1 MPa 以上	圧縮機		圧縮比 2 以上 ターボ（遠心・軸流）・容積（往復・スクリュー・スクロール・ロータリー）など

が挙げられる．キャビテーションとは，液体圧力がその温度の飽和蒸気圧力以下となった場合の蒸気泡の発生ならびに溶存気体の気化のことであり，これにより吐出し量や揚程が減少する．また気泡の急激な破壊による衝撃により，振動，騒音ならびに機械的損傷をもたらす場合がある．サージングとは，吐出し量の減少とともに揚程も減少する範囲において，吐出し量と圧力が周期的に大きく変動し操作不能となる現象である．水撃作用とは，何らかの原因で液体流れが止められた場合に圧力が急上昇し，振動，騒音ならびに機械的損傷をもたらす現象である．これら不適状態の予測ならびに防止策については，参考文献[2]を参照されたい．

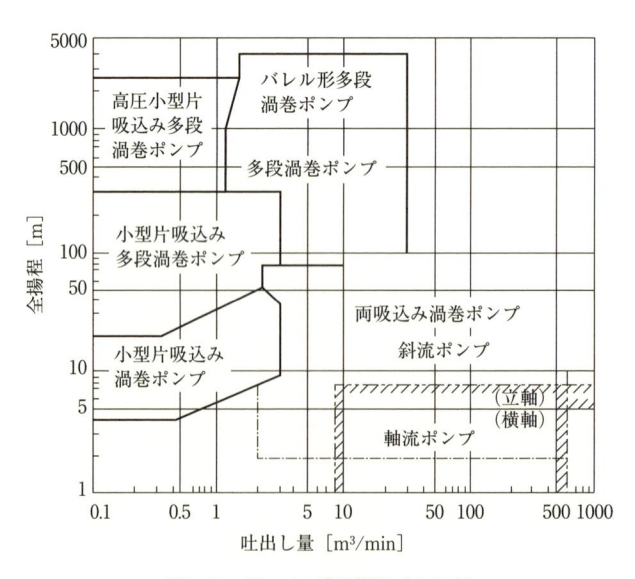

図 2.12　ポンプの適用範囲（50 Hz）[2]

2.2 流体輸送

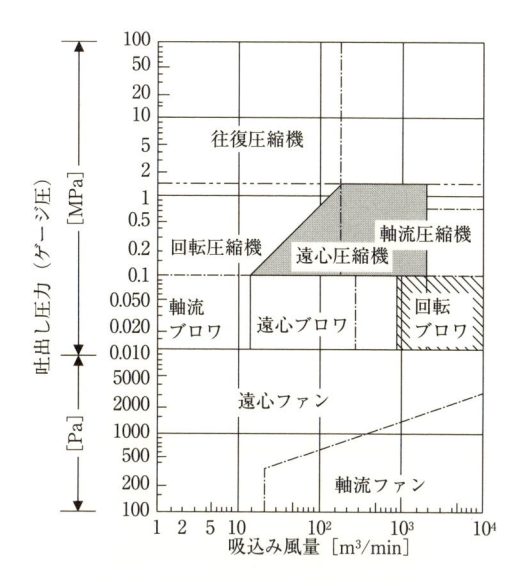

図2.13 送風機・圧縮機の適用範囲[2]

2.2.3 輸送機器所要動力

流体は粘性をもつため何らかの形で動力を与えなければ流れない．式（2.33）から明らかなように，粘性摩擦は圧力損失 ΔP として流体の機械的エネルギーを奪う．この機械的エネルギー損失は，流路の断面積変化（急拡大，急縮小）や屈曲，弁や継手など配管系を要因としても起こる．これらを以下にまとめる．

$$E_{\text{loss,e}} = K\frac{\bar{u}_1^2}{2} = \left(1 - \frac{A_1}{A_2}\right)^2 \frac{\bar{u}_1^2}{2} \quad \text{（流路急拡大）（図2.14）} \quad (2.41)$$

$$E_{\text{loss,c}} = K\frac{\bar{u}_2^2}{2} = \left(\frac{A_2}{A_c} - 1\right)^2 \frac{\bar{u}_2^2}{2} \quad \text{（流路急縮小）} \quad (2.42)$$

$$E_{\text{loss,o}} = f\frac{L_e}{d}\frac{\bar{u}^2}{2} \quad \text{（流路屈曲，弁や継手）} \quad (2.43)$$

ここで K は損失係数 $[-]$，A_1 と A_2 は流路急拡大および流路急縮小前後の流路断面積 $[\text{m}^2]$，$\bar{u}_1$ と $\bar{u}_2$ はおのおの A_1 と A_2 での平均速度 $[\text{m}\cdot\text{s}^{-1}]$ を表す．なお，流路断面積が変化する場合，エネルギー損失の算出には小さい方の断面積での平均速度を用いることに注意されたい．

流路急縮小（$A_1 > A_2$）では，流れの慣性から縮小管路断面積 A_2 よりさらに小断面積 A_c [m²] を流れるので式（2.42）となる．損失係数 K は，縮率 A_2/A_1 [－] ごとに異なる．表 2.3 に，各 A_2/A_1 での K の実験値を示す．

式（2.43）の L_e は相当長さ [m] と呼ばれ，流路屈曲，弁や継手によるエネルギー損失を相当する単管の長さに換算した値であり，その種類ごとに与えられる．代表的な L_e の例を，表 2.4 にまとめる．

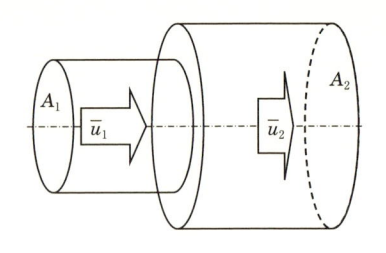

図 2.14 円管流路の急拡大

これらの要因が複合的に関与する配管系について全エネルギー損失 $\sum_i E_{\text{loss},i}$ を見積もることは容易でなく，算出値に安全係数を掛けるか，スケールダウンした配管での実測値を基に設計するのが望ましい．

次に，図 2.15 に示すような配管系での流体輸送の所要動力を求める．式（2.29）は次式に書き換えられる．

表 2.3　流路急縮小の損失係数

A_2/A_1	0.1	0.2	0.3	0.4	0.5	0.6	0.7	0.8	0.9	1.0
A_c/A_2	0.61	0.62	0.63	0.65	0.67	0.70	0.73	0.77	0.84	1.00
K	0.41	0.38	0.34	0.29	0.24	0.18	0.14	0.089	0.036	0

表 2.4　弁・継手の相当長さ[4]

弁・継手名	相当長さ ($L_e = nd$) n
丸型弁（全開）	300
ゲート弁（全開）	7
ゲート弁（3/4 開）	40
ゲート弁（1/2 開）	200
ゲート弁（1/4 開）	800
45°エルボ	15
90°エルボ	32
90°ベンド	10～24
180°ベンド	75

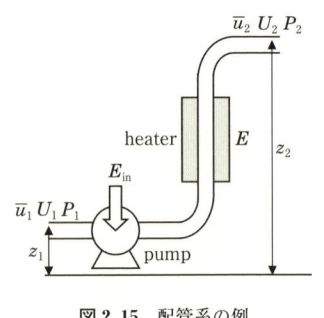

図 2.15　配管系の例

2.2 流体輸送

$$\frac{\bar{u}_1^2}{2}+\frac{P_1}{\rho_1}+gz_1+U_1+E_{\text{in}}+E=\frac{\bar{u}_2^2}{2}+\frac{P_2}{\rho_2}+gz_2+U_2 \tag{2.44}$$

式 (2.33) のように熱の授受を考慮して内部エネルギーを置き換えると, 上式は, 以下のようになる.

$$\frac{\bar{u}_1^2}{2}+gz_1+\frac{P_1}{\rho}+E_{\text{in}}-\sum_i E_{\text{loss},i}=\frac{\bar{u}_2^2}{2}+gz_2+\frac{P_2}{\rho} \tag{2.45}$$

なお, 上式両辺を重力加速度 g で除すると次式となる.

$$\frac{\bar{u}_1^2}{2g}+z_1+\frac{P_1}{\rho g}+\frac{E_{\text{in}}}{g}-\sum_i E_{\text{loss},i}/g=\frac{\bar{u}_2^2}{2g}+z_2+\frac{P_2}{\rho g} \tag{2.46}$$

各項の単位がすべて [m] であることから, 両辺の第1項を速度ヘッド (水頭), 第2項を位置ヘッド, 第3項を圧力ヘッドと呼ぶ.

式 (2.45) から, 流体輸送に必要な正味の動力 W [W] は, 質量流量 ρQ [kg·s^{-1}] を用いて次式で求められる.

$$W=\rho Q E_{\text{in}}=\rho Q\left\{\sum_i E_{\text{loss},i}+\frac{\bar{u}_2^2-\bar{u}_1^2}{2}+g(z_2-z_1)+\frac{P_2-P_1}{\rho}\right\} \tag{2.47}$$

ところで, 上式にポンプ内部のエネルギー損失 $E_{\text{loss},p}$ [J·kg^{-1}] を加味すると, 次のように書き換えられる.

$$W_p=\rho Q E_{\text{in},p}=\rho Q\left\{E_{\text{loss},p}+\sum_i E_{\text{loss},i}+\frac{\bar{u}_2^2-\bar{u}_1^2}{2}+g(z_2-z_1)+\frac{P_2-P_1}{\rho}\right\} \tag{2.48}$$

ポンプの効率 η [-] を

$$\eta=\frac{E_{\text{in},p}-E_{\text{loss},p}}{E_{\text{in},p}}=\frac{E_{\text{in}}}{E_{\text{in},p}} \tag{2.49}$$

で定義すると

$$W_p=\frac{\rho Q E_{\text{in}}}{\eta}=\frac{W}{\eta}=\frac{\rho Q}{\eta}\left\{\sum_i E_{\text{loss},i}+\frac{\bar{u}_2^2-\bar{u}_1^2}{2}+g(z_2-z_1)+\frac{P_2-P_1}{\rho}\right\}=\rho Q g H \tag{2.50}$$

ここで H はポンプの全揚程 [m] と呼ばれ, W を η で除した W_p がポンプを駆動させるのに必要な所用動力であり, 上式から求められる全揚程のポンプを利用することになる.

〈例題 2.4〉 入口内径 100 mm, 出口内径 80 mm のポンプがあり, 入口圧力 150 kPa, 出口圧力 300 kPa である. このポンプの出口は入口より 1 m 高く, 流量 0.1 m^3·s^{-1} のときに動力は 35 kW であった. ポンプ効率を求めよ. なお, $\sum_i E_{\text{loss},i}=0$, 水の密度は 1000 kg·m^{-3} とせよ.

(**解**) 式 (2.49) より

$$\eta = \frac{E_{\text{in},p} - E_{\text{loss},p}}{E_{\text{in},p}} = \frac{\rho Q(E_{\text{in},p} - E_{\text{loss},p})}{\rho Q E_{\text{in},p}} = \frac{\rho Q(E_{\text{in},p} - E_{\text{loss},p})}{W_p}$$

である．したがって，式 (2.48) より

$$\rho Q(E_{\text{in}} - E_{\text{loss},p}) = \rho Q \left\{ \frac{\bar{u}_2^2 - \bar{u}_1^2}{2} + g(z_2 - z_1) + \frac{P_2 - P_1}{\rho} \right\}$$

となる．

平均速度 $\bar{u}_1$ と $\bar{u}_2$ を求める．

$$\bar{u}_1 = \frac{Q}{A_1} = \frac{6/60}{\pi(0.1)^2/4} = 12.74 \text{ m}\cdot\text{s}^{-1}, \quad \bar{u}_2 = \frac{Q}{A_2} = \frac{6/60}{\pi(0.08)^2/4} = 19.90 \text{ m}\cdot\text{s}^{-1}$$

したがって

$$\rho Q(E_{\text{in}} - E_{\text{loss},p}) = (1000)\frac{6}{60}\left\{\frac{(19.90)^2 - (12.74)^2}{2} + (9.81)(1.0) + \frac{300\times10^3 - 150\times10^3}{1000}\right\}$$

$$= 100\left\{\frac{396 - 162}{2} + 9.81 + 150\right\} = (100)(117 + 9.81 + 150) = 27.7 \text{ kW}$$

以上より

$$\eta = \frac{\rho Q(E_{\text{in}} - E_{\text{loss},p})}{W} = \frac{27.7}{35} = 0.791$$

となり，ポンプ効率は 79.1％である．

2.2.4 流 量 計

閉路内を流れる流体の流量計は，流体の性状（特に粘度と密度），流量範囲，圧力損失許容範囲，計測精度，価格などを考慮して選定する．表 2.5 にまとめた各流量計の計測原理，特徴などを選定の参考とされたい．ここで $\varDelta E$ の有無は，計測の際に流体自身のエネルギーを利用するか否かを示している．概して $\varDelta E$ 有りの流量計は安価であるが，ある程度のエネルギー損失を伴うため，その揚程分をポンプ動力に加味する必要がある．流量計のみならず計装の選定には，配管系全体の流体力学的（圧力）バランスに十分配慮して選定せねばならない．

表 2.5 に示した流量計測法は，製品化も含めれば何れも汎用である．ここでは，2.2.3 項で触れた流路急縮小・急拡大で得られるエネルギー損失 $\sum_i E_{\text{loss},i}$ から流量を求める手法について概説する．

これまでにも記載のとおり，流体のエネルギー損失 $\sum_i E_{\text{loss},i}$ は圧力損失 $\varDelta P$ を引き起こす．したがって，流路に急縮小・急拡大部（オリフィス管，ベンチュリー管など）を設け，あらかじめ流量対圧力損失の関係を作成する（キャリブレーション）

2.2 流体輸送

表 2.5 流量計の分類[3]

測定量	名称	測定原理	ΔE	適用流体 気	適用流体 液	適用流体 蒸気	特徴
体積	差圧式	流量の2乗に比例する絞り前後の差圧	有	○	○	○	オリフィス，ノズル，ベンチュリー管など 安価で保守も容易 圧力損失は大きい
体積	面積式	流量に比例するテーパー管内フロート位置	有	○	○	○	安価で圧力損失も小さい 精度は低い 固形物を含む流体に不適
体積	電磁式	磁界を横切る導電性流体流速に比例する起電力	無	×	○	×	圧力損失は零 導電性液体のみ
体積	超音波式	流速による超音波速度変化またはドップラーシフト	無	○	○	△	圧力損失は零 固形物・気泡の多い流体に不適 ドップラーシフトの場合は固形物・気泡の存在必須
積算体積	石鹸膜式	流体による石鹸膜の押し上げ	有	○	×	×	圧力損失はほとんど零 最も安価，精度も高い 石鹸の蒸発など，流体へのコンタミの可能性あり
積算体積	容積式	一定容積「ます」の計測カウント数	有	○	○	×	精度が非常に高い 高粘性液体に最適 固形物を含む流体に不適 低粘性液体では低精度
積算体積	渦式	流速に比例する流れ中柱状物体後方のカルマン渦周波数	有	○	○	○	小型，安価で圧力損失も小さい 精度も比較的高い 低レイノルズ数では不安定 固形物・気泡の多い流体や高粘性流体に不適
積算体積	タービン式	流速に比例するタービンの回転数	有	○	○	△	小型で精度が非常に高い 大流量高圧流体に最適 固形物の多い流体や高粘性流体に不適
質量	コリオリ式	質量流量に比例するねじれ（コリオリ）力	無	△	○	×	精度が非常に高い 固形物を含む流体や高圧流体，脈動流も可 高価 外部振動の影響を受けやすい
質量	熱式	流量により変化する熱供給時の流体温度上昇度	無	○	△	×	比較的安価 微少流量測定可能 組成が変化する場合は不適

ことで，操作時の流量計測が可能となる．また，ΔP と流量 Q との間には理論式が存在する[4] が，ここでは省略する．ただし，管形状や管の粗滑度の差異にて，理論式を補正する必要が生ずることから，キャリブレーション法を推奨する．

2.2.5 流体の速度計測器（流速計）

流速計として，レーザー光のドップラーシフトを利用したレーザードップラー式がある．ドップラーシフトとはレーザー光反射体の速度変化による波長変化現象であり，色の変化として視覚的に確認できる．音の波長変化を利用したのが超音波式であり，光のドップラーシフトと同現象により流速計を構築できる．

ここではさまざまな流速計の内，ベルヌイの式にて計測原理が説明可能なピトー管（接触式）について，詳しく述べる．図 2.16 に，ピトー管の設計概念図[3] を示す．

流速の正確な計測のためには流線に沿ってピトー管を挿入する必要があり，直管部での計測に限定される．ピトー管は二重円管型構造となっており，その直径 d [mm] をもとに設計する．開口部は，管先端部と管側面部の 2 ヶ所ある．管先端開口部に衝突した流体の速度は 0（よどみ点と呼ぶ）となり，次式で表される全圧 P_{total} [Pa] が先端の開口部に掛かる．

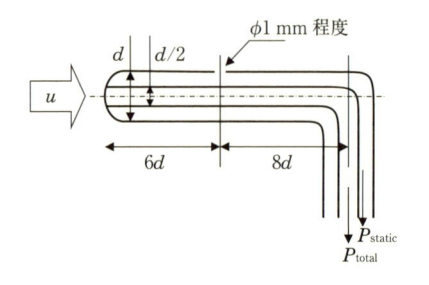

図 2.16 ピトー管の設計概念図[3]

$$P_{\text{total}} = P_{\text{static}} + \frac{1}{2}\rho u^2 \tag{2.51}$$

ここで P_{static} [Pa] は静圧（静止流体の圧力）であり，これの計測に管側面の開口部を用いる．なお，式 (2.51) は 2 開口部の高低差を無視したベルヌイの式である．これら 2 開口部の差圧 ΔP [Pa] をマノメーターなどにより計測すれば，次式から速度が計算できる．

$$u = \sqrt{\frac{2(P_{\text{total}} - P_{\text{static}})}{\rho}} = \sqrt{\frac{2\Delta P}{\rho}} \tag{2.52}$$

なお，ピトー管に限らず流れ中へ静止物体を挿入すると流れは乱され，その下流側に渦や速度分布が変化する速度境界層が形成される．この渦の形成頻度を利用した流速計が渦式である．また僅かではあるが，上流側にも静止物体挿入の影響は伝播

する．したがってピトー管は流れを極力乱さぬよう可能な限り細管とすることが望ましく，図2.16中 $6d$ ならびに $8d$ は正確な P_static 計測のために必要不可欠である．

2.3 混相流動

前節までは主として液流れが扱われてきたが，化学プロセスの輸送系や反応装置においては，固気，固液，気液，気液固あるいは液液の混相流となる場合がある．流体ではない固体でも，比較的小さい粒子の場合には気液の流れによって，あたかも流体のような流動挙動を示す．本節では，管内における各混相の流動様式を説明し，ついで混相流動となる代表的な反応装置を紹介する[5〜7]．

2.3.1 管内における流動様式

A．固気二相流

図2.17に，固体粒子が入った垂直管の底部から上向きにガスが流れ，ガス速度が順次高くなる場合の流動状態を示す．低いガス速度では，ガスは粒子層の間隙を流れ粒子層は不動のままである固定層（a）となる．ガス速度がある値（最小流動化速度）より高くなると，粒子がガス中を浮遊懸濁する均一流動層（b）となり，ガス速度の増加につれて流動層高が増大し気泡流動層（c）となる．流動層高が管頂に達すると，粒子は頂部から流出する．この状態で粒子を連続的に供給すると，粒子はガスと一緒に流れ続ける輸送層（d）となる．

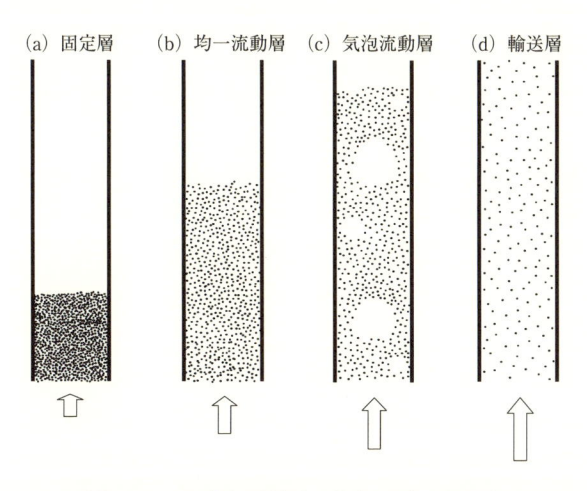

図2.17 ガス速度が増加する場合の固気二相流動

水平管の場合，低いガス速度では粒子は管の下側に沈積して固定層が生じ，ガス速度が高くなるにつれて固定層粒子の一部が管底を滑りながら流れる摺動流（図2.18）となる．十分に高いガス速度では，粒子は管内に一様に分散して流れる．

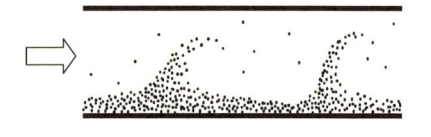

図2.18 摺動流

B．固液二相流

液体の密度はガスに比べて3桁大きいので，固液系では固気系よりかなり低い速度で固体粒子が流動し，その挙動は液流動の場合に類似する．

液より重い粒子が入った垂直管を液が上向きに流れる場合，比較的低い液速度では，固気二相流と同様，固定層，流動層を経て輸送層となる．輸送層では粒子群は管内にほぼ均一に分散するが，液速度が高くなると管中心部に粒子が集まる．液が下向きに流れる場合では，より均一な流れになりやすい．

水平管の場合，スラリー（固体粒子が懸濁した状態の液）の平均速度が高くなるにつれて，固定層を伴う流れ，跳躍・摺動を伴う流れ，上下に粒子濃度差を生ずる不均一浮遊流を経て均一浮遊流となる．粒子が液より軽いとき（水中の氷粒子，一部のプラスチック粒子や中空の粒子），上下方向が反対になるものの，同様な挙動を示す．

C．気液二相流

気液二相流では，一方の流体が連続相となり，他方の流体が分散相となる．ガスが液中に分散する例は気泡で，反対の例は液滴や液膜である．

垂直管の場合，気液の速度や方向により，上向き並流，向流，下向き並流となる．図2.19に，上向き並流でガス速度が増加する場合（液速度一定）の流動状態を示す．ガス速度が低いとき，比較的小さい気泡が管内に均一に分散する気泡流（a）となる．ガス速度が高くなると，管内で気泡合一が起こり，大きな気泡も存在する間欠流となる．管径が小さい場合には，断面にわたる気泡（スラグと呼ばれる）が断続的に発生する（スラグ流（b））．管径が大きい場合には，スラグには至らない大気泡と小気泡が混在する（チャーン流（c））．これらの状態ではガスが分散相である．ガス速度がさらに高くなると，液は管壁に沿って液膜として流れ，ガスは中心部を連続相として流れる環状流（d）となる．このとき，液の一部はガス流中に液滴として分散する．さらに高いガス速度では，液の環状流がなくなり，ガス中に液滴が分散する噴霧流（e）となる．

2.3 混相流動

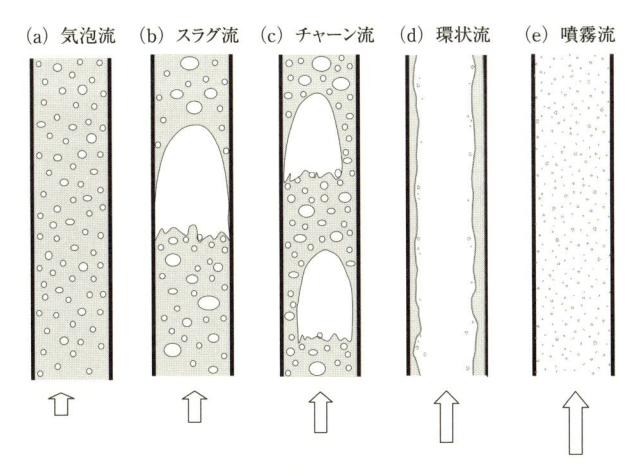

(a) 気泡流　(b) スラグ流　(c) チャーン流　(d) 環状流　(e) 噴霧流

図 2.19　ガス速度が増加する場合の気液二相流動

　水平管を気液が流れる場合，ガス速度が高くなるにつれて，固気や固液の場合と同様に，ガスが上側，液が下側を流れる層状流，気液界面の乱れる波状流を経て，間欠流，環状流，噴霧流となる．

D.　気液固三相流

　気液固三相流動は二相系より複雑となるが，気液二相流に固体粒子を混入した流れとして取り扱われることが多い．

　垂直管の場合，流動状態は気液二相流動に類似する．粒子は液中に分散して気泡中を通過することはほとんどなく，気泡の存在により管壁近傍にも分散する．水平管の場合，固液と気液系の特徴を併せたような挙動を示す．

E.　液液二相流

　水と油のように，互いに混じり合わない2液が激しく攪拌混合されると，一方の液が微細液滴として他方の液中に安定に分散するエマルションになる．

　垂直管の場合では，気液2相の流動状態に類似し，分散相となる液滴が高密度のガスのように振舞う．水平管の場合，低速度では2液の層状流となる．両液の速度が高くなるにつれて，界面で両液の混合が起こって液滴が発生し，不安定なエマルション相を伴う流れとなる．

2.3.2 混相流動となる装置

A. 充填層

図 2.17 (a) のように粒子固定層に流体を流す装置である．粒子が流動化するような速度（最小流動化速度より高い速度）であっても，粒子層の上下端が固定されているので，粒子層は固定層となる．固体粒子は，固気・固液・三相の反応では反応物や触媒であり，バイオリアクターでは酵素や微生物の固定化担体である．また，ガス吸収や蒸留では気液の接触面積を増大させるための充填物である．

B. 流動層

図 2.17 (b)，(c) のように，流体の流れによって固体粒子を流動化させる装置である．層内で粒子が流動化しており，濃度や温度は比較的均一となる．粒子は反応物，生成物，触媒や熱媒体であり，固気流動層は石油の熱分解，化学合成やごみの焼却などに，固液，三相流動層は発酵や排水処理に使われている．

C. 移動層

充填層と流動層の中間的な粒子挙動を示す装置で，粒子は固定層に近い状態で装置内を動く．粒子が垂直に降下する例としては鉄鉱石から鉄を作る高炉が挙げられる．また，やや傾斜した水平管をゆっくりと回転させる移動層（ロータリーキルン）はセメントの製造や石灰の焼成，ごみの溶融固化に，十字流式（粒子が降下し，ガスが水平流となる）移動層は排ガス処理に用いられている．

D. 気泡塔

図 2.19 (a)～(c) のように，液中に気泡を分散させる装置である．気液反応やガス吸収に使われており，下水処理の曝気槽や好気発酵槽も気泡塔といえる．気泡塔に固体粒子を添加すると三相流動となり，粒子が液と一緒に流動する場合を懸濁気泡塔，粒子が液とは異なる挙動を示す場合を三相流動層と呼ぶが，両者の区別は明確ではない．

E. スプレー塔

図 2.19 (e) のように，ガス中に液滴を分散させる装置である．排ガス処理や気液反応に使用され，固体粒子を含む排ガスの処理や反応で固体粒子を発生する場合に適している．

F. 濡れ壁塔

管壁面に液を薄膜（図 2.19 (d) に類似）として流下させてガスと接触させる装置である．管壁からの伝熱操作が容易となるので，塩酸製造や吸収式ヒートポンプ

などの吸・発熱を伴う気液反応に使われている．

G．段　塔

塔内を多孔板等で多段に仕切った装置である．液を流下させ，ガスあるいは軽い液を上向きに流して向流操作とする．気液系では下向き並流とする場合もある．ガス吸収，気液反応，蒸留や液液抽出に使われる．

H．攪拌槽

槽内に攪拌翼を備え，液中にガス，固体粒子，別の液を攪拌混合させる装置で，槽内は完全混合状態となる．ガス吸収，気液・固液・液液系の反応や固体・液体からの抽出に使われる．ガスを分散させる装置は通気攪拌槽と呼ばれる．攪拌槽の詳細は次節で述べられる．

2.4　分離・混合

実験室および工場では流体中で反応を行わせることが非常に多い．その反応系も多岐にわたり，互いに混じり合う液体同士（均相系），気体と液体（気液系），固体と液体（固液系），お互いに混じり合わない液体同士（液液系），またすべての系を含む（気固液系）に分類される．また，最初は液相のみであっても，重合反応や晶析操作のように時間の進行とともに固液系に変化したりする反応もある．本節では，これらのような反応を行う場合の液体の混合および反応後のそれら異相系の分離について概論的に説明する．

2.4.1　分　離

機械的分離の代表である固気分離と固液分離を場によって分離形態を分類すると，表2.6[8)]のようにまとめることができる．本節では固液分離について取り扱う．固液分離操作はろ過，沈降分離および遠心分離に分類できる．

スラリーをろ材によって湿潤固体と液体に分ける操作をろ過という．ろ過は最も古くから利用されてきた単位操作の1つであり，飲料水を得るためには必要不可欠な操作であることはいうまでもない．また，ろ過は化学工業だけでなく，酒造にも欠かせない操作である．固体と液体の懸濁液を清澄液と濃厚スラリーに分ける操作を沈降分離（沈降濃縮）という．化学工業だけでなく，各種の金属および非金属鉱業，上下水道，工業廃水処理，ビール製造等において比較的希薄なスラリーに利用され，ろ過，脱水等の前処理としても適用される場合が多い．

表 2.6 分離の基本形態[8]

分離の要因	力のみ	力＋障害物	障害物のみ
分離形態	粒子→○ 捕集壁 F	障害物(捕集体)	障害物
分離性能	小	中	大
圧力損失	小	中	大
性能評価の指標	沈着速度	衝突効率 圧力損失	圧力損失

A. ろ 過

ろ過は，スラリーをろ材と呼ばれる布，網あるいは多孔質物質を分離面として，その両面に圧力差を設け，懸濁液中の固体粒子をケークとしてろ材上に捕捉し，清澄なろ液を得る操作である．ろ過の様子は，図 2.20 に示すように，時間の経過とともにろ材上に堆積するケークの厚さが次第に増加する．ケークが成長するにつれて，ろ過効率は増加するが，ろ過速度が減少し，圧損が増大するため，スラリーをろ材面と平行に高速で流動させケークをろ材面から洗い流す必要がある．この種のろ過をクロスフローろ過と呼ぶ．

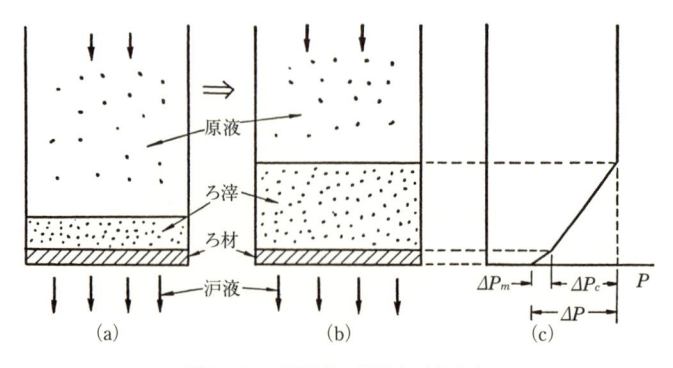

図 2.20 ろ過進行の様子と圧力分布

(1) ろ過の基礎式

　ろ材およびケークの細孔内でのろ液の流動はポアズイユ流と仮定できるので，直径 d [m]，長さ L [m] の細孔を粘度 μ [Pa·s] の流体が速度 u [m·s^{-1}] で流れるときの両端の圧力差は ΔP [Pa] は次式で表される．

$$\Delta P = \frac{32\mu L u}{d^2} \tag{2.53}$$

これより，ろ過進行中においても次式が成立するとする．

$$\Delta P = R\mu u = \frac{R\mu}{A}\frac{dV}{d\theta} \tag{2.54}$$

これをろ過方程式と呼ぶ．上式において R は流動抵抗係数 [m^{-1}] であり，ろ材あるいは固体粒子の形状，大きさとその分布および空隙率によって決まる定数である．また，$u = (1/A)(dV/d\theta)$ は見かけの線速度 [m·s^{-1}]，A はろ過面積 [m^2] である．

　そこで，ケーク中での関係式を求めてみる．上式を用いることにより，ケーク中の圧力分布は次式で表される．

$$\Delta P_c = R_c \mu u = \frac{R_c \mu}{A}\frac{dV}{d\theta} \tag{2.55}$$

またケーク中での抵抗係数 R_c は単位ろ過面積あたりのケーク質量に比例すると考え，次式より求められる．

$$R_c = \alpha \frac{W_c}{A} \tag{2.56}$$

ここで，α は比抵抗 [m/kg-乾き固体] と呼ばれる．また W_c はケーク中の固体質量 [kg-乾き固体] であり，ろ液量 V [m^3-ろ液] に比例するから，両者の換算係数 κ [m^3-ろ液/kg-乾き固体] を用いれば，次式で表される．

$$W_c = V/\kappa \tag{2.57}$$

一方，ろ液の密度を ρ [kg-ろ液/m^3-ろ液]，原液中における固体の質量分率を w [kg-乾き固体/kg-原液]，また，湿潤ケークと乾燥ケークの質量比を m [kg-湿り個体/kg-乾き個体] とすれば，原液，ケークそしてろ液を関係づける次式が導かれる．

$$\kappa = \frac{1-mw}{\rho w} \tag{2.58}$$

以上の式から，ケーク中での抵抗係数 R_c は次式で示される．

$$R_c = \frac{\alpha}{A}\frac{V}{\kappa} \qquad (2.59)$$

また同様にして，ろ材の抵抗係数を R_m とすれば，ろ材中での関係式は次式で表される．

$$\varDelta P_m = \frac{R_m \mu}{A}\frac{dV}{d\theta} \qquad (2.60)$$

したがって，ろ過全体での圧力降下 $\varDelta P$ [Pa] は図 2.20 (c) で示されるように

$$\varDelta P = \varDelta P_m + \varDelta P_c \qquad (2.61)$$

であるから，ろ過の基礎式として次式が導かれる．

$$\frac{dV}{d\theta} = \frac{A\varDelta P}{\mu(R_c + R_m)} \qquad (2.62)$$

(2) ろ過の方式

一定のろ過圧力を作用させる操作を定圧ろ過，ろ過速度を一定とする操作を定速ろ過，圧力と速度の両者がろ過の進行とともに変化する操作を変圧変速ろ過という．定圧ろ過は一定の圧縮空気，圧縮ガス圧や真空圧を作用させる場合，定速ろ過は定容量型吐出ポンプを作用させる場合，そして，変圧変速ろ過は渦巻きポンプを作用させる場合のろ過形式である．

定圧ろ過：ろ過操作中，圧力降下 $\varDelta P$ [Pa] が常に一定となるように行う操作を定圧ろ過という．定圧ろ過に対して式 (2.62) は次式のように書き改められる．

$$\frac{dV}{d\theta} = \frac{k}{2(V + V_0)} \qquad (2.63)$$

ここで

$$k = 2\left(\frac{\varDelta P \kappa A^2}{\alpha \mu}\right), \quad V_0 = \frac{\kappa A R_m}{\alpha}, \quad V = \frac{\kappa A R_c}{\alpha} \qquad (2.64)$$

上式中，比抵抗 α はケークの諸性質により決まるが，この値がろ過圧力に無関係であるケークは非圧縮性ケーク，また，ろ過圧力の影響を受けるケークは圧縮性ケークと呼ばれる．

非圧縮性ケークで給液中の固体濃度が一定なろ過においては，k および V_0 は一定となり，式 (2.62) は積分されて次式が得られる．

$$V^2 + 2VV_0 = k\theta \qquad (2.65)$$

あるいは

$$(V + V_0)^2 = k(\theta + \theta_0), \quad \theta_0 = V_0^2/k \qquad (2.66)$$

これらはルースの方程式であり，k，θ_0 および V_0 はルースの定数と呼ばれる．こ

のうち V_0 はろ材の抵抗係数 R_m に等価な抵抗値となるようなケーキを生成するために必要なろ液量であり，θ_0 は V_0 なるろ液量になるまでの時間に相当する．

ルース式は，定圧ろ過の設計基礎式であるばかりでなく，実験により比抵抗を求めたり，ケーキが非圧縮性かどうかの判別式にも用いられる．式 (2.65) を変形すると次式となる．

$$\frac{\theta}{V} = \frac{V}{k} + 2\frac{V_0}{k} \tag{2.67}$$

この関係式より，実験値を横軸 V，縦軸 θ/V としてプロットすれば，直線が得られ，その勾配と切片から k および V_0 が求められ，さらに比抵抗 α とろ材抵抗係数 R_m が求まる．

定速ろ過：得られるろ液量を一定に保つように，ろ過圧を時間とともに変化させる操作を定速ろ過という．非圧縮性ケーキについての基礎式は次式となり，ろ過圧とろ過時間の関係を示している．

$$\frac{dV}{d\theta} = \frac{V}{\theta} = q, \quad \Delta P = \frac{\alpha\mu}{\kappa A^2}q^2\theta + \frac{R_m\mu}{A}q \tag{2.68}$$

B. 沈降分離および遠心分離[9]

固体濃度の低い懸濁液を大型容器内に導入し，粒子を重力の作用で沈降させる方法を沈降分離という．沈降装置には回分式と連続式があり，前者を沈降槽，後者を連続式シックナーという．シックナーは図 2.21 に示されるような円筒円錐形である場合が多く，上水道貯水池や廃水処理装置でよく見られる．懸濁液は槽中央部より供給され，清澄液は外周より取り出される．固形分は圧縮沈降中に濃縮脱水され，濃縮汚泥として底部より排出される．

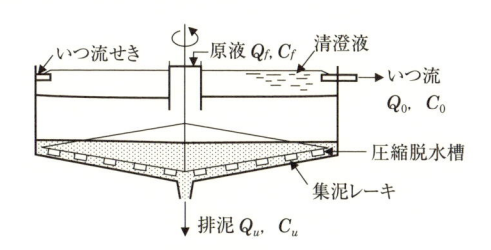

図 2.21 連続式シックナー

懸濁液を高速回転場に置き，重力の数千から数万倍を超える遠心力を与えることによって固液分離する操作を遠心分離操作という．遠心分離機には無孔の回転ボウ

ルを高速回転する遠心沈降機と側壁に細孔あるいはスリットを有する回転バスケットを用いて高速かつ高度な脱水を行う，遠心ろ過・脱水機がある．

〈例題 2.5〉 定圧ろ過操作を行い，20 分後に 30 m³ のろ液量を得た．ろ材抵抗を無視できるものとして，ケークが非圧縮性の場合
(1) さらに 40 分間にこの操作を続けたとき，ろ過量およびろ過速度はいくらとなるか．
(2) ろ過面積を 2 倍にした場合，同じ操作で 1 時間後のろ液量はいくらとなるか．

(解) (1) $k = 0.75 \text{ m}^6 \cdot \text{s}^{-1}$，ろ液量 $V = 52.0 \text{ m}^3$，ろ過速度 $dV/d\theta = 7.21 \times 10^{-3} \text{ m}^3 \cdot \text{s}^{-1}$
(2) $k' = 3 \text{ m}^6 \cdot \text{s}^{-1}$，ろ液量 $V' = 103.9 \text{ m}^3$

2.4.2 混　　合

混合操作の主たる目的は，「混合操作」「分散操作」「物質移動操作」「反応操作」「伝熱操作」である．日常生活の中では比較的扱うスケールが小さいので，その方法や道具が不適切であってもそれほど困ることはない．しかし，工場のようなスケールの大きな撹拌は，これらの操作のうち，1 つのみを行えばよいのではなく，複数の目的を同時に行わなければならない．特に小型装置から量産装置へスケールアップする場合には，撹拌操作の操作条件は，上記の 5 つの目的のうち，何を主目的とするかで，大きく変えなければいけない．

撹拌操作を論ずる上で最も重要なことは撹拌所要動力を評価することである．「撹拌所要動力」とは，単に撹拌翼を回転させるための動力ではなく，流体にどのくらいのエネルギーを投入したかという尺度である．撹拌所要動力を見積ることができれば，撹拌槽の評価指標である混合時間，吐出流量，伝熱係数，物質移動係数等，多くの性能を評価することができる．特に，単位体積当たりの所要動力 P_v [W·m⁻³]というパラメータは，乱流理論に結び付けることができるため，上記の性能評価だけでなく，スケールアップのための最も代表的な基準として知られている．

A． 撹拌槽と撹拌翼[10]

撹拌槽の最も基本的な構成は，図 2.22 に示すように

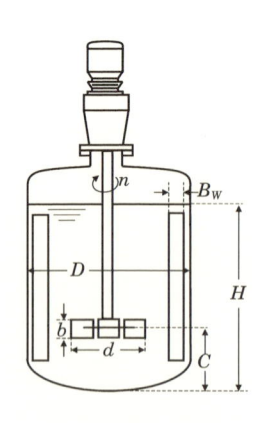

図 2.22 撹拌槽の構成[10]

2.4 分離・混合

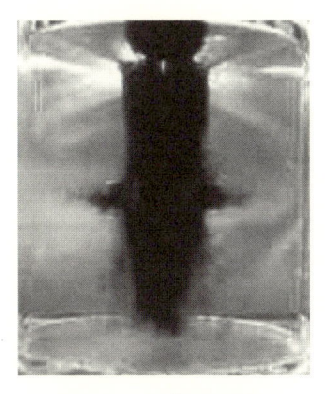

図 2.23 固体的回転部

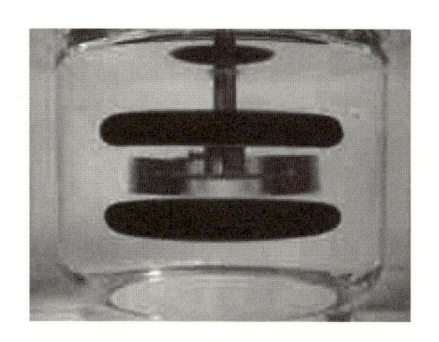

図 2.24 ドーナツ状混合不良部

円筒槽の中心に撹拌翼を取り付け，モーターで翼を回転することにより槽内流体を撹拌するものである．撹拌槽は通常，円筒皿底または円筒平底であり，設計上主要な寸法は，撹拌翼径 d[m]，翼幅 b[m]，翼の羽根枚数 n_p，槽径 D[m]，液深 H[m]，翼取り付け高さ C[m]，邪魔板幅 B_W[m]，邪魔板枚数 n_B であり，操作条件は翼の回転数 n[s^{-1}] のみである．撹拌に関する物性値の主なものは流体の密度と粘度である．

撹拌翼には非常に多くの種類がある．パドル，タービン，プロペラ翼は主に低粘度液撹拌用として用いられる．低粘度流体を撹拌する際，邪魔板無しの場合には図 2.23 に示すように，シャフトの周りに翼径より若干小さい固体的回転部と呼ばれる混合不良部が発生する．アンカー翼，ヘリカルリボン翼は主に高粘度液撹拌用として用いられる．アンカー翼は槽壁すれすれに設置して槽壁の境界層を薄くすることを目的とするので，主に，ジャケット式の加熱および冷却槽に用いられることが多い．ヘリカルリボン翼は高粘度流体に対して最も一般的に用いられる翼である．通常は，槽壁面で掻き上げ，軸部分で槽底方向に流れを発生させるように操作される．ヘリカルリボンは縦型撹拌機で高粘度流体を使用する限り，最も有効な撹拌翼である．高粘度流体に小型のタービン翼などを使用すると図 2.24 に示すような，ドーナツ状の混合不良部が翼の上下に発生する．

近年日本の各メーカーによって開発された，図 2.25 に示すような低動力（高トルク型翼なので回転数を低く抑えることができる）で広い粘度範囲において適用可能な，2 枚羽根 2 段パドル翼を基本とした独特の形状の撹拌翼がある．これらの翼は下側の翼から放射状に強い吐出流が出る構造になっており，上側の翼はそれを補

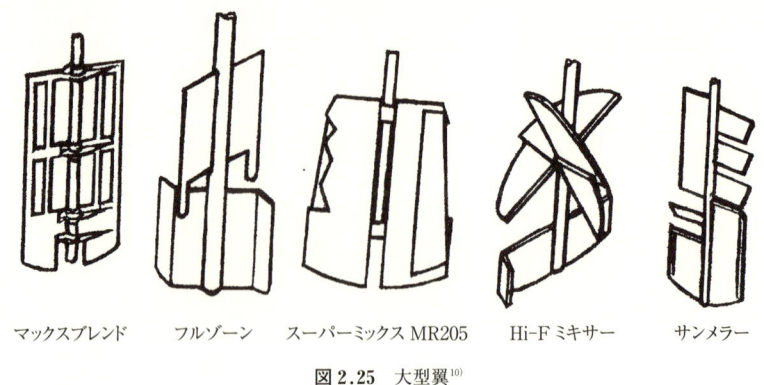

マックスブレンド　　フルゾーン　　スーパーミックスMR205　　Hi-Fミキサー　　サンメラー

図 2.25　大型翼[10]

助する役目をしている．これらの撹拌翼は物性変化を伴うような多品種少量生産に非常に有効である．

B. 撹拌所要動力の推算[10]

(1) 撹拌所要動力と動力数

撹拌翼が回転数 n [s^{-1}] で回転しているとき，撹拌所要動力 P [W] は，撹拌軸のトルク T [N·m] より $P = 2\pi nT$ で求められる．撹拌所要動力に関する無次元数 N_P は動力数と呼ばれ，$N_P = P/(\rho n^3 d^5)$ で定義される．動力数は撹拌レイノルズ数 $Re\, (= d^2 n\rho/\mu)$ によって変化するが，邪魔板有りで乱流状態のときは，撹拌レイノルズ数によらず一定の値をとる．

(2) 完全邪魔板条件

高い撹拌レイノルズ数域での撹拌において，邪魔板を挿入したとき，邪魔板の枚数 n_B と幅 B_W [m] を適当に選ぶことにより，最大の撹拌所要動力を得る条件が与えられる．これを完全邪魔板条件と呼び，その条件は次式を満足する．

$$(B_W/D)n_B^{0.8} = 0.27\, N_{P\max}^{0.2} \tag{2.69}$$

ここで，$N_{P\max}$ は完全邪魔板条件での動力数である．

(3) 撹拌所要動力の推算式

邪魔板なしの場合の撹拌所要動力の推算式としては，2枚羽根パドル翼に関する永田の式がある．

$$N_{P0} = \frac{A}{Re} + B\left(\frac{10^3 + 1.2Re^{0.66}}{10^3 + 3.2Re^{0.66}}\right)^p \left(\frac{H}{D}\right)^{(0.35 + b/D)} \tag{2.70}$$

ここで

2.4 分離・混合

$$A = 14 + (b/D)\{670(d/D - 0.6)^2 + 185\}$$
$$B = 10^{\{1.3 - 4(b/D - 0.5)^2 - 1.14(d/D)\}}$$
$$p = 1.1 + 4(b/D) - 2.5(d/D - 0.5)^2 - 7(b/D)^4$$

羽根枚数 n_P が2以上の場合には，羽根枚数と羽根幅の積 $(n_P b)$ が同じである換算羽根幅 $b'(=n_P b/2)$ の2枚羽根パドル翼として式 (2.70) を用いて撹拌所要動力を求める．ただし，b'/H が1を越えるような場合にはこの式では推算できない．

完全邪魔板条件での動力数 $N_{P\max}$ は，次式で計算される．

$$N_{P\max} = \begin{cases} 10(n_p^{0.7}b/d)^{1.3} & n_p^{0.7}b/d \leq 0.54 \\ 8.3(n_p^{0.7}b/d) & 0.54 < n_p^{0.7}b/d \leq 1.6 \\ 10(n_p^{0.7}b/d)^{0.6} & 1.6 < n_p^{0.7}b/d \end{cases} \quad (2.71)$$

緩い邪魔板条件から完全邪魔板条件まで，任意の邪魔板付き撹拌槽の所要動力は次式で推算できる．

$$N_P = [(1 + x^{-3})^{-1/3}]N_{P\max}$$
$$x = 4.5(B_W/D)n_B^{0.8}(H/D)/N_{P\max}^{0.2} + N_{P0}/N_{P\max} \quad (2.72)$$

ここで，$N_{P\max}$ は式 (2.71) の完全邪魔板条件における動力数，N_{P0} は式 (2.70) の邪魔板なしの場合の動力数である．ただし，この式で計算された N_P が N_{P0} より小さい場合は，N_{P0} が邪魔板付き撹拌槽の動力数となる．

〈**例題 2.6**〉 槽径の 1/10 の幅の邪魔板を4枚取り付けた槽径 30 cm の円筒槽内に 20 ℃ の水を槽径と同じ深さまで入れ，翼径 10 cm，翼幅 2.5 cm の6枚羽根タービン翼を用いて 240 rpm で撹拌したときの撹拌所要動力を求めよ．

（**解**） 撹拌レイノルズ数 Re = 40,000，邪魔板なし動力数 N_{P0} = 1.24，完全邪魔板条件動力数 $N_{P\max}$ = 7.3，本条件での動力数 N_P = 6.0，撹拌所要動力 P = 3.8 W

〈**例題 2.7**〉 槽径 1.2 m の円筒槽に，密度 1200 kg·m^{-3}，粘度 2 Pa·s の流体を槽径と同じ深さまで入れ，翼径 0.8 m，翼幅 0.5 m の2枚羽根パドル翼を用いて 60 rpm で操作しているときの撹拌所要動力を求め，必要なモーターサイズを選定せよ．ただし，モーターに必要な動力は摩擦等による機械ロスを含め，撹拌所要動力の 1.2 倍必要であると仮定し，モーターの規格は以下から選定するものとする．

動力規格値［kW］0.75, 1.5, 2.2, 3.7, 5.5, 7.5, 11, 15, 18.5

（**解**） 撹拌レイノルズ数 Re = 384，動力数 N_P = 3.1，撹拌所要動力 P = 1.23 kW，モーター動力 = 1.48 kW．よって，1.5 kW のモーターが必要．

C. ヘリカルリボン翼，アンカー翼の動力相関式

高粘度流体に対してパドル翼よりもヘリカルリボンやアンカーといった翼が使用される．これらの翼は層流域の操作が通常となるので，永田の式を簡略化し，$N_P = A/Re$ という層流項の部分のみを使用すればよく，$N_P Re$ の積で示される A の推算を如何に行うかが問題となる．

(1) ヘリカルリボン翼

2次元数値解析に基づいて開発された次式を使用するとよい．式中の翼の寸法に関する記号は，図 2.26 を参照すること．

$$N_P Re = 8n_P + 75.9z(n_P/\sin\alpha)^{0.85}(h/d)/[0.157 + \{(n_P/\sin\alpha)\ln(D/d)\}^{0.611}] \tag{2.73}$$

ここで

$$z = 0.759[(n_P/\sin\alpha)\ln\{d/(d-2w)\}]^{0.139} + \{n_P\ln(D/d)\}^{0.182} n_P^{0.17}$$
$$\sin\alpha = \{1 + (\pi d/s)^2\}^{-0.5}$$

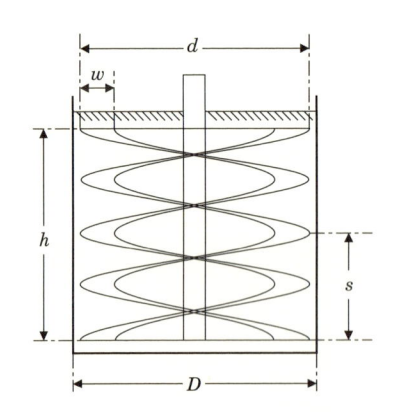

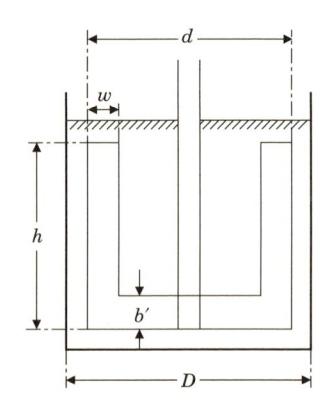

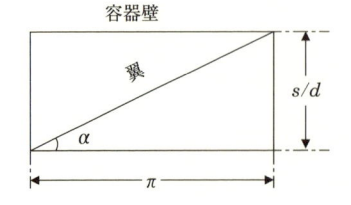

図 2.26 ヘリカルリボン翼とアンカー翼

(2) アンカー翼

上記と同様に次式を使用するとよい.

$$N_P Re = 8n_P + 75.9 z n_P^{0.85}(h/d)/[0.157 + \{n_P \ln(D/d)\}^{0.611}] \quad (2.74)$$

ここで

$$z = w/h + 0.684[n_P \ln\{d/(d-2w)\}]^{0.139}$$

〈演習問題〉

2.1 (流動の基礎) 293 K の水を 4.6×10^{-4} m$^3\cdot$s^{-1} を流したい. 以下の問に答えよ.
  a) 内径 52.9 mm の円管に流したときのレイノルズ数を求め, 流れの状態を述べよ.
  b) 内径 304.7 mm の円管に流したときのレイノルズ数を求め, 流れの状態を述べよ.
  c) 問 b) について, 円管の長さ 1 m あたりの圧力損失を求めよ.

2.2 (流動の基礎) 深さ H の水槽の底に直径 d の小孔をあけた. 水の流出速度および流量を求めよ. ただし, 水槽の断面積は非常に大きく, 水の流出による水深の変化や小孔入口での渦などによるエネルギー損失は無視できるとする.

2.3 (流動の基礎) 293 K の水が流れている管路の 2 つの断面 A, B において, 流速はそれぞれ 1 m$\cdot$s^{-1} および 3 m$\cdot$s^{-1}, 断面 B での静圧は 155 kPa であった. 断面 A は断面 B より 3 m 高いとき, 断面 A の静圧を求めよ. ただし, 両断面間のエネルギー損失はないものとする.

2.4 (流動の基礎) 平滑な細管を用いて流体の粘度を計測している. 流れが乱れないように注意して, 293 K の有機溶媒 (密度 860 kg$\cdot$m^{-3}) を内径 2 mm, 長さ 200 mm の管内を 2.664×10^{-3} kg$\cdot$s^{-1} で流したとき, 圧力損失は 3.35 kPa であった. この溶媒の粘度を求めよ.

2.5 (流体輸送) 図 2.27 に示すような水平面と θ [rad] の角度をなす長さ L [m], 半径 R [m] の円管があり, 水が層流にて流れている. 十分発達した状態における速度分布 $u_s(r)$ [m$\cdot$s^{-1}] と, 水が上向きに流れる必要差圧下限値 $\Delta P_{\min}$ [Pa] を求めよ. ここで, 重力 g [m$\cdot$s^{-2}] は流れ (s 軸) 方向のみに働くとする. 学籍番号下 1 桁が (0, 3, 6, 9) の学生は $\theta = \pi/6$, (1, 4, 7) は $\theta = \pi/4$, (2, 5, 8) は $\theta = \pi/3$, L は (学籍番号下 1 桁+5) を用いて計算すること.

2.6 (流体輸送) 図 2.14 に示すような, 流路急拡大の円管がある. 小円管内径 (学籍番号下 2 桁+50) mm, 大円管内径 (学籍番号下 2 桁+80) mm として, 水を 500 cm^3/min で流した. 流路拡大によるエネルギー損失 $\Delta W_{\text{expansion}}$ [kW] を求

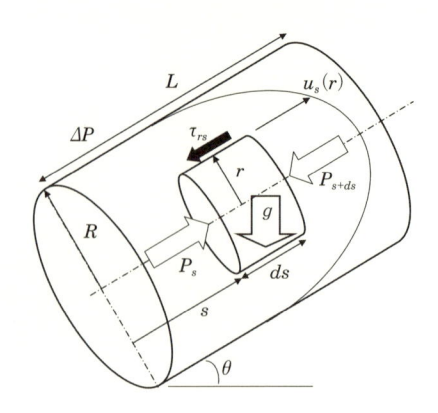

図 2.27 傾斜円管内定常層流

めよ．

2.7（流体輸送） 図 2.15 に示すような配管系がある．管内径は 100 mm 一定で，1 での水圧 200 kPa, 2 での水圧 500 kPa である．1 と 2 の高低差が（学籍番号下 2 桁＋2）m で，$E_{\text{loss},p} \gg \sum_i E_{\text{loss},i}$ とする．ポンプ効率が 80%，流量 5 m³/min のとき，ポンプ所用動力を求めよ．なお，水の密度は 1000 kg·m^{-3} である．

2.8（分離・混合） 槽径 1.2 m の円筒槽に，槽径の 1/10 の幅の邪魔板を 4 枚取り付け，密度 1000 kg·m^{-3}，粘度 1 mPa·s の水を槽径と同じ深さまで入れ，翼径 0.6 m，翼幅 0.12 m の 6 枚羽根タービン翼を用いて 120 rpm で操作している．この場合の撹拌所要動力を求めよ．

2.9（分離・混合） 翼径 $d = 1.62$ m，翼高さ $h = 1.6$ m，翼板幅 $w = 0.18$ m のアンカー翼（$n_p = 2$）を使用し，粘度 100 Pa·s，密度 1300 kg·m^{-3} の高粘度液を槽径 $D = 1.8$ m の円筒槽に深さ 2 m まで入れ，12 rpm で撹拌した場合の所要動力を計算せよ．

2.10（分離・混合） 槽径 0.4 m の円筒槽に，粘度 20 Pa·s，密度 1200 kg·m^{-3} の高粘度液を槽径と等しい高さまで入れ，翼径 $d = 0.38$ m，翼高さ $h = 0.38$ m，リボン幅 $w = 0.04$ m，ピッチ（リボンが 1 回転する高さ）$s = 0.38$ m のヘリカルリボン翼（$n_p = 2$）を使用し，30 rpm で撹拌した場合の撹拌所要動力を計算せよ．

［参考文献］
1) 小林清志, 飯田嘉宏：新版移動論，朝倉書店，1989

参考文献

2) 高村淑彦:熱管理士試験講座Ⅱ熱と液体の流れの基礎,㈶省エネルギーセンター,2000
3) 松山裕:熱管理士試験講座Ⅳ熱利用設備及びその管理,㈶省エネルギーセンター,2000
4) 杉山幸男:通論化学工学第2版,共立出版,2004
5) 化学工学会編:化学工学の進歩16,気泡・液滴・分散工学,槇書店,1982
6) 橋本健治:工業反応装置,培風館,1984
7) 日本機械学会編:気液二相流技術ハンドブック,コロナ社,1989
8) 化学工学会編:改訂六版化学工学便覧,pp.792-814,丸善,1999
9) 化学工学会編:第3版化学工学―解説と演習―,pp.243-264,槇書店,2006
10) 化学工学会編:第3版化学工学―解説と演習―,pp.268-285,槇書店,2006

3 熱移動

3.1 伝熱の基礎

エネルギーの移動形態のひとつである熱は，温度差を推進力として温度の高い系から低い系に移動する．この移動現象を伝熱といい，その様式は熱伝導，対流，熱放射の3つに分類される．熱伝導（伝導伝熱）は，物質を構成する分子や電子の微視的な運動に基づいて熱エネルギーが伝わるもので，固体内のみならず液体や気体の流体中でも起こる．しかし，流動する流体中では流体塊の移動，すなわち巨視的な流体運動によっても熱が運ばれることから，この現象を熱伝導とは区別して対流熱伝達あるいは対流伝熱と呼ぶ．熱放射（放射伝熱）は，相対する物体の間で，熱エネルギーが可視光線や赤外線などの電磁波を介して伝播する現象で，真空中など中間の媒体が存在しない場合でも熱は移動する．

3.1.1 熱伝導

A． フーリエの法則と熱伝導率

熱プロセスに限らず，私たちの身のまわりには，壁を通した加熱，冷却，そして，断熱・保温などを行う場合が数多く存在し，壁内では熱伝導によって熱が移動する．一般に物体内に温度差が存在すると熱伝導が起こり，熱が伝わる方向 x に直角な面を通過する単位面積，単位時間あたりの伝熱量，すなわち熱流束 $q\,[\mathrm{W\cdot m^{-2}}]$ は，その位置での温度勾配 dT/dx に比例し，次式で表現される．

$$q = -\lambda \frac{dT}{dx} \tag{3.1}$$

この関係式をフーリエの法則といい，式中の比例係数にあたる $\lambda\,[\mathrm{W\cdot m^{-1}\cdot K^{-1}}]$ は熱伝導率と呼ばれる物質固有の値である．また，右辺に負の符号がつくことで，温度勾配が負になる方向へ，すなわち，物体内で温度の高い方から低い方へ熱が流れることを表現している．

式 (3.1) に示すように，熱伝導率は温度勾配とともに熱流束を決定する重要な定数であり，物質が熱を伝導しやすいか否かを判断する指標となる．一般に気体の熱伝導率が最も小さく，液体，固体の順で大きくなり，物質内に空間や空隙が存在する断熱材の熱伝導率は小さく，自由電子が熱伝導に寄与する金属は大きな値となる．なお，金属の熱伝導率はその電気伝導率にほぼ比例する．

B．平板の熱伝導
(1)　単一平板

図 3.1 に示すように，厚さ l に対して十分に広く均質な平板があり，その表面温度が高温側で T_1，低温側で T_2 に保たれている場合を考える．このとき，平板内の温度は厚み x 方向のみに変化し，熱の移動もこの方向のみに起こる．平板内部で熱の発生や吸収がなければ，平板内の熱流束 q は場所によらず常に一定となることから，平板の熱伝導率を一定として，式 (3.1) を x に対して積分し，さらに，$x=0$ で $T=T_1$，$x=l$ で $T=T_2$ の境界条件を適用することで，次式のように熱流束 q が与えられる．

$$q = \lambda \frac{T_1 - T_2}{l} \tag{3.2}$$

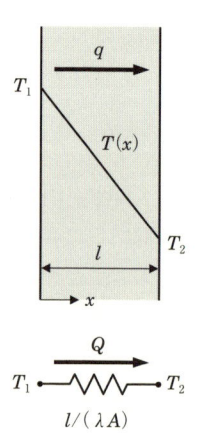

図 3.1　平板の熱伝導

また，平板の厚み方向の断面積が A の場合に，その断面を通過する熱流量 $Q\,[\mathrm{W}]$ は次のように表される．

$$Q = \lambda A \frac{T_1 - T_2}{l} = \frac{T_1 - T_2}{l/(\lambda A)} \tag{3.3}$$

ここで，右辺の分母 $l/(\lambda A)$ は熱抵抗と呼ばれ，温度差を推進力とする熱の流れに対する抵抗と考えることができる．つまり，同じ温度差であっても熱抵抗が大きな平板の場合には，伝わる熱量は小さくなることが直観的にわかる．また，式 (3.3) 中の熱流量を電流に，温度差を電位差に，そして，熱抵抗を電気抵抗にそれぞれ置き換えれば，この関係式が電気回路のオームの法則に類似していることに気づくであろう．このように，熱伝導を電気の等価回路として扱う考え方は，平板の場合に

限らず1次元の定常熱伝導を理解する際には非常に便利である．単一平板の熱伝導における等価電気回路を図3.1の下部に示した．

ところで，平板内の温度はx方向に対してどのように変化するであろうか．平板内の位置xにおける温度をTとして，式 (3.2) の関係を利用して整理すれば

$$T = -\frac{x}{l}(T_1 - T_2) + T_1 \quad \text{あるいは} \quad \frac{T_1 - T}{T_1 - T_2} = \frac{x}{l} \tag{3.4}$$

が得られ，平板内の温度TがT_1からT_2まで直線的に変化することがわかる．

(2) 多層平板

さまざまな熱プロセスでは，装置の壁面からの放熱を抑えるために，熱伝導率が小さな断熱材を壁面に重ねて張り付けることがよくある．

いま，図3.2のような，厚さと熱伝導率が異なる十分に大きな複数の平板を密着させた多層の平板壁を考え，平板の接触面では互いに同じ温度とする．それぞれの平板を貫く熱流束qは等しいことから，式 (3.2) より

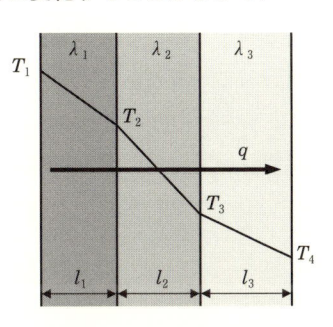

図3.2 多層平板の熱伝導

$$q = \frac{\lambda_1}{l_1}(T_1 - T_2) = \frac{\lambda_2}{l_2}(T_2 - T_3) = \frac{\lambda_3}{l_3}(T_3 - T_4) \tag{3.5}$$

の関係が得られる．この関係式から接触面の温度T_2, T_3を消去して整理すると，多層平板壁を通過する熱流束qは

$$q = \frac{T_1 - T_4}{l_1/\lambda_1 + l_2/\lambda_2 + l_3/\lambda_3} \tag{3.6}$$

で与えられ，熱移動の推進力を多層壁の両端の温度差で表すことができる．また，伝熱面積をAとした場合の熱流量Qは

$$Q = \frac{T_1 - T_4}{l_1/\lambda_1 + l_2/\lambda_2 + l_3/\lambda_3}A = \frac{T_1 - T_4}{l_1/(\lambda_1 A) + l_2/(\lambda_2 A) + l_3/(\lambda_3 A)} \tag{3.7}$$

となり，この場合の熱抵抗は，各平板の熱抵抗の和で表される．このことを踏まえれば，n層の多層平板壁における熱流量Qは容易に導くことができる．

$$Q = \frac{T_1 - T_{n+1}}{\dfrac{1}{A}\sum_{j=1}^{n}\dfrac{l_j}{\lambda_j}} \tag{3.8}$$

C. 円筒および中空球の熱伝導

円筒および中空球の壁内熱伝導においても，平板の場合と同様にフーリエの法則が適用できるが，熱が通過する面積は，円筒で $2\pi rL$（円筒の長さを L とした），中空球で $4\pi r^2$ となり，いずれも半径 r により変化することに注意しなければならない．そこで，図

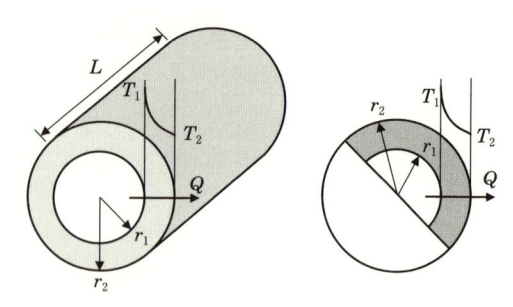

図3.3 円筒および中空球の熱伝導

3.3 に示すような円筒と中空球の壁内を半径方向に移動する熱流量 Q について，それぞれフーリエの法則を用いて表すと

$$円筒 : Q = -\lambda(2\pi rL)\frac{dT}{dr} \qquad (3.9)$$

$$中空球 : Q = -\lambda(4\pi r^2)\frac{dT}{dr} \qquad (3.10)$$

定常状態では Q は一定であるから，式 (3.9) と (3.10) を，$r = r_1$ で $T = T_1$，$r = r_2$ で $T = T_2$ の境界条件の下で解けば，それぞれの場合の熱流量 Q が求められる．

$$円筒 : Q = \lambda A_{lm}\frac{T_1 - T_2}{r_2 - r_1} \quad ただし, \quad A_{lm} = \frac{A_2 - A_1}{\ln(A_2/A_1)} = \frac{2\pi L(r_2 - r_1)}{\ln(r_2/r_1)} \quad (3.11)$$

$$中空球 : Q = \lambda A_{gm}\frac{T_1 - T_2}{r_2 - r_1} \quad ただし, \quad A_{gm} = \sqrt{A_1 A_2} = 4\pi r_1 r_2 \quad (3.12)$$

ここで，A_{lm} と A_{gm} はそれぞれ内面積 A_1 と外面積 A_2 の対数平均値および幾何平均値を表す．式 (3.11) と (3.12) は同様の形で表現でき，いずれの場合も，熱抵抗は壁の厚み $r_2 - r_1$ を熱伝導率と平均伝熱面積の積で除した値となることがわかる．

D. 熱伝導方程式

物体内の温度分布とその時間的変化が求められれば，フーリエの法則から熱流束が計算できる．ここでは，内部発熱を伴う場合の物体内の温度場を記述する基礎方程式を導いてみよう．

いま図 3.4 に示すように，単位体積，単位時間あたり $\dot{q}_v$ [W·m^{-3}] の発熱を伴う物体内の任意位置に一辺 dx, dy, dz の微小体積要素を考える．熱伝導によって微小時間 dt の間に微小体積要素の左面から流入する熱量 dQ_x は，フーリエの法則

から次式で表される．

$$dQ_x = -\left(\lambda \frac{\partial T}{\partial x}\right) dy dz dt \qquad (3.13)$$

一方で，右面から流出する熱量 dQ_{x+dx} は

$$dQ_{x+dx} = dQ_x + \frac{\partial}{\partial x}(dQ_x) dx$$

$$= -\left\{\lambda \frac{\partial T}{\partial x} + \frac{\partial}{\partial x}\left(\lambda \frac{\partial T}{\partial x}\right) dx\right\} dy dz dt \qquad (3.14)$$

となるから，x 方向から流入する正味の熱量は次式で表される．

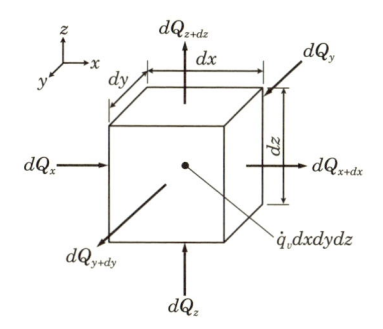

図 3.4 微小体積要素（直交座標系）

$$dQ_x - dQ_{x+dx} = \frac{\partial}{\partial x}\left(\lambda \frac{\partial T}{\partial x}\right) dx dy dz dt \qquad (3.15)$$

同様に，y 方向と z 方向の正味の熱量は，それぞれ

$$y\,方向：\frac{\partial}{\partial y}\left(\lambda \frac{\partial T}{\partial x}\right) dy dz dx dt, \quad z\,方向：\frac{\partial}{\partial z}\left(\lambda \frac{\partial T}{\partial z}\right) dz dx dy dt \qquad (3.16)$$

であるから，これら 3 方向の正味熱量に微小体積要素での発熱量 $\dot{q}_v dx dy dz dt$ を加えたものが，微小体積要素の温度上昇に費やされる熱量となる．$\dot{q}_v [\mathrm{W \cdot m^{-3}}]$ は単位体積あたりの発熱速度である．いま物体の比熱を $c\,[\mathrm{J \cdot kg^{-1} \cdot K^{-1}}]$，密度を $\rho\,[\mathrm{kg \cdot m^{-3}}]$ とすれば，微小体積要素が温度 dT だけ上昇するのに必要な熱量は $c\rho dx dy dz dT$ であるから，微小体積要素におけるエネルギー収支をとって整理すると

$$c\rho \frac{\partial T}{\partial t} = \frac{\partial}{\partial x}\left(\lambda \frac{\partial T}{\partial x}\right) + \frac{\partial}{\partial y}\left(\lambda \frac{\partial T}{\partial y}\right) + \frac{\partial}{\partial z}\left(\lambda \frac{\partial T}{\partial z}\right) + \dot{q}_v \qquad (3.17)$$

が導かれる．これが熱伝導方程式と呼ばれるものであり，この式を解くことで物体内の温度分布とその時間的変化が得られる．もし，熱伝導率 λ が一定として扱える場合には，式 (3.17) は次式のように簡単化できる．

$$\frac{\partial T}{\partial t} = \alpha\left(\frac{\partial^2 T}{\partial x^2} + \frac{\partial^2 T}{\partial y^2} + \frac{\partial^2 T}{\partial z^2}\right) + \frac{\dot{q}_v}{c\rho} \qquad (3.18)$$

ここで，$\alpha(=\lambda/c\rho)\,[\mathrm{m^2 \cdot s^{-1}}]$ は熱拡散率と呼ばれる物性値で，この値が大きい物体ほど熱の伝播が良い．

3.1.2 対流熱伝達

A. 対流熱伝達の基礎と熱伝達係数

水や空気といった流体がそれとは温度の異なる固体壁に接触して流れるとき,流体と壁表面の間では熱伝導と流体流動に基づく対流熱伝達(対流伝熱)が起こる.いま,図3.5に示すように,温度 T_w に一様に加熱された面積 A の平板に沿って,温度 T_∞ の流体が速度 u_∞ で流れている場合を考える.流体中の速度分布は,流体の粘性の影響を受けるために平板の表面近傍において急激に減少し,表面で零となる.このように速度分布が急激に変化する薄い層を速度境界層または粘性境界層といい,境界層の外側の流れを主流という.一方,流体中の温度も速度分布に対応するように変化し,壁表面近傍には温度が急激に変化する温度境界層が形成される.したがって,平板表面では流速が零となるため熱は熱伝導により流体中に運ばれ,流体内部では流体塊の移動,すなわち対流によって容易に熱が輸送されるために,流動が大きく制限される表面近傍の温度境界層では熱が伝わりにくく,ここに伝熱抵抗がほぼ集中することになる.これを踏まえて,流体の熱伝導率を λ,温度境界層の厚さを δ_t とし,境界層内では温度が T_w から T_∞ まで直線的に変化すると仮定してフーリエの法則を適用すると,平板表面から流体への熱流量 Q は

$$Q = \frac{\lambda}{\delta_t} A (T_w - T_\infty) \tag{3.19}$$

となる.つまり,熱流量は温度境界層厚さの逆数に比例することになり,強度の対流が生じて境界層が薄くなれば,熱の伝達量は増大する.しかし,実際の温度境界層内での温度分布が単純な直線になることはなく,流速分布とともに,正確にその分布形状,すなわち境界層厚さを決定することが困難な場合が多い.そこで,対流熱伝達による熱移動量の算出には,実用上,次式が用いられる.

$$Q = hA(T_w - T_\infty) \tag{3.20}$$

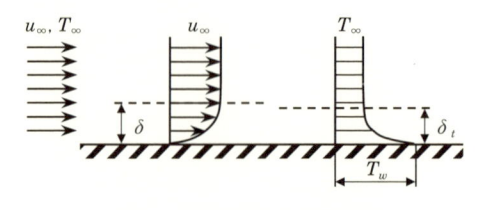

図3.5 速度境界層と温度境界層

この関係式はニュートンの冷却法則と呼ばれ，h $[\mathrm{W \cdot m^{-2} \cdot K^{-1}}]$ のことを熱伝達係数と呼ぶ．なお，流体の温度 T_∞ には，平板や円柱などの物体周りの熱伝達を扱う際にはその表面から十分に離れた主流の温度を用いるが，円管内流れなどの場合には，次式で定義される混合平均温度 T_B を代表値として用いる．

表 3.1 熱伝達係数の概略値

伝熱様式	熱伝達係数 h $[\mathrm{W \cdot m^{-2} \cdot K^{-1}}]$
自然対流・気体	1～25
強制対流・気体	10～250
強制対流・液体	100～10000
沸騰・凝縮（相変化熱伝達）	2500～100000

$$T_B = \frac{\int \rho c_p u T dA}{\int \rho c_p u dA} \tag{3.21}$$

ここで，ρ，c_p は流体の密度および定圧比熱である．

対流は，ファンやポンプ，撹拌機などによって流体を強制的に流動させる強制対流と，流体運動が温度差によって生ずる流体塊の密度差に基づいて起こる自然対流（自由対流）に分けられ，それぞれの流動場で起こる熱移動を，強制対流熱伝達および自然対流熱伝達という．式 (3.19) と (3.20) との対比からもわかるように，熱伝達係数は流体運動によって形成される温度境界層の厚さと密接に関わっているために，熱伝導率のような物性値として与えられる値ではなく，流動状態によって変化する特性値である．表 3.1 に，さまざまな熱伝達様式における熱伝達係数の概略値を示す．なお，表中には，物質の相変化を伴う熱伝達現象である沸騰，凝縮の場合も含めた．

B．熱伝達係数に関する相関式

これまでに述べたように，熱伝達係数 h は流体の種類や流速，固体表面の形状や状態などのさまざまな因子の影響を著しく受けるために，多くの場合にこれを理論的に算出することは困難である．そこで，一般には実験に基づいた無次元数相関式を利用して h が算出される．つまり，無次元熱伝達係数とも呼ばれるヌッセルト数 $Nu(=hx/\lambda)$ を，強制対流熱伝達では，レイノルズ数 $Re(=ux/\nu)$ とプラントル数 $Pr(=c_p\mu/\lambda)$ の関数で，自然対流熱伝達では，グラスホフ数 $Gr(=g\beta\varDelta Tx^3/\nu^2)$ とプラントル数 Pr の関数で，それぞれ表した相関式が用いられる．ここで，x は代表長さ，g は重力加速度，ν，β は流体の動粘度（$=\mu/\rho$）と体膨張係数，$\varDelta T$ は温度差である．以下に，強制対流熱伝達における代表的な相関式を示す．なお，添字 L，d は採用する代表長さを表す．

① 平板に沿う乱流の強制対流熱伝達 ($Re_L > 5 \times 10^5$)：
$$Nu_L = 0.037 Re_L^{0.8} Pr^{1/3} \tag{3.22}$$
この式は平板が十分長く，壁温一定での平均熱伝達係数を与える．物性値は，壁温と主流温度の算術平均である膜温度での値を用いる．

② 円管内層流の強制対流熱伝達 ($Re_d < 2.1 \times 10^3$, $Re_d Pr(d/L) > 10$)：
$$Nu_d = 1.86 \left(Re_d Pr \frac{d}{L} \right)^{1/3} \left(\frac{\mu}{\mu_w} \right)^{0.14} \tag{3.23}$$
ジーダ・テートの式と呼ばれる．物性値は円管の入口と出口の流体温度の算術平均値で評価するが，μ_w は壁温における値を使用する．

③ 円管内乱流の強制対流熱伝達：
$$Nu_d = 0.023 Re_d^{0.8} Pr^{0.4} \tag{3.24}$$
ディッタス・ベルタの式といい，滑らかな円管 ($L/d \geq 60$) で $Re_d = 1.0 \times 10^4 \sim 1.2 \times 10^5$, $Pr = 0.7 \sim 120$ の範囲に適用される．物性値の基準温度は式 (3.23) と同様である．なお，壁温と流体温度の差が大きい場合には，粘度の補正項を含む次式が用いられる．
$$Nu_d = 0.027 Re_d^{0.8} Pr^{1/3} \left(\frac{\mu}{\mu_w} \right)^{0.14} \tag{3.25}$$

④ 単一円柱に流体が直交する流れの強制対流熱伝達：
$$Nu_d = (0.35 + 0.56 Re_d^{0.52}) Pr^{0.3} \tag{3.26}$$
これは液体の一様流によって円柱が加熱される場合の実験式で，一様流の乱れが小さい $Re_d = 0.1 \sim 10^5$ の範囲で成立する．物性値は膜温度で評価する．

⑤ 単一球周りの強制対流熱伝達：
$$Nu_d = 2.0 + (0.4 Re_d^{1/2} + 0.06 Re_d^{2/3}) Pr^{0.4} \left(\frac{\mu}{\mu_w} \right)^{1/4} \tag{3.27}$$
これは気体および液体の一様流で行われた数多くの実験データをまとめた式で，$Re_d = 3.5 \sim 7.6 \times 10^4$, $Pr = 0.7 \sim 380$, $\mu/\mu_w = 0.1 \sim 3.2$ の範囲で有効である．なお，物性値は μ_w を除き主流温度における値を用いる．

自然対流熱伝達の場合を含めて，この他にも数多くの相関式が提案されている．それらについては化学工学便覧[1]を参照されたい．

C．総括熱伝達係数

図 3.6 のように，熱伝導率 λ，厚さ l の固体壁を隔てて温度 T_1 の高温流体と温度 T_2 の低温流体が壁面に沿って流れている場合を考える．高温流体中の熱は対流

熱伝達によって固体壁に移動し，壁内では伝導によって熱が低温側の表面に伝わり，再び対流熱伝達によって低温流体に移動する．定常状態では，各伝熱過程における熱流量は同じであるから，両流体が接する壁面近傍での熱伝達係数と両側の表面温度および伝熱面積を，それぞれ高温側で h_1, T_{w1}, A_1，低温側で h_2, T_{w2}, A_2 とし，さらに A_1 と A_2 の平均値を A_m とすれば，次の関係が成り立つ．

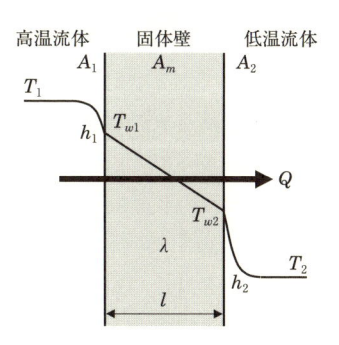

図 3.6 対流熱伝達と熱伝導の組み合わせ

$$Q = h_1 A_1 (T_1 - T_{w1}) = \frac{\lambda A_m}{l}(T_{w1} - T_{w2})$$
$$= h_2 A_2 (T_{w2} - T_2) \tag{3.28}$$

したがって，この場合の熱流量は

$$Q = \frac{T_1 - T_2}{1/(h_1 A_1) + l/(\lambda A_m) + 1/(h_2 A_2)} \tag{3.29}$$

で表される．上式は多層壁の熱伝導の式（3.7）と類似した形であり，熱抵抗に相当する右辺の分母は，高温側熱伝達抵抗，壁内熱伝導抵抗，そして低温側熱伝達抵抗の和となる．そこで，各熱抵抗を一括して取り扱うために，総括熱伝達係数（熱通過率）と呼ばれる係数を，高温側で $U_1[\mathrm{W \cdot m^{-2} \cdot K^{-1}}]$，低温側で U_2 として次式で定義すると

$$\frac{1}{U_1 A_1} = \frac{1}{h_1 A_1} + \frac{l}{\lambda A_m} + \frac{1}{h_2 A_2}, \quad \frac{1}{U_2 A_2} = \frac{1}{h_1 A_1} + \frac{l}{\lambda A_m} + \frac{1}{h_2 A_2} \tag{3.30}$$

式（3.23）の熱流量は次のように表現できる．

$$Q = U_1 A_1 (T_1 - T_2) = U_2 A_2 (T_1 - T_2) \tag{3.31}$$

円筒や中空球のように，その内面と外面で伝熱面積が異なる場合には，基準とする面積の選択によって総括熱伝達係数の値が変わることに注意されたい．

3.1.3 熱 放 射

A．熱放射と黒体

熱放射はこれまで述べた熱伝導および対流熱伝達とは異なる熱の移動機構である．あらゆる物体では，内部エネルギーの一部が電磁波に変換され，その表面から絶えず放射されている．この電磁波は空間を伝播し，他の物体表面に到達すると，その

一部が吸収されて再び内部エネルギーに変換され，結果として熱が移動する．このような電磁波を介した伝熱を放射伝熱（輻射伝熱）と呼び，主に，波長 0.38～100μm の電磁波，すなわち，可視光線から赤外線が放射伝熱に関与しており，この波長領域の電磁波を熱放射線と呼ぶ．熱放射によるエネルギーは温度が高いほど大きくなるために，さまざまな熱プロセスの中でも燃焼炉や焼成炉といった高温装置において放射伝熱は重要な役割を果たすことになる．

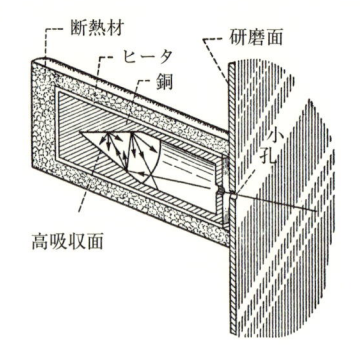

図3.7 人工の黒体閉空間

放射エネルギーが物体表面に到達すると，その一部が表面で反射され，一部が物体に吸収され，そして，残りが物体を透過する．入射エネルギーに対するそれぞれのエネルギーの割合を反射率 ρ，吸収率 α および透過率 τ とすると

$$\rho + \alpha + \tau = 1 \tag{3.32}$$

となり，物体が不透明であれば $\tau = 0$，$\rho + \alpha = 1$ の関係が成立する．また，すべての放射エネルギーを吸収する，すなわち，$\alpha = 1$ もしくは $\rho = \tau = 0$ が成立する理想的な物体のことを黒体という．黒体は実在しないが，図3.7のように小孔を開けた閉空間を作り上げれば近似的に黒体を得ることができ，小孔から空間内に入射した熱放射線は内面で反射と吸収を繰り返し，再び小孔に到達する前にほぼすべての熱放射線が吸収されることになる．

B．黒体放射能

物体の表面から単位面積，単位時間あたりに放射されるエネルギーの強さ E [W・m^{-2}] を放射能と呼ぶ．また，波長 λ と $\lambda + d\lambda$ の微小波長幅での放射エネルギーの強度 E_λ は単色放射能と呼ばれ，一般に波長と物体の絶対温度によって変化する．

プランクの法則によると，絶対温度 T の黒体から放射される単色放射能 $E_{b\lambda}$ [W・m^{-2}・μm^{-1}] は次式で与えられる．

$$E_{b\lambda} = \frac{C_1}{\lambda^5 (e^{C_2/\lambda T} - 1)} \tag{3.33}$$

ここで，$C_1 = 3.742 \times 10^8$ W・μm^4・m^{-2}，$C_2 = 1.439 \times 10^4$ μm・K であり，それぞれプランクの第1定数および第2定数と呼ばれる．

式（3.33）で表現される $E_{b\lambda}$ と λ の関係を絶対温度 T に対して図示すると図3.8のようになり，黒体の単色放射能は温度の上昇により急激に増大する．また，図中

の波線で示すように，単色放射能の最大値を与える波長 $\lambda_{\max}$ は温度の上昇とともに短くなり，$\lambda_{\max}$ と T の間には次の関係が成り立つ．

$$\lambda_{\max} T = 2898 [\mu m \cdot K] \qquad (3.34)$$

これをウィーンの変移則という．

さて，温度 T の黒体の全放射能 E_b は式（3.33）の単色放射能 $E_{b\lambda}$ を全波長領域で積分することで求められる．

$$E_b = \int_0^\infty E_{b\lambda} d\lambda$$

$$= \int_0^\infty \frac{C_1}{\lambda^5 (e^{C_2/\lambda T} - 1)} d\lambda = \sigma T^4 \qquad (3.35)$$

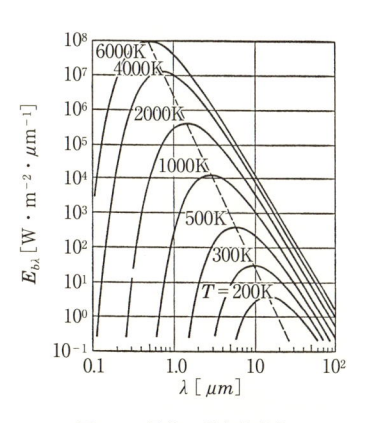

図 3.8 黒体の単色放射能

この関係式はステファン・ボルツマンの法則と呼ばれ，黒体からの放射能がその絶対温度の 4 乗に比例することを表している．なお，σ をステファン・ボルツマン定数といい，$\sigma = 5.67 \times 10^{-8} \, W \cdot m^{-2} \cdot K^{-4}$ の値をとる．

C. 放射率（射出率）と灰色体

温度 T の実在する物体の表面から放射される単色放射能 E_λ は，同一温度における黒体の単色放射能 $E_{b\lambda}$ より必ず小さな値となる．そこで，E_λ の $E_{b\lambda}$ に対する比を次式で表す．

$$\varepsilon_\lambda = \frac{E_\lambda}{E_{b\lambda}} \qquad (3.36)$$

ここで定義された ε_λ を単色放射率（単色射出率）と呼び，黒体では $\varepsilon_\lambda = 1$ である．

さて，物体の放射率と吸収率はどのような関係にあるだろうか．ここに，図 3.9 のような黒体閉空間に実在の物体が置かれた状況を考える．波長 λ における物体の放射率と吸収率を ε_λ および α_λ として，この系がある温度で熱的に平衡状態にあるとすると，物体が吸収する放射エネルギー $\alpha_\lambda E_{b\lambda}$ は，物体から発せられる放射エネルギー E_λ，すなわち $\varepsilon_\lambda E_{b\lambda}$ と等しくなければならない．したがって

$$\alpha_\lambda E_{b\lambda} = E_\lambda = \varepsilon_\lambda E_{b\lambda}, \quad \alpha_\lambda = \varepsilon_\lambda \qquad (3.37)$$

となり，物体の単色放射率と単色吸収率は等しくなる．この関係をキルヒホッフの法則という．

黒体の全放射能 E_b は式（3.35）で与えられる．同様に，実在面の全放射能 E も単色放射能を全波長領域で積分することで求められるが，一般に実在面の放射率は

波長によって異なるために，放射率を波長に対して近似的に一定の ε として，式（3.35）と（3.36）の関係から実在面の全放射能 E を求めると

$$\begin{aligned}
E &= \int_0^\infty E_\lambda d\lambda \\
&= \int_0^\infty \varepsilon_\lambda E_{b\lambda} d\lambda \\
&= \varepsilon \int_0^\infty E_{b\lambda} d\lambda \\
&= \varepsilon E_b = \varepsilon \sigma T^4 \quad (3.38)
\end{aligned}$$

となる．このように放射率が波長に依存しない物体を灰色体といい，放射率と吸収率の関係は式（3.37）から $\varepsilon = \alpha$ となる．実在物体は厳密には灰色体

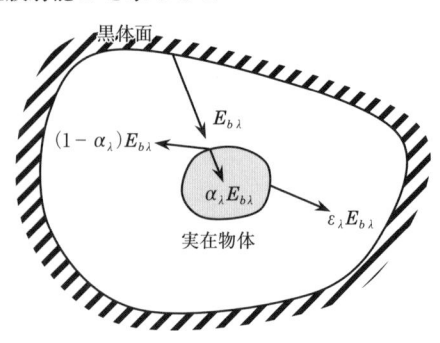

図 3.9 黒体面で囲まれた実在物体

ではないが，金属の研磨面などを除いて，温度範囲を限定すれば実在物体はおおむね灰色体として取り扱うことができる．なお，代表的な物質の放射率は巻末の付録 E を参照されたい．

D. 黒体面間の放射伝熱

図 3.10 のような 2 つの黒体面 1，2 が空間で相対する場合を考える．面 1 からの放射エネルギーはあらゆる方向に放出されるため，すべてが面 2 に到達するとは限らない．そこで，面 1 から発せられる放射エネルギーのうちで，面 2 に到達するエネルギーの割合を F_{12} とすれば，面 1 から面 2 への放射エネルギーは $A_1 F_{12} \sigma T_1^4$ となり，同様に，面 2 から面 1 への放射エネルギーは，その割合を F_{21} とすれば $A_2 F_{21} \sigma T_2^4$ となる．したがって，面 1，2 間の正味の放射伝熱量 $Q_{12}[\mathrm{W}]$ は次のように表される．

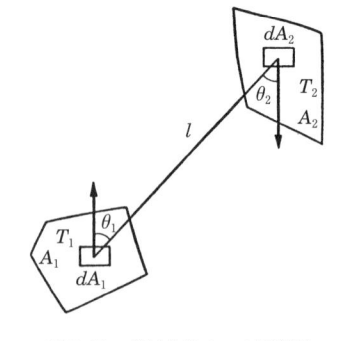

図 3.10 相対する 2 つの黒体面

$$Q_{12} = A_1 F_{12} \sigma T_1^4 - A_2 F_{21} \sigma T_2^4 = \sigma(A_1 F_{12} T_1^4 - A_2 F_{21} T_2^4) \quad (3.39)$$

ここで F_{12} および F_{21} は，両面の形状や寸法，相対的な位置などの幾何学的関係に依存する値であり，形態係数（角関係）と呼ばれる．いま，両黒体面が同じ温度 $(T_1 = T_2)$ で熱的平衡状態にあれば，正味の放射伝熱量は $Q_{12} = 0$ であるので，式（3.39）から $A_1 F_{12} = A_2 F_{21}$ が成立する．したがって，式（3.39）は次のように整理

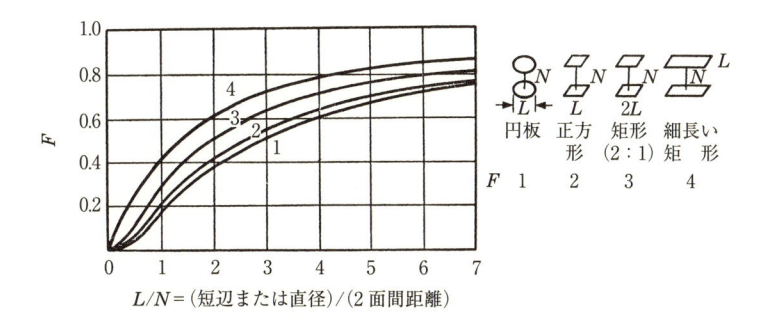

1) 2辺が L_1, L_2 の短形の場合，$L_1 : L_2$ が 2:1 ならば 3 曲線．2:1 より差が大きくない場合には，L_1 なる正方形として F_A を求め，L_2 なる正方形として F_B を求め，次式で計算する．$F = \sqrt{F_A \times F_B}$
2) 長，短軸 L_1, L_2 なる楕円板の場合も同様にして求められる．

図 3.11 相等しく平行な 2 面間の形態係数

することができる．

$$Q_{12} = \sigma A_1 F_{12}(T_1^4 - T_2^4) \tag{3.40}$$

上式をランバートの余弦法則（Lambert's cosine law）に基づいて導出すると，形態係数は図 3.10 の記号を用いて次式で与えられる．

$$A_1 F_{12} = A_2 F_{21} = \int_{A1} \int_{A2} \frac{\cos\theta_1 \cos\theta_2}{\pi l^2} dA_1 dA_2 \tag{3.41}$$

簡単な幾何学的関係にある系であれば，たとえば図 3.11 のように，式 (3.35) から計算された形態係数が線図として提供されている場合がある．なお，以下に示す関係を利用すると容易に形態係数が算出できる場合がある．

$$\text{平面・凸面の自己形態係数} \quad F_{ii} = 0 \tag{3.42}$$

$$\text{総和関係} \quad \sum_{j=1}^{n} F_{ij} = 1 \tag{3.43}$$

$$\text{相互関係} \quad A_i F_{ij} = A_j F_{ji} \tag{3.44}$$

E. 灰色体面の放射伝熱

黒体間の放射伝熱量は幾何学的な形態係数さえ決定できれば比較的容易に計算することができる．しかし，灰色体の場合は，表面に入射したエネルギーのすべてが吸収されるわけではなく，一部は反射されて他の面に達し，そこでもその一部が反射されるように，多重反射を繰り返しながら吸収されるために，放射伝熱の取り扱いはきわめて複雑になる．

2 つの灰色体面（面積 A_1, A_2，放射率 $\varepsilon_1, \varepsilon_2$）間の正味の伝熱量は次式で与えら

れる.

$$Q_{12} = \frac{E_{b1}-E_{b2}}{(1-\varepsilon_1)/(\varepsilon_1 A_1)+1/(A_1 F_{12})+(1-\varepsilon_2)/(\varepsilon_2 A_2)} \quad (3.45)$$

(1) 無限平行平板

放射率が ε_1 および ε_2 で,温度が T_1 と T_2 である 2 つの灰色体面で構成される無限平行平板を考える.形態係数は $F_{12}=1$ であるから,面積を $A=A_1=A_2$ として,式 (3.39) から正味の放射伝熱流束 $q_{12}[\mathrm{W\cdot m^{-2}}]$ を求めると

$$q_{12} = \frac{Q_{12}}{A} = \frac{E_{b1}-E_{b2}}{1/\varepsilon_1+1/\varepsilon_2-1} = \frac{\sigma(T_1^4-T_2^4)}{1/\varepsilon_1+1/\varepsilon_2-1} \quad (3.46)$$

(2) 同心二重円筒

図 3.12 のような 2 つの長い円筒が同心で置かれ,面積 A_1,温度 T_1 の内筒外面 1 と,面積 A_2,温度 T_2 の外筒内面 2 の間で放射熱交換が行われる場合では,式 (3.45) に $F_{12}=1$ を代入することで,正味の放射伝熱量 Q_{12} が与えられる.

$$\begin{aligned} Q_{12} &= \frac{A_1(E_{b1}-E_{b2})}{1/\varepsilon_1+(A_1/A_2)(1/\varepsilon_2-1)} \\ &= \frac{\sigma A_1(T_1^4-T_2^4)}{1/\varepsilon_1+(A_1/A_2)(1/\varepsilon_2-1)} \quad (3.47) \end{aligned}$$

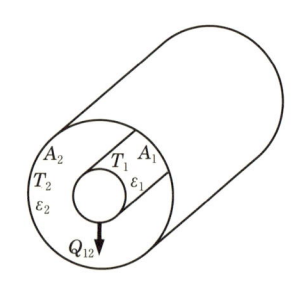

図 3.12 同心二重円筒面間の放射伝熱

この式は,凸面の物体が非常に大きな凹面で完全に囲まれているような状況にも適用でき,その場合は $A_1/A_2 \to 0$ であるから,式 (3.47) は次のようになる.

$$Q_{12} = \sigma \varepsilon_1 A_1 (T_1^4-T_2^4) \quad (3.48)$$

3.2 断　　熱

断熱操作は,省エネルギー技術のうち最も基本的な技術の 1 つであるといえる.すなわち,各プロセスにおける廃エネルギーとして最も多い形態である廃熱を削減することにより省エネルギーを進める技術である.

この廃熱というものは,やはり熱エネルギーであるため,前節で学んだ伝導,対流,熱放射という 3 形態により,高温側から低温側へ放出されていく.これが,いわゆる放熱ロスとなる.

本節では,断熱の基本を述べた後に,代表的な断熱理論を解説する.

3.2.1 断熱の基本

A. 伝導伝熱における断熱

発熱源近傍では，主に固体を介した伝導伝熱による放熱が多く見られる．まず，この伝導伝熱における断熱を行うことが各プロセスにおける断熱の基本となる．

伝導伝熱は，固体，液体，気体に固有な熱伝導率に基づいて伝熱量が決定される．基本としてそれぞれの熱伝導率 $\lambda [\mathrm{W \cdot m^{-1} \cdot K^{-1}}]$ は，固体 10^0-10^2，液体 10^{-1}-10^0，気体 10^{-2}-10^{-1} 程度となっており，この順に熱伝導率は小さくなる．よって，伝導伝熱の断熱を主とした断熱材を考える場合には，表3.2に示すように，なるべく気相部分を多く含む構造すなわち多孔質的な構造をとることになる．

表3.2 主な断熱材形状

1) 人工的な気孔，気層を含むもの 　　レンガ，ポリウレタンフォーム etc.
2) 天然の気孔を利用したもの 　　木材，珪藻土，コルク etc.
3) 繊維状構造のもの 　　石綿，ガラス繊維，カーボン繊維 etc.
4) 粉状原料 　　塩基性マグネシウム，珪藻土 etc.

ただしここで注意しなければならないのは，あまりに気相部分を多くとろうとして気体が多く流れるようであれば，次項で述べるように対流伝熱による伝熱量が増加したり，断熱材の構造的に強度が落ちたりすることになる．

B. 対流伝熱における断熱

発熱源が液体や気体である場合の発熱源と隣接する壁との対流伝熱や，断熱壁の最も外側の壁と外気との対流伝熱など，液体や気体といった流体と固体壁との伝熱量を減少させることにより，断熱を行うものである．

熱伝導率に対応する対流熱伝達係数は，主に流体の状態と固体の形状で決定されるため物性値ではなく，状態値である．前節で学んだように，対流熱伝達係数には各種の推算式が提案されているが，基本的にはヌッセルト数が小さい，すなわち流速が小さく，流体が乱れていない方が，対流熱伝達係数は小さくなり，対流伝熱による放熱ロスは低く抑えられる．よって伝導伝熱の断熱のように，単に固体形状や物性のみを特定して断熱効果を計算するようなことはできないが，同じ流量であれば，流体がなるべく乱れずに低速で流れるようにするとともに，流体－固体間の接触面積が小さいことが望まれる．

C. 放射伝熱における断熱

多くの場合，常温域やそれよりやや高い中温域では放射による放熱ロスは上記の伝導伝熱や対流伝熱による放熱ロスに比べて小さく，あまり問題にされることがな

い．しかしながら，焼成炉などの高温プロセスもおいては，放射による放熱ロスが大きくなり，放射断熱が重要となる．また，逆に外部から入ってくる熱の断熱という意味では，家屋に入ってくる太陽熱の断熱などがあげられる．

放射伝熱は，前節で学んだように，伝導伝熱や対流伝熱とは異なり，物体を介さずに，電磁波として熱源から被加熱物にエネルギーが伝播する．よって，放射伝熱の断熱は，この電磁波をさえぎることに他ならない．一般に，電磁波は，物体に対して，透過，吸収，反射のいずれかとなる．よって，断熱を行う場合には，なるべく反射率の高い物体で被加熱物の表面を覆うことが望まれる．

3.2.2 断熱材の基本

ここでは，多層構造をとる代表的な断熱材の断熱理論を簡単に解説する．前節で学んだように，伝導伝熱は式 (3.49) に示すようにフーリエの法則により電流と相似した熱流れ形態をとる．

$$Q = \lambda A \frac{(T_1 - T_2)}{l} = -\lambda A \frac{dT}{dx} \tag{3.49}$$

ここで，$Q[\mathrm{W}]$：熱量，$A[\mathrm{m}^2]$：面積，$T[\mathrm{K}]$：温度，$l, x[\mathrm{m}]$：距離．

よって，断熱材を直列に重ねれば熱抵抗は増し，その抵抗は熱伝導率の逆数の和となる．これらの関係を図 3.13 と式 (3.50)～(3.51) に示す．

$$Q = \frac{(T_1 - T_2)}{l_1/(\lambda_1 A_1)} = \frac{(T_2 - T_w)}{l_2/(\lambda_2 A_2)} = \frac{(T_w - T_B)}{1/(h_w A_w)} = UA(T_1 - T_B) \tag{3.50}$$

$$A_1 = A_2 = A_w \tag{3.51}$$

ならば

$$\frac{1}{U} = \frac{l_1}{\lambda_1} + \frac{l_2}{\lambda_2} + \frac{1}{h_w} \tag{3.52}$$

ここで，$U[\mathrm{W}\cdot\mathrm{m}^{-1}\cdot\mathrm{K}^{-1}]$：総括熱伝達係数，$h[\mathrm{W}\cdot\mathrm{m}^{-2}\cdot\mathrm{K}^{-1}]$：対流熱伝達係数，添字 w：wall（外壁），B：bulk（大気等）．

近年，外断熱という言葉がよく使われているように，家屋の断熱方法として従来の壁内側中心の断熱から，湿気がこもるのを防ぐために壁の外側を主に断熱する工法が広まっている．この場合は，図 3.13 で考えると，

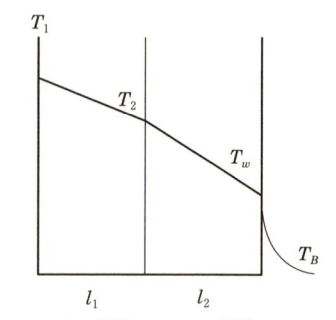

$T[\mathrm{K}]$：温度，$l, x[\mathrm{m}]$：距離
添え字 w：wall（外壁），B：bulk（大気等）

図 3.13 多層断熱壁での伝熱

$\lambda_1 < \lambda_2$ であったものを $\lambda_1 > \lambda_2$ とする形となり，それぞれの厚みや表面積，対流熱伝達係数 h_w との関係で総括熱伝達係数 U が異なることなり，断熱性能だけ考えると効率が落ちる場合もある．

3.2.3 断熱材の最適厚さ

冷暖房に用いられる冷温水やスチームの配管のように，身近なところで配管系の断熱が行われている．前項のような平面壁に断熱を行う場合は，一般に断熱材の厚みが増すにつれて熱損失は減少するが，比較的管径の小さい配管に断熱材を巻いた場合には断熱材厚みを増しても必ずしも熱損失が減少するとは限らない．ここでは，図 3.14 に示すように，外半径 r_w [m] の円に熱伝導率 λ [W·m^{-1}·K^{-1}] の断熱材を施した場合を考える．

定常状態とすると，半径方向への放熱量 Q [W] は，式（3.53）となる．

$$Q = \frac{2\pi L(T_W - T_B)}{\ln(r/r_w)/\lambda + 1/(rh_0)} \tag{3.53}$$

ここで，L [m]：管長．

r が変化すれば対流熱伝達係数 h_0 も通常変化するが，その変化量が少なくほぼ一定とすれば，式（3.53）を r について微分し，$dQ/dr = 0$ となる断熱材半径 r を求めると

$$r_c = \lambda/h_0 \tag{3.54}$$

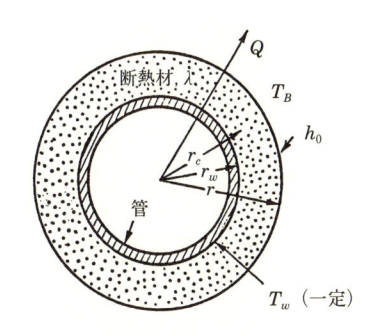

Q [W]：熱量，T [K]：温度，h_0 [W·m^{-2}·K^{-1}]：対流伝熱係数，λ [W·m^{-1}·K^{-1}]：断熱材熱伝導率，r [m]：半径
添え字 c：critical：限界，w：wall（管壁），B：bulk（大気等）

図 3.14 配管系断熱材の限界半径 r_c

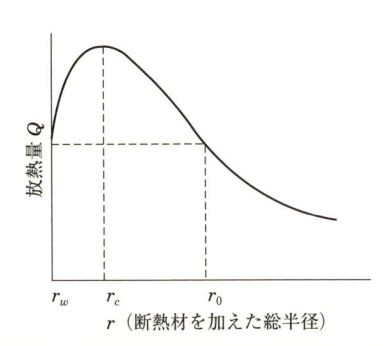

図 3.15 配管系断熱材の限界半径 r_c と放熱量 Q

となり，この断熱材熱伝導率と対流熱伝達係数の比が断熱限界半径 r_c となる．円管の外半径を引いた $(r_c - r_w)$ が断熱材の限界厚さと呼び，放熱量は $r = r_c$ で最大となる．このような場合は，図 3.15 に示す r_0 より断熱材を厚くしないと，断熱材を施すことがかえって負の効果となる．

3.3 蒸発・熱交換

3.3.1 蒸発操作

蒸発操作は，揮発性物質と不揮発性物質が混合した溶液から揮発性物質を加熱手段で蒸発分離させ，溶液の濃縮または蒸発物質の回収を図る操作をいう．工業的な蒸発操作のほとんどは，溶液の温度が沸点にある沸騰蒸発操作である．

沸騰蒸発操作では，揮発性物質を蒸発させるために多量の蒸発潜熱を必要とするので，熱を有効に供給することが重要である．蒸発装置の設計にあたっては伝熱速度を増大させて伝熱面積を小さくし，高い熱効率，経済性などを同時に確保するための適切な設計が求められる．

A. 蒸発装置

蒸発装置は，加熱蒸発器，真空発生器，凝縮器，飛沫分離器などから構成され，これらのうちで加熱蒸発器が最も重要な部分である．工業規模の蒸発装置では，水蒸気による間接加熱方式が最も多く，このような加熱方式の蒸発装置は特に蒸発缶と呼ばれている．蒸発缶の伝熱壁の構造としては，伝熱面積が大きくとれる多管式

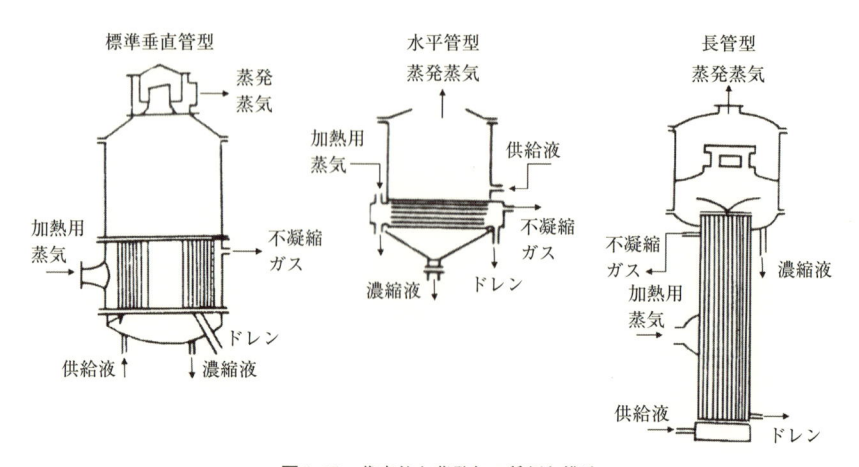

図 3.16 代表的な蒸発缶の種類と構造

が多く用いられている．

蒸発缶の種類は数多くあるが，標準的な装置例を図3.16に示す．蒸発缶の設計では，総括熱伝達係数の向上，小型化，加熱時間の短縮，スケール析出の防止などの点で工夫がなされている．

B. 蒸発缶の設計

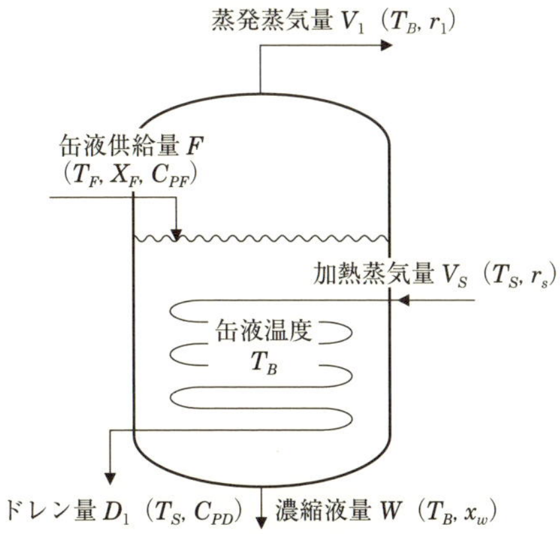

図3.17に示す単一蒸発缶の熱と物質収支式を導く．なお，次の仮定をおく．

① 缶液は十分に撹拌され，液温度および液組成は均一である．
② 缶液の沸点は得られる濃縮液の沸点と同じである．
③ 蒸発蒸気は缶液（濃縮液）の沸点の水蒸気である．
④ 熱源の蒸気は飽和水蒸気で，その凝縮液は水蒸気圧で飽和された液体である．
⑤ 周囲への熱損失，溶解熱は無視できる．
⑥ 漏れ空気や脱気ガスの量は無視できる．

図3.17 蒸発缶内の熱・物質収支

以上の仮定のもとに，図中の記号を用いて収支式を立てる．まず，缶液の物質収支をとると

$$F = V_1 + W \tag{3.55}$$

次に，溶液の物質収支をとると

$$x_F F = x_W W \tag{3.56}$$

さらに，缶液の沸点 T_B を基準として蒸発缶全体の熱収支をとると

$$V_s\{r_s + C_{pD}(T_s - T_B)\} + F C_{pF}(T_F - T_B) = V_1 r_1 + V_s C_{pD}(T_s - T_B) \tag{3.57}$$

また，缶液に供給される熱量を Q [W] とすれば

$$Q = V_s r_s = V_s C_{pD}(T_B - T_F) + V_1 r_1 \tag{3.58}$$

図3.17に例示したように，蒸発缶においては加熱源より伝熱壁を通して熱が供給される．缶液に供給される熱量 Q [W] は，次式に示すように総括熱伝達係数 U [W/m^{2}K] を用いて表される．

$$Q = U A_{av} \Delta T \tag{3.59}$$

ここで，A_{av} は蒸発缶の平均伝熱面積 [m^2]，ΔT は加熱蒸気の温度と缶液の平均

沸点との温度差（総括温度差）[K] である．実際の設計では蒸発蒸気と加熱蒸気との温度差が用いられる．

総括熱伝達係数 U[W·m^{-2}·K^{-1}] は次式で与えられる．

$$\frac{1}{UA_{av}} = \frac{1}{h_v A_v} + \frac{\delta}{\lambda A_{av}} + \frac{r_s}{A_{av}} + \frac{1}{h_l A_l} \tag{3.60}$$

ここで，h_v, h_l は加熱蒸気側，液側の熱伝達係数 [W·m^{-2}·K^{-1}]，λ は壁の熱伝導率 [W·m^{-2}·K^{-1}]，δ は壁の厚さ [m]，r_s は汚れ係数と呼ばれるスケール付着による抵抗 [m^2·K·W^{-1}]，A_v, A_l は加熱蒸気側，液側の伝熱面積 [m^2] を示す．

なお，上式中の蒸気側の熱抵抗 $1/h_v A_v$ と壁の熱抵抗 $\delta/\lambda A_{av}$ は他の2項と比べて十分に小さいため，総括伝熱抵抗 $1/UA_{av}$ は液側の伝熱抵抗 $1/h_l A_l$ とスケールの汚れ抵抗 r_s によって支配される．

液側伝熱面では複雑な二相流でしかも被濃縮成分が含まれているため，熱伝達係数 h_l を得るための設計値は実験によって求めるしかない．最近は，伝熱促進を図るために，表面を精巧に加工した高性能伝熱管を用いる場合も多く，予測式で熱伝達係数を得られる場合は非常に少なく，実験によって総括熱伝達係数を求める場合がほとんどである．表3.3には前出した蒸発缶の代表値を示す．

スケールの汚れ係数については，これまでの経験によっておおよそ求められており，たとえば水蒸気側の係数は 0.00012 m^2·K·W^{-1} が設計時に使用されている．スケールが伝熱面に付着する影響を総括熱伝達係数で比較した一例を図 3.18 に示す．スケールの生成が熱伝達係数を大きく低下させることがわかる．

表 3.3　蒸発缶内の総括熱伝達係数の概略値

蒸発缶の種類	総括熱伝達係数の概略値 [W/m^2·K]
標準垂直管型	1,200〜3,000
長管型	3,300〜6,000
水平管型	8,000〜12,000

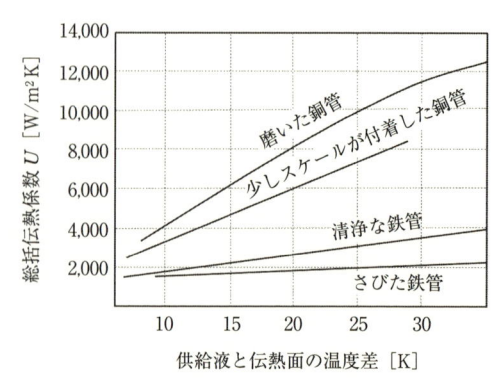

図 3.18　総括熱伝達係数に及ぼすスケール生成の影響

D. 蒸発操作における省エネルギー

蒸発操作では，水などを除去するために蒸発潜熱を与えて成分を濃縮するために，大量のエネルギーを要する．蒸発し除去された蒸気をそのまま廃棄すると，与えた蒸発潜熱を大気に放出することとなる．そこで，蒸発蒸気をより沸点の低い溶液の熱源に利用できるように工夫された方法が多重効用缶である．廃棄される蒸発蒸気をうまく凝縮させることにより，缶内の圧力を下げ沸点を下げると，蒸発蒸気を濃縮熱源として利用できるようになる．図3.19は蒸気発電した後の廃熱を利用した4重効用蒸発缶を示した．第4段目では熱源温度が38℃で濃縮されている．

さらに実プロセスでは，蒸発蒸気を相対的に小さな電力で圧縮機を用いて断熱圧縮させ，その蒸気の温度・圧力を上昇させ，再度蒸発プロセスで用いることがある．たとえば，100℃未満の蒸発蒸気を断熱圧縮し30℃程度昇温させている．

蒸発缶中では，缶液の濃縮が進むとその沸点が上昇し，加熱蒸気と缶液との温度差が小さくなる．そのため加熱効率が低下し，消費エネルギーの増加を招く．そこで，図3.20のように缶液を低沸点液と高沸点液の複数の室（図では2室）に分離すると，加熱効率は単缶に比べて数倍に向上する．

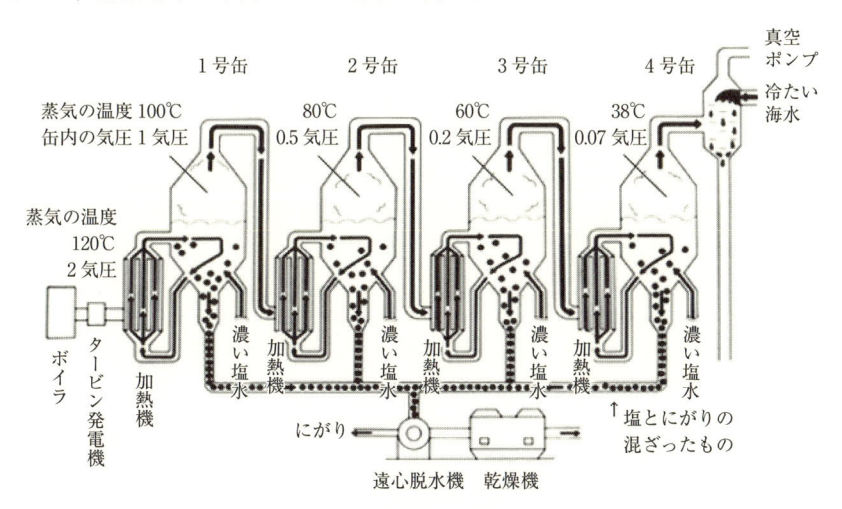

図3.19 多重効用缶を用いた濃縮装置（出典：たばこと塩の博物館HP：http://www.jti.co.jp/Culture/museum/sio/japan/sengou.html）

〈例題3.1〉 図3.21に示す2段効用蒸発缶において，$F = 5.0\,\text{kg}\cdot\text{s}^{-1}$, $T_F = 303\,\text{K}$, $x_F = 0.05$, $C_{pF} = C_{p1} = C_{p2} = 4.2\,\text{kJ}\cdot\text{kg}^{-1}$, $T_S = 403\,\text{K}$, $r_s = r_1 = r_2 = 2173\,\text{kJ}\cdot\text{kg}^{-1}$, $T_{B2} = 330\,\text{K}$, $x_W = 0.25$, $U(=U_1=U_2) = 2.3\,\text{kW}\cdot\text{m}^{-2}\cdot\text{K}^{-1}$ とするとき，T_{B1}, V_1, V_2, V_S, A

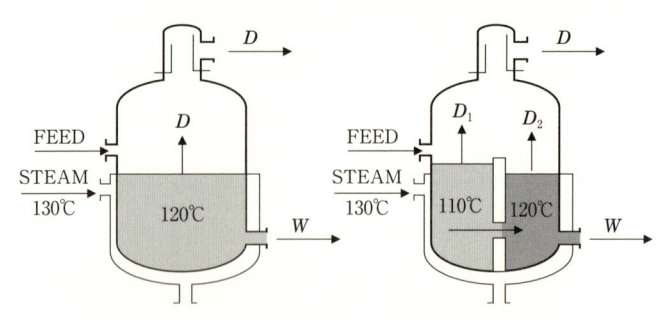

図 3.20 多室蒸発缶（出典：関西化学機械製作株式会社 HP：http://www.kce.co.jp/tashitsu.htm）

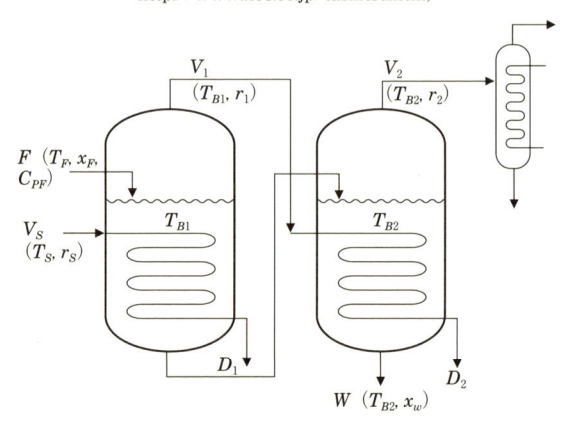

図 3.21 2 段階効用蒸発缶

$(= A_1 = A_2)$ を求めよ．

（**解**） 式 (3.55)〜(3.59) を用いて図 3.21 における物質収支，熱収支，伝熱速度に関する式を立てると

$$F - W = V_1 + V_2 \tag{1}$$

$$x_F F = x_W W \tag{2}$$

$$r_S V_S = r_1 V_1 + F C_{pF}(T_{B1} - T_F) \tag{3}$$

$$r_1 V_1 = r_2 V_2 + (F - V_1) C_{p1}(T_{B2} - T_{B1}) \tag{4}$$

$$UA(T_S - T_{B1}) = r_S V_S \tag{5}$$

$$UA(T_{B1} - T_{B2}) = r_1 V_1 \tag{6}$$

式 (1)，(2) より，$W = 0.25 \text{ kg} \cdot \text{s}^{-1}$．よって $V_1 + V_2 = 4.0 \text{ kg} \cdot \text{s}^{-1}$．

式 (3)～(6) を連立して解くと

$T_{B1} = 361.8$ K, $V_1 = 1.91$ kg·s^{-1}, $V_2 = 2.09$ kg·s^{-1}, $V_S = 2.47$ kg·s^{-1}, $A = 56.7$ m^2.

3.3.2 熱交換器

一般に，温度の高い流体と温度の低い流体との間で熱エネルギーの授受・交換を行わせ，流体を所定の温度にする伝熱装置は熱交換器と総称される．化学工業においては，蒸発装置・蒸留塔も熱交換器であり，自動車のラジエータ，ボイラの蒸発管・過熱器・再熱器・節炭器，冷凍機における凝縮器・蒸発器など，多くの分野でさまざまな呼び名で呼ばれている．

A．熱交換器の分類

熱交換器の分類法は多くある．たとえば，2流体間の熱交換を想定すると直接接触形と間接接触形に，また，熱交換面積では700 m^2/m^3 以上をコンパクト形，これより少ない伝熱面積のものは非コンパクト形のように大別されるが，熱交換器の本来的使命に直接関係する伝熱の機能的な面から分類すると次のようになる．

① 換熱形熱交換器 ｛（ⅰ）金属製管形（または板状）熱交換器
　　　　　　　　　　（ⅱ）非金属製（多くは耐火物）熱交換器
② 蓄熱形熱交換器 ｛（ⅰ）熱媒体固定形熱交換器
　　　　　　　　　　（ⅱ）熱媒体移動形熱交換器

(1) 換熱形熱交換器の分類

一般に，高温流体と低温流体の流体を固定壁を隔てて間接接触させ熱交換を行わせる伝熱装置を総称して換熱形熱交換器（隔壁式熱交換器ともいう）という．この形式は，2つの流体が混合してはならない伝熱操作に古くから多用されている．図3.22，図3.23 には，金属製熱交換器の典型例として，多管式および平板式熱交換器の概略構造を示す．一方，非金属製熱交換器の一例には，燃焼排ガスにて燃焼用空気を予熱している換熱室の概形を図3.24 に示す．

86　　　　　　　　　　　第3章　熱移動

図3.23　平板式熱交換器

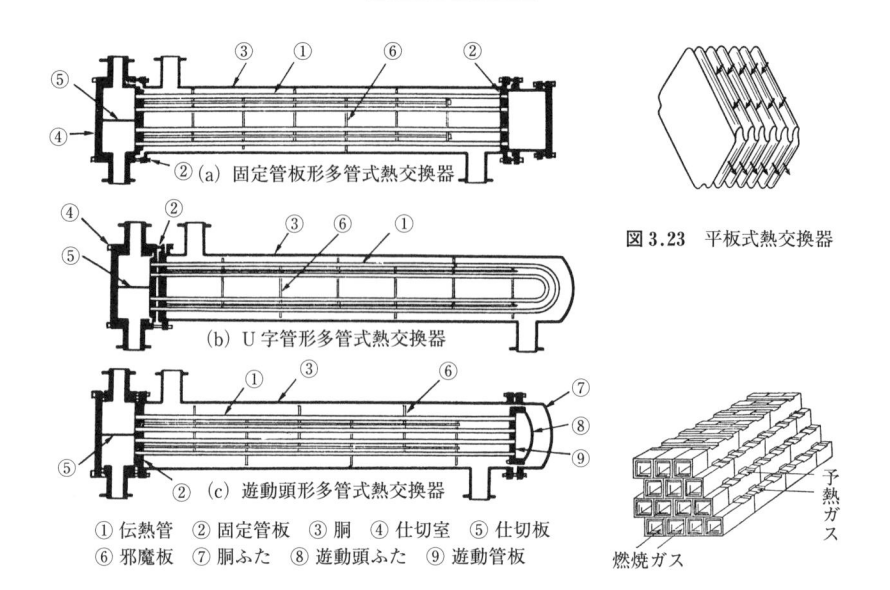

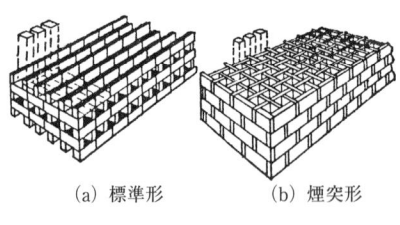

① 伝熱管　② 固定管板　③ 胴　④ 仕切室　⑤ 仕切板
⑥ 邪魔板　⑦ 胴ふた　⑧ 遊動頭ふた　⑨ 遊動管板

図3.22　多管式熱交換器

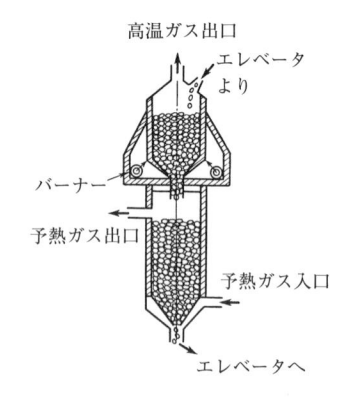

図3.24　非金属製熱交換器の換熱室

(a) 標準形　　(b) 煙突形

図3.25　蓄熱室（熱媒体固定形）

図3.26　ペブルヒータ（熱媒体移動形）

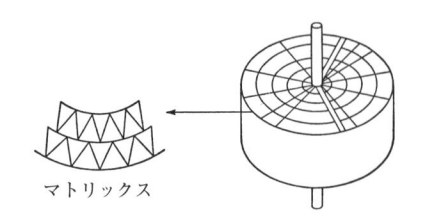

図3.27　ユングストローム形熱交換器

(2) 蓄熱形熱交換器の分類

換熱形の場合と異なり，高温流体の有する顕熱をいったん固体の熱媒体に蓄熱し，ついで熱媒体と低温流体とを接触させるという一連の操作により高温流体から低温流体へ熱を移す形式のものを蓄熱形熱交換器という．図 3.25 および図 3.26 には，熱媒体固定形と移動形についてそれぞれの概形を示す．また，蓄熱材（マトリクス）を回転させる図 3.27 のようなユングストローム式はガスタービンやボイラの排熱回収用として使用されており，さらに，室内外の空気がもっている顕熱と潜熱（水蒸気）を同時に交換して室外への損失熱を防ぐ，空調用熱交換器として利用されている全熱交換器も同じ形である．熱媒体に顕熱の形で蓄熱する場合が多いが，固体の溶融などの潜熱，固体反応の反応熱の形で蓄熱する形式も考案されつつある．

B. 換熱形熱交換器の設計

熱交換器の設計には，流体出口温度，熱交換面積の見積りに加え，圧力損失，装置材料の選定，強度計算，経済性などの問題が含まれるが，ここでは，伝熱の面から述べる．

(1) 流れ方向による分類と流体の温度変化

熱交換器の 2 流体の方向により大別すると並流形と向流形がある．その他，工業的には，両形の入り混じった形，または流体が直交する直交流形などがある．図 3.28 に，並流形，向流形および直交流形における流体流れと，両流体の温度変化の概略を示す．

(2) 交換熱量と平均温度差

熱交換器で授受される熱交換量 Q は，それぞれの流体の熱収支と両流体間の温度差に基づく伝熱速度から次式で表される．

$$Q = W_h C_h (T_{h1} - T_{h2}) = W_c C_c (T_{c2} - T_{c1}) = UA\Delta T_m \ [\mathrm{W}] \qquad (3.61)$$

ここに，U：2 流体間の総括熱伝達係数，A：伝熱面積，W：流体流量，C：流体比熱，添字 h, c はそれぞれ高温流体および低温流体を示し，1, 2 はそれぞれ入口，出口に相当する値である．

また，ΔT_m は，2 流体間の平均温度差であり，2 重管式熱交換器の場合，入口，出口での温度差の対数平均値，すなわち対数平均温度差（LMTD, ΔT_{lm}）をとる．

$$\Delta T_{lm} = \frac{\Delta T_2 - \Delta T_1}{\ln(\Delta T_2/\Delta T_1)} \qquad (3.62)$$

$\Delta T_2, \Delta T_1$ は図 3.28 に示すように，それぞれ低温流体の高温度端および低温度端での温度差である．

(a) 並流型　　(b) 向流型　　(c) 直交流型

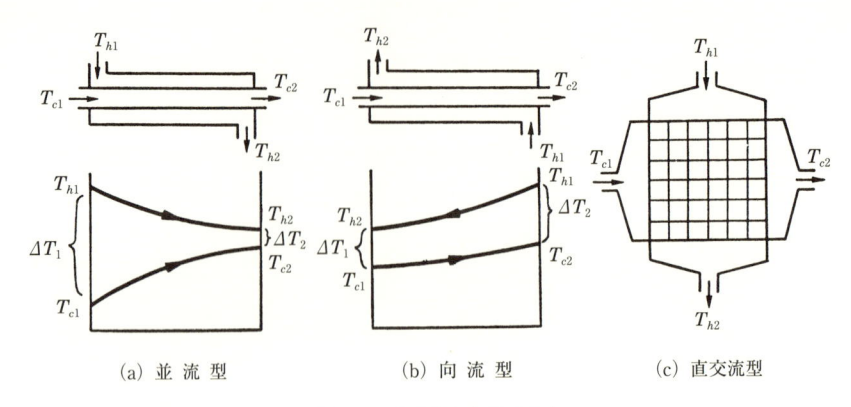

図 3.28　流体流れと温度分布

〈例題 3.2〉　2重管式熱交換器において高温流体が 353 K（80℃）から 323 K（50℃）に冷却され，一方，低温流体は 288 K（15℃）より 303 K（30℃）へと温度上昇した．並流，向流の両接触方式の場合について対数平均温度差ならびに算術平均温度差を求め，比較せよ．

(解)

1) 並流形：$\Delta T_2 = 323 - 303 = 20$, $\Delta T_1 = 353 - 288 = 65$ より

$$\Delta T_{lm} = \frac{65-20}{\ln(65/20)} = 38.2 \text{K}, \quad \Delta T_{am} = \frac{20+65}{2} = 42.5 \text{K}$$

2) 向流形：$\Delta T_2 = 353 - 303 = 50$, $\Delta T_1 = 323 - 288 = 35$ より

$$\Delta T_{lm} = \frac{50-35}{\ln(50/35)} = 42.1 \text{K}, \quad \Delta T_{am} = \frac{50+35}{2} = 42.5 \text{K}$$

入口，出口温度が同じ条件のとき，向流形の方が温度差は大となる．

通常，工業的に用いられる図 3.22 に示したような多管式の場合には，管内流体が器内を 2 回（2 パス）またはそれ以上の多回（マルチパス）通過したり，管外（胴側）流体も 2 回通過することがある．このような場合には，2 流体間の平均温度差に式(3.62) をそのまま適用することができないので，次のように温度差補正係数 F_T が用いられる．

$$\Delta T_m = F_T \cdot \Delta T_{lm} \tag{3.63}$$

図 3.29 および図 3.30 に F_T を求めるチャートを代表的な多回路系について示しておく．ただし，ΔT_{lm} は向流形としたときの値を用いる．

3.3 蒸発・熱交換

(a) 胴側1パス, 管側2パス以上

温度差補正係数

$$R = \frac{T_{h1} - T_{h2}}{T_{c2} - T_{c1}} \qquad S = \frac{T_{c2} - T_{c1}}{T_{h1} - T_{c1}}$$

(b) 胴側1パス, 管側3パス

温度差補正係数

$$R = \frac{T_{h1} - T_{h2}}{T_{c2} - T_{c1}} \qquad S = \frac{T_{c2} - T_{c1}}{T_{h1} - T_{c1}}$$

(c) 胴側2パス, 管側4パス以上

温度差補正係数

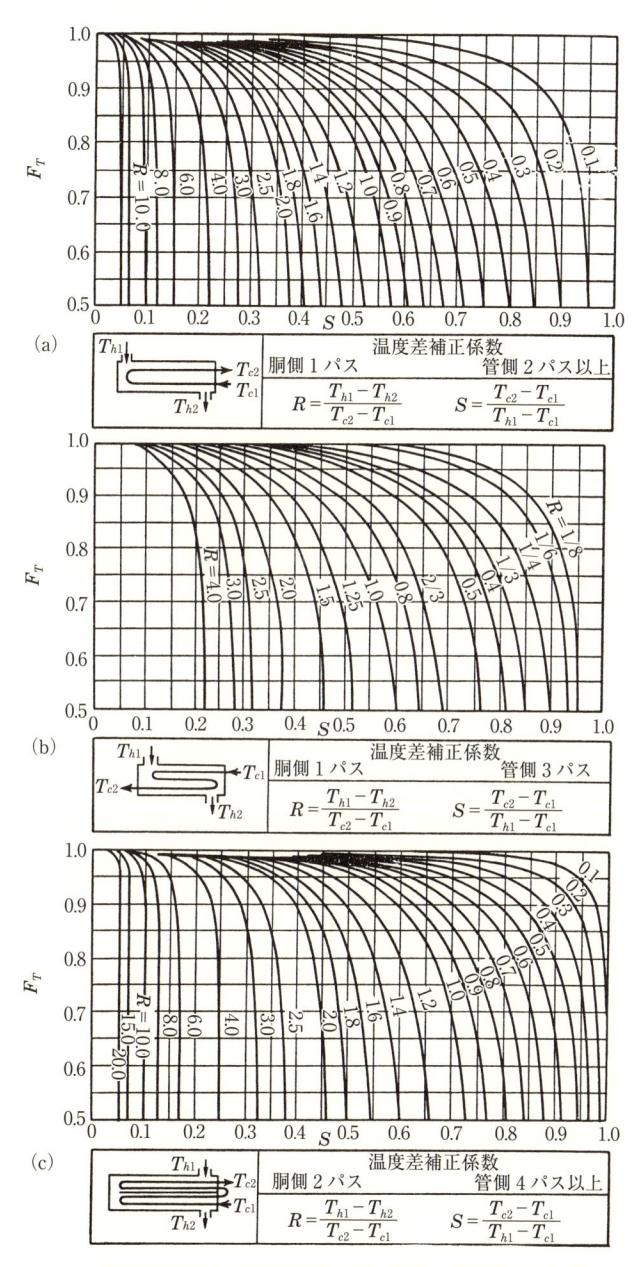

$$R = \frac{T_{h1} - T_{h2}}{T_{c2} - T_{c1}} \qquad S = \frac{T_{c2} - T_{c1}}{T_{h1} - T_{c1}}$$

図 3.29 多管式熱交換器における温度差補正係数

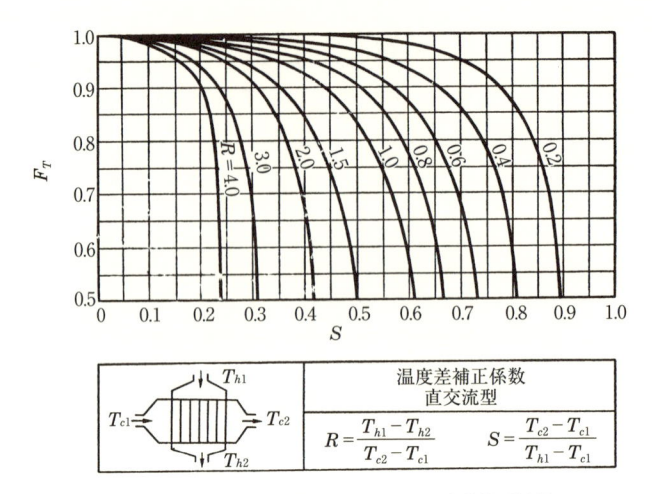

図 3.30 直交流形熱交換器における温度差補正係数

温度差補正係数
直交流型
$$R = \frac{T_{h1} - T_{h2}}{T_{c2} - T_{c1}} \qquad S = \frac{T_{c2} - T_{c1}}{T_{h1} - T_{c1}}$$

〈例題 3.3〉 胴側 1 シェル-管側 2 パスの多管式熱交換器を用い 293 K（20℃）の冷却水 30 t/h によりエチレングリコールを 353 K（80℃）から 313 K（40℃）に冷却したい．エチレングリコールは毎時 20 t 処理するとし，総括熱伝達係数を 1200 W·m^{-2}·K^{-1} として所要伝熱面積を求めよ．

（解）エチレングリコールの比熱を，353 K と 313 K の平均温度 333 K のときの 2.56 kJ·kg^{-1}·K^{-1} とすると，交換熱量は

$$Q = W_a C_a (T_{h1} - T_{h2}) = \left(\frac{2 \times 10^4}{3600}\right)(2.56)(353 - 313) = 569 \text{ kW}$$

したがって，冷却水出口温度は式（5.37）より

$$T_{c2} = T_{c1} + (Q/wc) = 293 + (569)(3600)/(3 \times 10^4)(4.186) = 309.3 \text{ K}$$

ΔT_{lm} を求めると

$$\Delta T_{lm} = \frac{(353 - 309.3) - (313 - 293)}{\ln\left(\dfrac{353 - 309.3}{313 - 293}\right)} = 30.3 \text{ K}$$

図 3.29 (a) より，$F_T \fallingdotseq 0.86$ が得られ，これより所要伝熱面積は

$$A = \frac{Q}{U F_T \Delta T_{lm}} = \frac{569 \times 10^3}{(1200)(0.86)(30.3)} = 18.2 \text{ m}^2$$

(3) 汚れ係数と総括熱伝達係数

熱交換器の総括熱伝達係数は，清浄管の熱伝達係数に汚れ係数を考慮して定められる．清浄管の A_1 基準の総括熱伝達係数は次式で求められる．

$$U_1 A_1 = \frac{1}{(1/h_1 A_1) + l/(\lambda A_m) + (1/h_2 A_2)} \tag{3.64}$$

ここに，l は伝熱管厚さ，h_1, h_2 はそれぞれ面 1，2 における熱伝達係数である．A_m は平均伝熱面積であり，A_1, A_2, A_m は管長 L，管半径 r_1, r_2 を用いて次式で表せる．

$$A_1 = 2\pi L r_1,\ A_2 = 2\pi L r_2,$$

$$A_m = 2\pi L(r_2 - r_1)/\ln(r_2/r_1)$$

汚れ係数（熱伝達係数の逆数）を $r_s [\mathrm{m^2 \cdot K \cdot W^{-1}}]$ とすると，式（3.64）は次式のように書き換えられる．

$$U_1 A_1 = \frac{1}{\{(1/h_1) + r_{s1}\}(1/A_1) + l/(\lambda A_m) + \{(1/h_2) + r_{s2}\}(1/A_2)} \tag{3.65}$$

表 3.4 に代表的な汚れ係数を示す．

(4) 熱交換器設計における ε-NTU 法

上述の対数平均温度差を用いる設計計算法（LMTD 法）は，流体の入口，出口温

表 3.4 汚れ係数

(1) 水の汚れ係数 $[\mathrm{m^2 \cdot K \cdot W^{-1}}]$

高温流体の温度	115℃以下		116〜205℃	
冷却水の温度	52℃以下		53℃以上	
種類 ＼ 冷却水の流速	$1\,\mathrm{m \cdot s^{-1}}$ 未満	$1\,\mathrm{m \cdot s^{-1}}$ 以上	$1\,\mathrm{m \cdot s^{-1}}$ 未満	$1\,\mathrm{m \cdot s^{-1}}$ 以上
海　　水	0.0001	0.0001	0.0002	0.0002
塩分含有水	0.0003	0.0002	0.0005	0.0003
冷却塔および冷却池で処理した水	0.0002	0.0002	0.0003	0.0003
〃　　〃　　未処理の水	0.0005	0.0005	0.0009	0.0007
水道水，地下水	0.0002	0.0002	0.0003	0.0003
河川水（最小）	0.0003	0.0002	0.0005	0.0003
硬　　水	0.0005	0.0005	0.0009	0.0009
エンジンジャケット	0.0002	0.0002	0.0002	0.0002
蒸留水	0.0001	0.0001	0.0001	0.0001
処理したボイラ給水	0.0002	0.0001	0.0002	0.0002

(2) 工業用流体の汚れ係数
　a) ガスおよび蒸気　　　　　　　　　　　　　　　　　　　　b) 液体
　　コークス炉ガス　0.002　　ディーゼルエンジン排気　0.002　　有機物　0.0002
　　有機物蒸気　0.0002　　水蒸気（油気含まず）　0.0001　　ブライン　0.0001
　　アルコール蒸気　0.0001　　圧縮空気　0.0003

度が既知，あるいは熱収支より容易に決定しうる場合には便利である．しかし，一般には，熱交換器設計にあたって入口，出口温度の両方とも決めなければならないことも多くある．この場合，LMTD 法では出口温度などを仮定して繰返し反復計算することが必要となり，計算が煩雑となる．このような場合でも，次のような熱効率を定義すれば，比較的容易に出口温度が求められる．これを LMTD 法と区別するため ε-NTU 法と呼んでいる．

$$\text{熱効率} \quad \varepsilon = \frac{\text{実際の交換熱量}}{\text{伝えうる最大伝熱量}} = \frac{Q_a}{Q_{\max}} \tag{3.66}$$

いま，$W_h C_h$，$W_c C_c$ を高温流体，低温流体の熱容量速度（流量×比熱）とすると，実際の交換熱量は

$$Q_a = W_h C_h (T_{h1} - T_{h2}) = W_c C_c (T_{c2} - T_{c1}) \tag{3.67}$$

また伝えうる最大伝熱量は，$W_h C_h$ あるいは $W_c C_c$ のいずれか小さい方の熱容量速度 $(WC)_{\min}$，2 流体間の最大温度差 $(T_{h1} - T_{c1})$ を用いて，次式で表される．

$$Q_{\max} = (WC)_{\min} (T_{h1} - T_{c1}) \tag{3.68}$$

したがって

$$Q_a = \varepsilon \cdot (WC)_{\min} (T_{h1} - T_{c1}) \tag{3.69}$$

さらに NTU（移動単位数）を次のように定義すると

$$NTU = \frac{UA}{(WC)_{\min}} \tag{3.70}$$

ε と NTU の関係は表 3.5 および図 3.31 のように求められる．なお，同図表において

$$\eta = \frac{(WC)_{\min}}{(WC)_{\max}} \tag{3.71}$$

表 3.5　各種熱交換器の熱効率

熱交換器形式	熱効率	図
並流形 2 重管式	$\varepsilon = \dfrac{1 - \exp\{-(NTU)(1+\eta)\}}{1+\eta}$	図 3.31 (a)
向流形 2 重管式	$\varepsilon = \dfrac{1 - \exp\{-(NTU)(1-\eta)\}}{1 - \eta \exp\{-(NTU)(1-\eta)\}}$	図 3.31 (b)
多管式 1 シェル-2 パス 1 シェル-4 パス 1 シェル-6 パス	$\varepsilon = 2\left\{1 + \eta + \dfrac{1 + \exp\{-(NTU)(1-\eta^2)^{1/2}\}}{1 - \exp\{-(NTU)(1-\eta^2)^{1/2}\}} \cdot (1+\eta^2)^{1/2}\right\}^{-1}$	図 3.31 (c)
直交流形	$\varepsilon = 1 - \exp[\eta (NTU)^{0.22} [\exp\{-\eta (NTU)^{0.78}\} - 1]]$	図 3.31 (d)

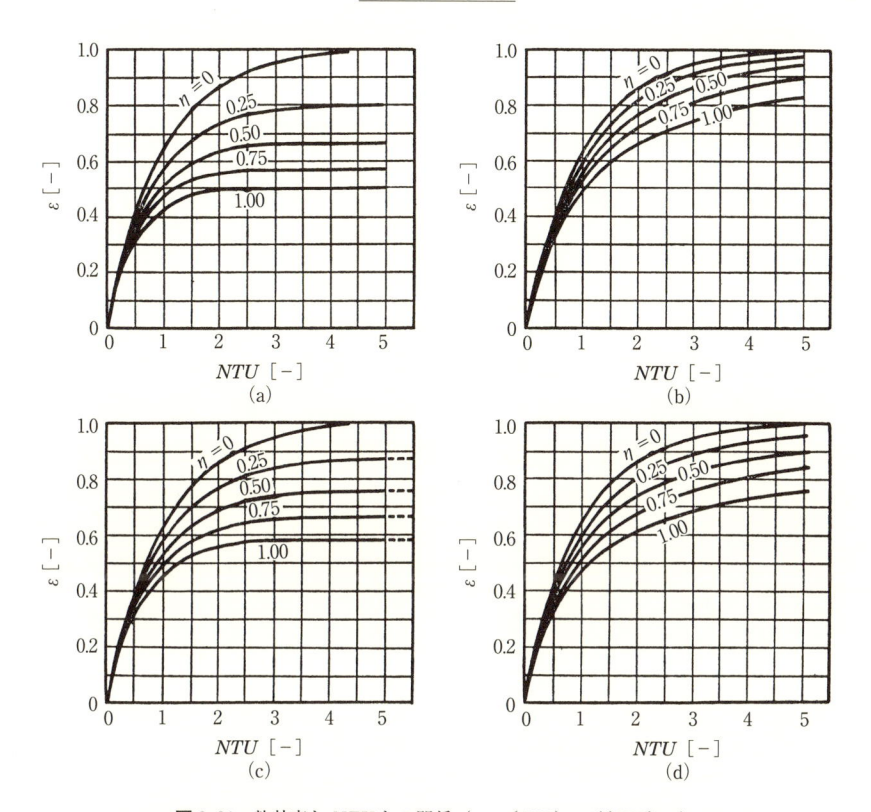

図 3.31 熱効率と NTU との関係 ($\eta = (WC)_{min}/((WC)_{max})$)

であり，蒸発や凝縮のような相変化を伴う熱交換器の場合には，蒸発あるいは凝縮する流体は，器内での温度変化が事実上無視できるため，熱容量速度は無限大と考えられ，$\eta=0$ とすればよい．

〈例題 3.4〉 ボイラ燃料用の 293 K（20℃）の重油（比熱 2.1 kJ·kg^{-1}·K^{-1}，流量 2 t/h）を 1 シェル-2 パス形多管式熱交換器を用いて 423 K（150℃）の飽和水蒸気で予熱する．伝熱面積は 1.9 m^2，$U=580$ W·m^{-2}·K^{-1} として交換熱量および重油の出口温度を求めよ．

（解） 重油の熱容量速度は，$W_c C_c = (2.1)(2 \times 10^3)/3600 = 1.17$ kW·K^{-1} $(=(WC)_{min})$，水蒸気による加熱であるから $\eta=0$．
式 (3.70) より $NTU = UA/(WC)_{min} = (580)(1.9)/(1.17 \times 10^3) = 0.942$

図3.31 (c) を用いて ε 値を読み取ると，$\varepsilon \fallingdotseq 0.60$.
以上より

熱交換量：$Q = \varepsilon(WC)_{\min}(T_{h1} - T_{c1}) = (0.60)(1.17)(423-293) = 91.3\ [\mathrm{kW}]$

重油の出口温度：$T_{c2} = Q/(WC)_{\min} + T_{c1} = (91.3)/(1.17) + 293 = 371\ \mathrm{K}(98℃)$

(5) コンパクト熱交換器

熱交換器の容積基準の伝熱面積が $700\ \mathrm{m^2/m^3}$ 程度を越えるものはコンパクト熱交換器と呼ばれる．シェル・アンド・チューブ形の熱交換器の管径を小さくし，管の設置密度を大きくすることによってもコンパクト形になりうるが，これにより逆に圧力損失が増大するという逆効果が現れてくる．そのため，一般には，図3.32に例示するように熱交換面（プレートおよびチューブ面）にフィンなどを取り付けることにより，圧力損失をそれほど増大させることなく伝熱面積を飛躍的に増加させるタイプのコンパクト熱交換器が多い．さらに，コンパクト熱交換器が出現した大きな理由の1つは，ガス側の熱伝達係数が液体側のそれに比して1～2オーダ小さいことにある．式 (3.61) における総括熱伝達係数 U は，ガス・液体熱交換の場

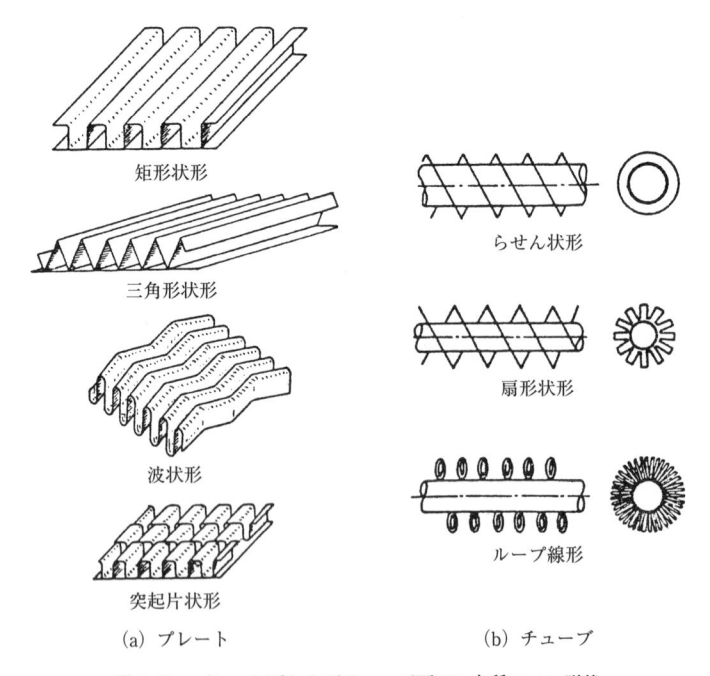

矩形状形

三角形状形

波状形

突起片状形

(a) プレート

らせん状形

扇形状形

ループ線形

(b) チューブ

図3.32 プレート面およびチューブ面での各種フィン形状

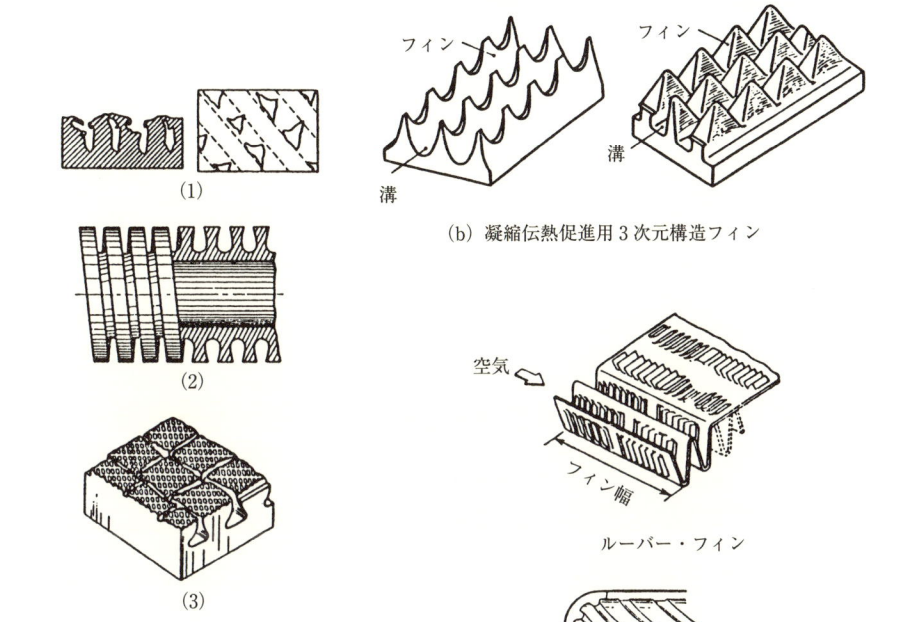

蒸発面：(1) サーモエクセル E
(2) Gewa-T
(3) エバフィン Δ (ECR)

(a) 各種高性能沸騰伝熱面

(b) 凝縮伝熱促進用3次元構造フィン

(c) 対流熱伝達促進用各種フィン・溝

図 3.33　いろいろな伝熱促進面

合，ガス側の熱伝達係数程度となり，ガス流速などを増大させても Q をそれほど顕著に大きくすることは難しい．そのため，伝熱面積の増大が要請され，図 3.32 にみられるようなフィン付の熱交換器が考案された．ここで，特に注意を要する点は，一部の例外を除いてフィンが取り付けられている側にはガス体を通過させることである．

コンパクト熱交換器の典型例は，自動車のラジエータ，家庭用の湯沸器などが挙げられ，熱交換効率の増大に加え，熱交換器容積のコンパクト化が可能となっている．

(6) 伝熱促進

高性能熱交換器の開発には，コンパクト熱交換器のようにフィンなどにより，伝熱面積を増大させる方法と，熱伝達係数を増大させる方法とが考えられる．後者は

伝熱促進と呼ばれ，近年，工作法の進歩に伴い，図 3.33 に示したように非常に多くの伝熱促進面が考案されている．この伝熱促進技術には，(a) 伝熱面を粗面にしたり，表面処理したりして沸騰・凝縮伝熱を促進させたり，パイプ内に捻りテープを挿入したり短いフィンや突起をつけて流れを攪乱させることにより，対流による熱伝達係数の向上を図る外力を必要としない受動的方法と，(b) 機械的攪拌，表面張力，流体振動，電場・磁場付与，吹き出し・吸い込みなどにより熱伝達の向上を図る外力による能動的方法および (c) 複合的方法，とに分類される．この3つのうちで (a) による方法が本質的に最も優れているが，同時に圧力損失の増大を伴い，この圧力損失が少なく，伝熱係数の大きいことが望まれるわけで，その経済的評価がポイントとなる．

3.4 伝熱計測

物体の熱に関する特性は，温度により質，熱容量（比熱）により量，熱流束により移動速度，エントロピーにより移動方向が表される．本節では，まず温度目盛の定義，次いで温度計測技術，最後に熱流束計測技術を解説する．

3.4.1 温度目盛の定義[3]

温度目盛を定義するため，最も身近な物質である水の三重点を基本定点とした．三重点とは標準大気圧 1013.25 hPa において気・液・固の3相が平衡状態（割合変化無く共存する状態）を保つ温度であり，水のそれに温度値 273.16 K を与え，この基本定点と絶対零度（0 K）との間を 273.16 等分した値が 1.0 K（1.0℃）である．すでに精通の関係式であろうが，ある物体の温度 t [℃] と T [K] には次の関係がある．

$$t = T - 273.15 \tag{3.72}$$

なお，温度定点として三重点では水の他に水素 13.8033 K，ネオン 24.5561 K，酸素 54.3584 K，水銀 234.3156 K など，凝固点ではスズ 505.078 K，金 1337.33 K，銀 1234.93 K，銅 1357.77 K などが定められている．

3.4.2 温度計測技術の概要

温度計測技術は，接触式と非接触式とに大別される．接触式は計測場における温度計の物理的変化，非接触式は計測場での物理現象の差異を温度換算する手法である．したがって，任意物体の温度計測のためには，いくつかの既知温度にて物理的

3.4 伝熱計測

表 3.6 温度計測技術の分類

大分類	メリット / デメリット	細分類	機構・特徴など
接触式	局所計測可 高信頼性 比較的安価 高破損率 場の乱れ有り	液体温度計（ブルドン管）	アルコール・水銀などの熱膨張 最も簡便，低レスポンス
		熱電対	熱起電力（ゼーベック効果） 場・温度域に対するバリエーション高 高レスポンス，最も汎用 標準温度（通常 273.14 K）要
		測温抵抗体	金属の電気抵抗温度依存性 高温域で高精度，個々のバラつき小
		サーミスタ	半導体の電気抵抗温度依存性 中低温域で高精度
		バイメタル	2種金属の膨張率差，低レスポンス 電力未使用駆動可能
		水晶温度計	水晶結晶片の固有周波数温度依存性 周波数と温度の相関は高線形性 高レスポンス
		特殊型	示温塗料：可逆と不可逆 感温液晶：互変性と単変性 ゼーゲルコーン：熱軟化と湾曲 不可逆⇒最高到達温度の記憶的計測可
非接触式	低破損率 場の乱れ無し 局所計測困難 低信頼性 高価	放射温度計	ステファン・ボルツマンの法則 光学系での情報劣化 較正・射出率必要 ⇔ 二色法
		光高温計	フィラメント赤熱光との比較 光学系での情報劣化と目視誤差 発光目視可の高温域のみ
		レーザ計測 超音波計測	光速・音速の温度依存性 伝播経路の温度分布の問題

表 3.7 各温度計測技術の使用温度範囲

種類	使用温度範囲 [℃]
水晶温度計	−80〜250
水銀封入ガラス温度計	−50〜650
バイメタル式	−50〜500
サーミスタ測温体	−50〜350
白金測温抵抗体	−200〜850
熱電対	−270〜2250

変化や物理現象差異を事前に調べ，その相関関係を図表化する必要がある．この事前準備を，キャリブレーションと呼ぶ．最近の温度計測・表示機器は，この相関関係をデータベースとして内蔵している場合が少なくない．

表 3.6 に主な温度計測技術を分類し，併せて機構・特徴をまとめた．本表から，接触式と非接触式は互いに相反するメリット・デメリットを有することがわかろう．その中でも，局所計測に関する差異は特に大きな違いといえる．非接触式では，計測場を乱す挿入物がないメリットの代償として，計測点と物理現象情報受信部間の経路温度履歴が計測結果に影響を及ぼすこととなる．したがって局所計測には不向きといえるが，この積分的値を局所値とするために，計測対象の対称性を加味したアーベル変換なる算術的手法があることを付記する．

温度計測技術の選定は，計測対象の特徴（超高温・極低温・相など）や場（密閉系・高速流・雰囲気・真空など），計測精度（応答性・有効桁数など）など諸条件と表 3.6 に示した特徴を照らし，表 3.7 の使用温度範囲（常用温度であり極短時間の過熱・過冷であれば温度範囲は拡大）を加味して行う．なお，特殊型として挙げた不可逆現象を用いれば最高到達温度の計測が可能であり，用途によっては有効な技術といえる．

3.4.3 各温度計測技術の詳細

A. 液体温度計

ガラス容器（毛細管）に封入された水銀もしくはアルコールなど有機液体の体積膨張・収縮を温度換算するもので，最安価，簡易かつ高精度，長期間の安定した計測が可能である．そのため，他の温度計の校正時に標準温度計として利用されることが多い．容器素材がガラスのため機械的衝撃に弱く，低伝熱性より応答性が悪いことから変動計測には適さない．

B. 熱電対

1821 年，エストニアの物理学者トーマス・ゼーベックは，金属棒の内部に温度勾配があるとき両端間に電圧が発生することを発見した．また，2 種金属線材からなる閉ループの両接点に温度差を設けると近くの方位磁針が振れ，電流が流れることに気づいた．この物体の温度差が電圧（電流）に直接変換される現象を，発見者の名にちなんでゼーベック効果（Seebeck effect）と呼んでいる．

ここでゼーベック効果の理論を概説し，温度計測への展開について考えよう．金属 A と B の金属線材の両端が接合され，両接点がおのおの T_1 ならびに

$T_2(\neq T_1)$ [K] であるとき，この閉回路に発生する電圧 V[V] は次式で求められる．

$$V = \int_{T_1}^{T_2} \{S_B(T) - S_A(T)\} dT \tag{3.73}$$

ここで $S_A(T)$ と $S_B(T)$ は金属 A と B のゼーベック係数 [V/K] であり，表記のとおり温度 T [K] の関数である．これらが $T_1 \sim T_2$ [K] にて十分一定と見なせるならば，式 (3.73) は次式のように近似できる．

$$V = (S_B - S_A)(T_2 - T_1) \tag{3.74}$$

2種金属線材両端を接合し，一端の温度を既知として閉回路に発生する電圧を測定することで，他端の温度を決定できることがわかる．これが，熱電対による温度計測の原理である．既知温度としては氷水（0℃）が最も望ましいが，簡易的に室温で代用する場合も少なくない．

熱電対は，基本的に高温域や極低温域での使用が前提とされ，低温脆性が少なく，耐熱性や耐酸・アルカリ性など物理的にも化学的にも安定した金属，たとえば白金 (Pt)，レニウム (Re)，タングステン (W)，銀 (Ag)，金 (Au) など貴金属や，それらを含む合金が用いられる．これらは概して高価なため，既知温度点より温度表示機器までは安価・安定な別金属線材を用いることが多い．これを補償導線と呼び，その中で最も汎用の補償導線は銅である．

表 3.8 に汎用の熱電対を，構成材料と使用温度条件とともにまとめた．常用上限温度・過熱使用限度は金属線材太さに応じ表に示した範囲で変わり，細線ほど低温となる．図 3.34 には，各熱電対の熱起電力特性曲線（キャリブレーションカーブ）を示した．中でも，常温付近では T 熱電対，低価格とハンドリング容易性から K 熱電対，耐腐食性と高温計測の観点から R 熱電対が頻繁に用いられる．

熱電対の温度計測点となる2種金属線材の接合は，アーク放電などによる高温溶融接合にて行う．通常球状となる溶融接合点は，これ自身の熱容量を小さくすることで高レスポンスとなり，場との熱授受（対流伝熱・放射伝熱）を少として正確性を高めることができるため，可能な限り小さくするのが望ましい．さらに，溶融接合点からの構成金属線材を通しての伝導伝熱が正確な温度計測の阻害となるため，溶融接合点近傍の金属線材は計測点と同温部に這わすなど温度差を無限少とする配慮が必要である．無論，金属線材同士の接合部以外での短絡や電気伝導体との接触は熱起電力値に直接的悪影響を及ぼすことから，ビニールなど絶縁有機物にて被覆されている金属線材も少なくない．

表3.8 熱電対の種類と使用温度[3]

記号	通称	構成材料		常用上限温度 [℃]	過熱使用限度 [℃]
		+脚	−脚		
B	白金熱電対	白金・ロジウム (30%) 合金	白金・ロジウム (6%) 合金	1800	2000
R		白金・ロジウム (13%) 合金	白金	1400	1600
S		白金・ロジウム (10%) 合金	白金	1400	1600
N		ニッケル・クロム・シリコン主の合金	ニッケル・シリコン主の合金	850〜1200	900〜1250
K	クロメル・アルメル熱電対	ニッケル・クロム主の合金	ニッケル主の合金	650〜1000	850〜1200
E	クロメル・コンスタン熱電対	ニッケル・クロム主の合金	銅・ニッケル主の合金	450〜700	500〜800
J	鉄・コンスタン熱電対	鉄	銅・ニッケル主の合金	400〜600	500〜750
T	銅・コンスタン熱電対	銅	銅・ニッケル主の合金	200〜300	250〜350

記号	構成材料		使用温度範囲
	+脚	−脚	
W 5 Re/W 26 Re	タングステン・レニウム (5%) 合金	タングステン・レニウム (26%) 合金	0〜2480℃
Ir/Rh 5-26	イリジウム	イリジウム・ロジウム (40%) 合金	1100〜2000℃
Kp/Au 0.07 Fe	ニクロム	金・鉄 (0.07%) 合金	1〜300 K
CuAu	銅	金・コバルト (2.11%) 合金	4〜100 K

　細金属線対で構成される熱電対の取り扱いを簡便とするため，絶縁に粉末酸化マグネシウムやシリカ，計測場の低温・高温・酸化・還元雰囲気からの保護管として金属（銅，ステンレス，カンタル，インコネル，チタン，ハステロイなど）ならびに非金属（硬質ガラス，高純度アルミナ，石英，ジルコニア，窒化ケイ素，テフロン）を用いたシース熱電対がある．超精密かつ高レスポンスの温度計測には無垢の熱電対が望ましいが，現状，シース熱電対が温度計測の主流である．

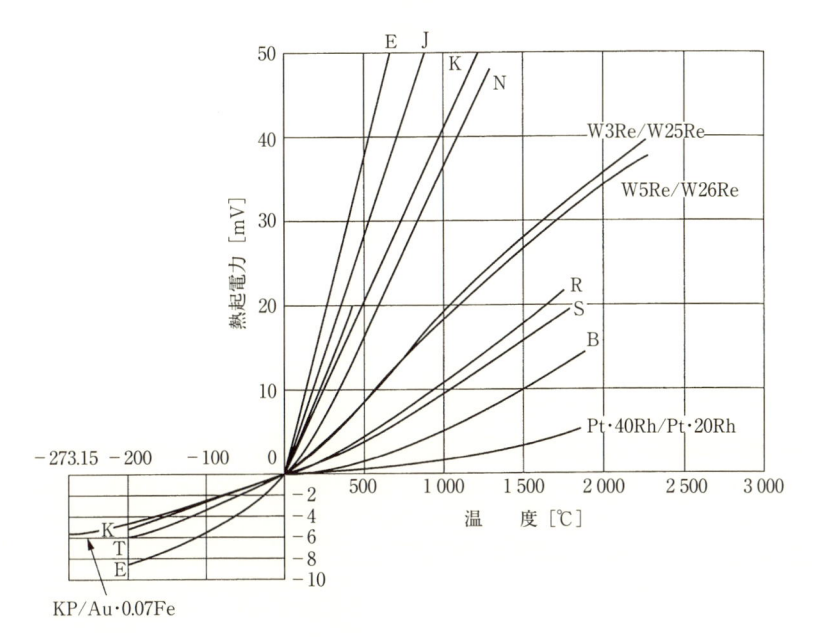

図 3.34 熱電対のキャリブレーションカーブ[3]

C. 測温抵抗体

測温抵抗体は，金属や非金属の電気抵抗が温度によって変わることを利用した温度計である．主な測温抵抗体を，使用温度と特徴とともに表3.9にまとめた．最も安定で，使用温度範囲も広く，電気抵抗が温度に対しほぼ比例増加する特長をもつ白金（Pt）が一般的に用いられる．

これに次いで，高感度のサーミスタが用いられる．サーミスタは，温度に対する電気抵抗変化の挙動から，PTC（Positive Temperature Coefficient）と NTC（Negative Temperature Coefficient），CTR（Critical Temperature Resistor）の 3 つに分類される．PTC サーミスタは，金属測温抵抗体と同様に温度に対して電気抵抗が増加するもので，添加物（イットリウム・ランタンなど）を含むチタン酸バリウムや導電性粉末（カーボン・ニッケルなど）を分散させたポリマーがある．NTC サーミスタは，PTC サーミスタと逆に温度に対して電気抵抗が低下するもので，ニッケル・マンガン・コバルト・鉄など酸化物の混合焼結体がそれである．電気抵抗が温度に対しほぼ比例減少する特長から，サーミスタの中では最も使用されるタイプである．CTR サーミスタは，ある温度を境界に急激に抵抗が減少するも

表 3.9 測温抵抗体の種類と特徴[3]

大分類	種類	使用温度	特徴
金属	白金	$-200〜850℃$	広使用温度・高安定・高精度
	ニッケル	$-60〜250℃$	低精度
	銅	$0〜120℃$	ニッケルより高精度
	白金・コバルト合金	$4〜375\,K$	コバルト 0.5 mol%・極低温用
	ロジウム・鉄合金	$1.5〜300\,K$	鉄 0.5 mol%・極低温用
非金属	サーミスタ	$-50〜350℃$	小型素子可・高感度
	ゲルマニウム	$0.1〜100\,K$	高温度分解能・高安定性・磁界の影響あり
	シリコンダイオード	$1.4〜475\,K$	極低温用・高精度・磁界の影響あり

ので，酸化バナジウム系材料がそれである．

D. 放射温度計

すべての物体は，その温度に見合った電磁波を放射している．これを利用した温度計測技術が放射温度計であり，他手法に比べ高速計測が可能な点が最大の特長である．

3.1.3 項の放射伝熱にて学習したとおり，黒体放射による電磁波のピーク波長 λ_{max} [μm] と温度 T[K] には，Wien（ウィーン）の変移則が成り立つ．温度計測対象から分光光度計までの媒体屈折率 n[-] が既知であれば，次式により温度が決定できる．

$$T = \frac{2897.8}{n\lambda_{max}} \,[\text{K}] \tag{3.75}$$

この式は黒体のみに成り立つ関係式であり，計測体表面を黒体近似（放射率 $\varepsilon = 1.0$）とするに特殊な媒体を塗布するなど前処理が必要となる．

次に，一般物体（$\varepsilon \neq 1.0$）の放射温度計による温度計測を考えよう．既知温度 T_{known} [K] の一般物体（灰色体）から射出される放射電磁波の分光スペクトルは，以下の式で表される．

$$s(\lambda, T_{known}) = c(\lambda)\varepsilon(T_{known})E_b(\lambda, T_{known}) \,[\text{W}\cdot\text{m}^{-2}\cdot\mu\text{m}^{-1}] \tag{3.76}$$

ここで，λ は波長 [μm]，$s(\lambda, T_{known})$ は分光放射発散度，$c(\lambda)$ は分光光度計の光学装置定数 [-]，$\varepsilon(T_{known})$ は物体の放射率 [-]，$E_b(\lambda, T_{known})$ は Planck（プランク）の単色黒体放射エネルギー [W·m^{-2}·μm^{-1}] である．

一方，未知温度 T [K] の同一物体からの電磁波を同一分光光度計にて計測すると，分光放射発散度 $s(\lambda, T)$ [W·m^{-2}·μm^{-1}] は式 (3.76) と同様に以下のように表される．

$$s(\lambda, T) = c(\lambda)\varepsilon(T)E_b(\lambda, T) \tag{3.77}$$

式 (3.76) と式 (3.77) について辺々の比を取ると，次式のとおり未知数の 1 つである $c(\lambda)$ を消去できる．

$$\frac{s(\lambda, T_{\text{known}})}{s(\lambda, T)} = \frac{\varepsilon(T_{\text{known}})}{\varepsilon(T)} \frac{E_b(\lambda, T_{\text{known}})}{E_b(\lambda, T)} \tag{3.78}$$

式 (3.78) のデータを異なる 2 波長 λ_1 と λ_2 [μm] で取り，再度，辺々の比を取ることで以下のとおり 2 つ目の未知数である射出率 ε[-] が消去できる．

$$\frac{s(\lambda_1, T_{\text{known}})}{s(\lambda_1, T)} \bigg/ \frac{s(\lambda_2, T_{\text{known}})}{s(\lambda_2, T)} = \frac{E_b(\lambda_1, T_{\text{known}})}{E_b(\lambda_1, T)} \bigg/ \frac{E_b(\lambda_2, T_{\text{known}})}{E_b(\lambda_2, T)} \tag{3.79}$$

式 (3.79) の右辺を式 (3.23) で書き換え，整理すると次式を得る．

$$\frac{s(\lambda_1\ T_{\text{known}})}{s(\lambda_1\ T)} \bigg/ \frac{s(\lambda_2\ T_{\text{known}})}{s(\lambda_2\ T)} =$$

$$\frac{\exp\{c_2/(\lambda_1 T)\}-1}{\exp\{c_2/(\lambda_1 T_{\text{known}})\}-1} \bigg/ \frac{\exp\{c_2/(\lambda_2 T)\}-1}{\exp\{c_2/(\lambda_2 T_{\text{known}})\}-1} \tag{3.80}$$

ここで，指数項が 1 に比べて十分大きい場合には，次式のように簡略化される．

$$\frac{s(\lambda_1, T_{\text{known}})}{s(\lambda_1, T)} \bigg/ \frac{s(\lambda_2, T_{\text{known}})}{s(\lambda_2, T)} = \exp\{c_2(1/T - 1/T_{\text{known}})(1/\lambda_1 - 1/\lambda_2)\} \tag{3.81}$$

この式から，分光光度計により任意波長にて左辺のデータを取得することで，射出率を知らずとも未知温度を算出できる．この温度計測手法を，波長でのデータを用いることから 2 色法と呼ぶ．なお，物体から分光光度計までの媒体（通常は空気）による電磁波の吸収に配慮して 2 波長を選択する必要がある．特に，約 12 μm 以上の波長は水蒸気が大部分を吸収し，二酸化炭素吸収帯は 4.2 や 15 μm 付近にある．8～12 μm の範囲は「大気の窓」とも呼ばれ顕著な吸収帯がなく，この範囲で 2 波長を選択するが望ましい．

3.4.4 熱流束計測技術

熱流束 q [W·m^{-2}] を計測するため，計測点に熱伝導率 λ [W·m^{-1}·K^{-1}] 既知の薄板と熱流束方向両端面に熱電対を組み付けたセンサを埋め込む，もしくは貼り付ける．熱電対組み付け面外からの放熱による精度低下を防ぐため，センサ厚みは十分薄くする必要がある．図 3.35 の左には，ある放熱面からの熱流束を計測するためのセンサー貼り付け例を示した．ここに，センサ断面積 A [m^2]，厚み d [m]，

熱流束方向両端面の温度差 dT [K] のとき，3.1.1 項で学んだフーリエの法則を適用すると次式となる．

$$q = \frac{Q}{A} = -\lambda \frac{dT}{d} \qquad (3.82)$$

つまり dT の精密計測が鍵となる．

3.4.3 項 B で記述のとおり熱電対による熱起電力は非常に微小であり，かつ上述のとおり微小 d では超微小 dT となるのは必至であり，図 3.35 の右に示した差動式熱電対が用いられる．これは，熱電対構成金属線材 A と B を直列的につなぎ合わせ，熱電対数に対して比例増加する十分大きな熱起電力 E [V] を得て，十分正確な dT を決定するものである．

なお，表面温度の計測は非常に困難であり，極細熱電対にて極小接合をしても正確な値を得ることは不可能といっても過言ではない．これの改善策として，接合点をサブミリオーダーの薄箔とし温度計測面に密着させるのが有効であることを付記する．

なお，本節に関連する詳細については，文献[2〜5]を参照されたい．

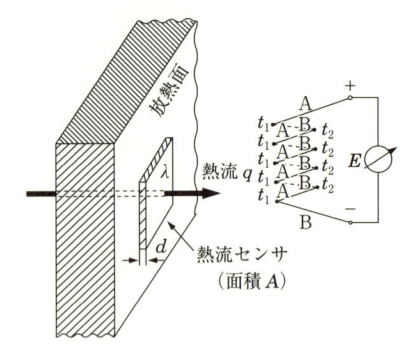

図 3.35 熱流束計の原理[3]

〈演習問題〉

3.1 （熱伝導） 厚さ 6 mm の大きなガラス窓があり，室内側と室外側の面がそれぞれ 20℃ と -3℃ に保たれている．このガラスを通して流れる単位面積あたりの放熱量を求めよ．また，このガラス窓を，厚さ 3 mm の 2 枚のガラスの間に 6 mm の空気層が設けられたペアガラスに代えた場合の放熱量はどうなるか．ただし，ペアガラス内の空気は常に静止していると仮定し，ガラスと空気の熱伝導率はそれぞれ 0.78，0.025 W・m^{-1}・K^{-1} とする．

3.2 （対流熱伝達） 熱伝導率 1.20 W・m^{-1}・K^{-1}，厚さ 5 cm の大きな断熱平板壁があり，一方の面が温度 180℃ に保持され，他方は 20℃ の気流にさらされている．いま，断熱壁の気流側の表面温度を測定したところ，90℃ であった．このときの断熱壁表面における熱伝達係数を求めよ．

3.3 （対流熱伝達） 蒸気凝縮器の内径 50 mm の伝熱管内を平均流速 1 m・s^{-1} で冷却水が流れている．水の温度が伝熱管入口で 30℃，出口で 70℃ の場合について，水側の熱伝達係数を求めよ．

演 習 問 題　　　　　　　　　　　　　　　　105

3.4　（対流熱伝達）　温度85℃の熱水が流通する外径10 mmの銅管が，温度20℃の外気にさらされており，管外表面での熱伝達係数は $5\,\mathrm{W\cdot m^{-2}\cdot K^{-1}}$ である．いま，銅管からの放熱を抑えるために，管外表面に熱伝導率 $0.041\,\mathrm{W\cdot m^{-1}\cdot K^{-1}}$ のグラスウールを断熱材として巻くことにした．断熱材を施さない裸管の場合，厚さ3 mmおよび15 mmで断熱材を巻く場合について，銅管単位長さあたりの放熱量を比較せよ．ただし，銅管の肉厚は薄く，管壁温度は85℃とする．また，断熱材を巻いた場合でも外気側の熱伝達係数は裸管の場合に等しいと仮定する．

3.5　（熱放射）　あるコークス炉では温度1200℃で石炭の乾留が行われている．炉壁には炉内観察のために直径8 cmののぞき窓が開けられている．炉外の温度が20℃のときにのぞき窓を開けた場合，そこからの放射熱損失はいくらになるか計算せよ．なお，炉内と周囲は黒体と近似する．

3.6　（熱放射）　ある二重管の内管内を温度4 Kの液体ヘリウムが流通し，環状部は真空に保たれている．単位長さあたりに内管と外管の間で交換される正味の放射伝熱量を求めよ．ただし，内管外径34 mm，外管内径53 mm，内管と外管の壁面の放射率はともに0.15，内管と外管の温度はそれぞれ4 Kおよび25℃とする．

3.7　（断熱）　3層レンガ構造の燃焼炉壁の断熱性能を考える．定常状態下で炉壁の内外表面温度がそれぞれ $T_1 = 900$℃，$T_w = 180$℃であるとし，かつ各レンガの接触面での熱抵抗は無視できるとして，1層目と2層目および2層目と3層目のレンガ接触面温度 T_2，T_3 を求めよ．ただし，各レンガの熱伝導率と厚みを次のように仮定する．

1層目（耐火レンガ）　$\lambda_1 = 1.30\,[\mathrm{W\cdot m^{-1}\cdot K^{-1}}]$　　$l_1 = 0.20\,[\mathrm{m}]$
2層目（耐熱レンガ）　$\lambda_2 = 0.15\,[\mathrm{W\cdot m^{-1}\cdot K^{-1}}]$　　$l_2 = 0.10\,[\mathrm{m}]$
3層目（赤レンガ）　　$\lambda_3 = 0.95\,[\mathrm{W\cdot m^{-1}\cdot K^{-1}}]$　　$l_3 = 0.20\,[\mathrm{m}]$

3.8　（断熱）　外径10 cmパイプを433 K（160℃）の蒸気が流れている．パイプからの放熱量を厚さがいずれも2.5 cmのA，B2種類の断熱材を2重に巻いて減少させたい．A，Bのどちらを内側に用いた方がよいか考えよ．ただし，A，Bの熱伝導率を0.15および $0.05\,\mathrm{W\cdot m^{-1}\cdot K^{-1}}$，外壁と大気の対流熱伝達係数 h_0 を $15\,\mathrm{W\cdot m^{-2}\cdot K^{-1}}$，外気温度を293 K（20℃）とする．また，断熱材内表面温度はいずれの場合も蒸気温度に等しいものとする．

3.9　（熱交換）　二重管式熱交換器において，高温流体が370 Kから330 Kに冷却され，低温流体が290 Kから325 Kまで上昇した．対数平均温度差を並流型，向流型について求めよ．

3.10　（熱交換）　問題3.9の条件について，胴側1シェル・管側2パス型熱交換器と，直交流型熱交換器において平均温度差を求めよ．

3.11 (熱交換) 向流式二重管型熱交換器を用いて，293 K の冷却水 2.5×10^4 kg/h によりエタノール 2.0×10^4 kg/h を 348 K から 313 K に冷却したい．総括熱伝達係数を 1500 W・m^{-2}・K^{-1} として所要伝熱面積を求めよ．

3.12 (熱交換) ボイラー用燃料の 293 K の重油（比熱 2.13 kJ・kg^{-1}・K^{-1}，流量 0.56 kg・s^{-1}）を二重管型熱交換器により，423 K の飽和水蒸気で予熱する．伝熱面積は 1.9 m^2 であり，総括熱伝達係数を 581 W・m^{-2}・K^{-1} として，交換熱量，重油出口温度を求めよ．

[参考文献]

1) 化学工学会編：改訂第六版 化学工学便覧，pp.355-366，丸善，1999
2) 松山裕：熱管理士試験講座Ⅳ 熱利用設備及びその管理，17-60，㈶省エネルギーセンター，2000
3) 三宅哲：熱力学，1-7，裳華房，1998
4) 原島鮮：熱力学・統計力学 改訂版，1-8，培風館，1998
5) 架谷昌信：最新伝熱計測技術，テクノシステム，1986

4 拡散移動・分離

拡散移動・分離操作には，蒸留，吸収，吸着，抽出，膜分離，晶析，イオン交換など数多くあるが，基本的な操作原理が類似しているものも多い．

本章では，これらの拡散移動・分離操作のうちの特に蒸留，吸収および吸着を中心に，混合成分の分離あるいは特定成分の精製が具体的にどのような原理に基づいて行われるか，またその操作方法，装置設計の基礎について説明を行う．

4.1 物質移動

物質移動は気相，液相あるいは固相の内部で，ある成分物質に濃度差があるために起こる場合や流体の運動に伴って起こる場合があり，移動の結果，相内の組成分布はしだいに変化する．物質の移動としては，パイプで流体を輸送することも該当するが，この場合は組成変化がないので，流体移動として区別している（2章参照）．通常物質移動というのは，組成変化が起こる場合に限られる．

物質移動の推進力は濃度のほか外部からの圧力，毛管作用などもある．濃度差が推進力となって起こる物質移動を，分子拡散あるいは単に拡散という．

4.1.1 拡散による物質移動

A．フィックの法則と物質移動方程式

A，Bのガスを図4.1に示すように仕切りを設けた容器内に別々に入れ，静かにこの仕切りをとると，両ガスはそれぞれ拡散して混合し，しだいに均一な組成になるであろう．単位断面積あたり拡散する速度 $N_A[\mathrm{mol \cdot m^{-2} \cdot s^{-1}}]$ は

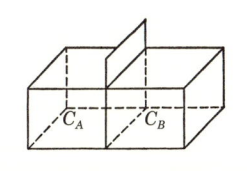

図4.1　分子拡散

Aの濃度勾配 $\partial C_A/\partial x$ に比例し，熱伝導のフーリエの法則と同じ形で，次式のように表される．

$$N_A = -D_{AB}\frac{\partial C_A}{\partial x} \ [\mathrm{mol\cdot m^{-2}\cdot s^{-1}}] \tag{4.1}$$

これをフィックの法則という．比例定数 D_{AB} は B 成分中を A が拡散する場合の係数で拡散係数といい，単位は $[\mathrm{m^2\cdot s^{-1}}]$ である．

A に濃度勾配ができれば B についても濃度勾配 $\partial C_B/\partial x$ ができ，B の移動速度は

$$N_B = -D_{BA}\frac{\partial C_B}{\partial x} \ [\mathrm{mol\cdot m^{-2}\cdot s^{-1}}] \tag{4.2}$$

ここで D_{BA} は，A 成分中を B が拡散する場合の拡散係数である．

いま，A，B ガスの全圧が一定であれば，いたるところで全モル数の和は一定であるから

$$\frac{\partial C_A}{\partial x}+\frac{\partial C_B}{\partial x}=0 \quad \text{となり} \quad \frac{\partial C_A}{\partial x}=-\frac{\partial C_B}{\partial x} \tag{4.3}$$

である．すなわち A，B は互いに反対方向に移動する．

式 (4.2) を基にして，熱伝導の場合と同様に物質の移動（拡散）について，連続の考え方（3.1.1 項 D 参照）を適用すれば，D_{AB} が一定の場合，拡散方程式として次式が導かれる．

$$\frac{\partial C_A}{\partial \theta}=D_{AB}\left(\frac{\partial^2 C_A}{\partial x^2}+\frac{\partial^2 C_A}{\partial y^2}+\frac{\partial^2 C_A}{\partial z^2}\right)=D_{AB}\nabla^2 C_A \tag{4.4}$$

式 (2.28), (3.18), (4.4) を比較すると，運動量移動，熱伝導（$\dot{q}_v=0$）および物質の拡散も，定数 ν，α および D_{AB} が異なるだけで，方程式の形は同じであることがわかる．

B．等モル相互拡散と一方拡散

図 4.2 に示すようにガス A，B が拡散するとき，一般に A の移動は B の挙動にも影響される．A，B の拡散モル数が等しい場合（$N_A=-N_B$）を等モル相互拡散といい，B が静止し，A 成分のみが拡散する場合を一方拡散という．等モル相互拡散と一方拡散とでは，以下に示すように移動速度が異なる．なお，等モル相

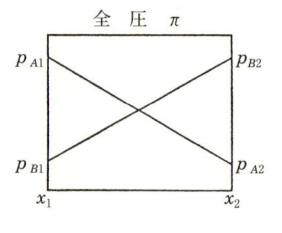

図 4.2　等モル相互拡散

相互拡散では $D_{AB} = D_{BA}$ である.

① 等モル相互拡散:図 4.2 に示すように,x_1 と x_2 における分圧が p_{A1}, p_{B1}, p_{A2}, p_{B2} で,A,B が等モル相互拡散する場合,A,B を理想気体とすれば式 (4.2),(4.3) より

$$N_A = -\frac{D_{AB}}{RT}\frac{dp_A}{dx} \tag{4.5}$$

$$N_B = -\frac{D_{BA}}{RT}\frac{dp_B}{dx} = \frac{D_{BA}}{RT}\frac{dp_A}{dx} \tag{4.6}$$

式 (4.5) を $x = x_1$;$p_A = p_{A1}$,$x = x_2$;$p_A = p_{A2}$ で積分すれば

$$N_A = -\frac{D_{AB}}{RT}\frac{p_{A1}-p_{A2}}{x_2-x_1} \tag{4.7}$$

等モル相互拡散による移動速度は式 (4.7) で与えられる.

② 一方拡散:図 4.3 で示すように全圧 π が一定の場合,気体 A に分圧勾配があれば,気体 B も分圧勾配を生じて拡散する.一方拡散では分圧勾配に基づく B の拡散(式 (4.6))を打ち消すような A,B ガスの全体移動(量移動)が B の拡散方向とは逆に起こり,B は見かけ上動かない.一方,A は拡散と量移動の方向は同じであるから相互拡散の場合より移動速度が大きくなる.

図 4.3 で,A,B の量移動による移動速度は,それぞれの分圧の比に等しいから,量移動による A の移動速度は式 (4.6) を用いて

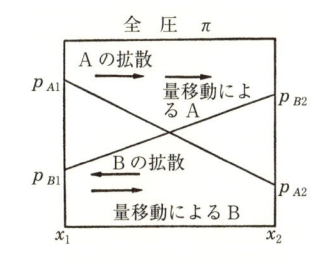

図 4.3 一方拡散

$$N_A = -N_B\frac{p_A}{p_B} = \frac{D_{AB}}{RT}\frac{p_A}{\pi-p_A}\frac{dp_A}{dx}$$

A の全移動速度はこの式と式 (4.7) で与えられる N_A とを合わせたもので,それを N_{AT} とすれば

$$N_{AT} = -\frac{D_{AB}}{RT}\left(1+\frac{p_A}{\pi-p_A}\right)\frac{dp_A}{dx} = -\frac{D_{AB}}{RT}\frac{\pi}{\pi-p_A}\frac{dp_A}{dx} \tag{4.8}$$

ここで π は全圧である.式 (4.8) を $x=x_1$;$p=p_{A1}$,$x=x_2$;$p=p_{A2}$ で積分すれば

$$N_{AT} = \frac{\pi D_{AB}}{RT(x_1-x_2)}\ln\frac{\pi-p_{A1}}{\pi-p_{A2}} = \frac{\pi D_{AB}}{RT(x_1-x_2)}\ln\frac{p_{B1}}{p_{B2}}$$

$p_{BM} = (p_{B1}-p_{B2})/\ln(p_{B1}/p_{B2})$ とおけば

$$N_{AT} = \frac{\pi D_{AB}}{RT(x_1-x_2)p_{BM}}(p_{B1}-p_{B2}) = \frac{\pi D_{AB}}{RT(x_2-x_1)p_{BM}}(p_{A1}-p_{A2}) \quad (4.9)$$

p_A が小さく $\pi \cong p_{BM}$ であれば式 (4.9) は，等モル相互拡散の式と一致する．

一方拡散は，蒸発・固体の昇華，ガス吸収，固気反応など異相界面近傍での物質移動においてみられ，等モル相互拡散は，気相，液相に限らず，多孔質固体のような固相においても広く一般にみられる．

4.1.2 物質伝達

A．物質伝達の基礎

固体表面と流体との間の熱移動が熱伝達係数 h を用いて，$Q = hA\Delta T$ と表されたと同じように，固体表面と流体との間の物質移動速度は，物質移動係数 k_x を用いて，次式のように表される．

$$N'_A = k_x A \Delta X_A \quad (4.10)$$

N'_A は接触面積 A [m²] を通して，単位時間に移動する物質 A のモル数 [mol·s^{-1}] ΔX_A は成分物質 A の濃度差，すなわち推進力である．推進力の単位のとり方にいろいろあるため，物質移動係数 k_x の単位も，推進力の単位に伴って変わる．一例を次表に示す．

推進力	単位	物質移動係数		式	相
		記号	単位		
圧力差	Pa	k_p	mol·m^{-2}·s^{-1}·Pa^{-1}	$N'_A = k_p A \Delta p_A$	気相
濃度差	mol·m^{-3}	k_c	m·s^{-1}	$N'_A = k_c A \Delta C_A$	液相
濃度差	モル分率	k_y	mol·m^{-2}·s^{-1}·Δy^{-1}	$N'_A = k_y A \Delta y_A$	気相

熱伝達係数が伝熱系の特性値であるように，物質移動係数も系の特性値である．なお，物質移動係数に及ぼす液の性質や速度などの影響を説明するために，いろいろなモデルが提案されている．図 4.4 は，溶質ガス A が液本体へ伝達される過程を示したものである．p_A および C_{AL} は，それぞれ A 成分のガス本体中の分圧および液本体中の濃度である．図 4.4 のように，気液界面に境膜が形成され，物質伝達境膜を通して定常状態で行われると考えるモデルを境膜モデルという．しか

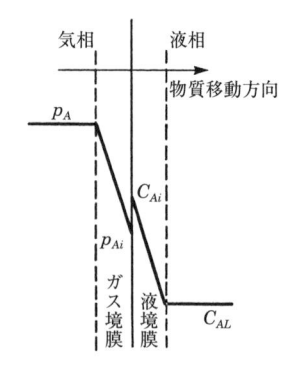

図 4.4 気相から液相への物質伝達

し，ガスが液に接触した瞬間に境膜が形成され，液相中に一定の濃度分布ができるわけではなく，ある程度の時間を要するはずである．このような観点から，非定常拡散モデルが提案されている．気液接触時間が十分長ければ，最初から定常状態にあるとして境膜モデルを適用しても差し支えない．

境膜内を物質が移動する場合，等モル相互拡散では式（4.7）より

$$N_A = \frac{D_{AB}}{RT(x_2-x_1)}(p_{A1}-p_{A2})$$

x_2-x_1 を境膜厚さ δ とすれば，物質移動係数 k_p は

$$k_p = \frac{D_{AB}}{RT\delta}$$

で示される．また，液相の場合は $k_c = D_{AB}/\delta$ で示される．他方，一方拡散の場合は式（4.9）より次のように表されることがわかる．

$$k_p = \frac{D_{AB}}{RT\delta}\frac{\pi}{p_{BM}}$$

一方拡散では，等モル相互拡散の係数に π/p_{BM} のような非拡散物質の濃度の補正係数を掛けたものであるため，拡散物質の濃度が薄い場合は係数は1とみなされ，等モル相互拡散の場合の物質移動係数に等しくなる．

B. 物質伝達に及ぼす諸因子

物質移動係数は流れの状態，装置の構造，流体および移動する物質の諸性質，その他によって複雑な影響を受けるが，拡散係数 D と有効境膜厚さ（境界層厚さ）δ が主要な因子であることは明らかである．これら因子と物質移動係数との関係は，種々の無次元数の関数として導かれている．物質伝達に関する無次元数には次のようなものがある．

名　　称	記　号	式
シャーウッド数	Sh	$k_c d/D_{AB}$
シュミット数	Sc	$\mu/\rho D_{AB}$
ガリレイ数	Ga	$d^3 g \rho^2/\mu^2$

シャーウッド数，シュミット数，ガリレイ数は，熱伝達の場合のそれぞれヌッセルト数，プラントル数，グラスホフ数に相当するものである．流れが乱流で，l/d が大きいときはガリレイ数と l/d の影響はなくなる．

簡単な系における物質移動係数の計算式を次に示す．

C. 物質移動係数

① 円管内壁からの物質伝達

$$\frac{k_p d}{D_{AB}} \frac{p_{BM}}{\pi} = \frac{k_c d}{D_{AB}} = 0.023(Re)^{0.83}(Sc)^{1/3} \quad (4.11)$$

式（4.11）は円管内乱流における熱伝達の式（3.24）と著しく類似している．$Re = 5 \times 10^3 \sim 2 \times 10^5$ の範囲で，滑らかな管の摩擦係数は

$$f/2 = 0.023\ Re^{-0.2}$$

で表され，この式を式（4.11）に代入すれば

$$Sh = (f/2)(Re)^{1.03}(Sc)^{1/3}$$

となる．これよりコルバーンらは次のような因子を考え，熱伝達および物質伝達の間の相似性を求めている．すなわち

熱伝達に対して　　　　$j_H = (Nu)/(Re)(Pr)^{1/3}$ 　　　　(4.12)

物質伝達に対して　　　$j_D = (Sh)/(Re)(Sc)^{1/3}$ 　　　　(4.13)

$$j_H \cong j_D = f/2 \quad (4.14)$$

② 単一球からの物質伝達

$$\frac{k_c d}{D_{AB}} = 2.0 + 0.60(Re)^{1/2}(Sc)^{1/3} \quad (4.15)$$

D. 総括物質移動係数

さて，図4.4に示すような気相から液相への異相間物質伝達において，気液接触面積を A とすれば，定常状態における物質伝達速度は

$$N_A' = k_p A(p_A - p_{Ai}) = k_c A(C_{Ai} - C_{AL}) \quad (4.16)$$

で表される．式（4.16）により伝達速度を計算するには，物質移動係数 k_p, k_c と界面濃度 p_{Ai}, C_{Ai} が必要である．気液間の平衡関係としてヘンリーの法則（4.3.1項参照）が成立する場合には

$$p_{Ai} = HC_{Ai}, \quad p_A = HC_A^*, \quad p_A^* = HC_{AL}$$

ここで p_A^* は C_{AL} と平衡なガスの分圧，C_A^* は p_A と平衡な液の濃度，H はヘンリー定数 $[\mathrm{Pa \cdot m^3 \cdot mol^{-1}}]$ である．

界面濃度 p_{Ai}, C_{Ai} の値を知ることは困難な場合が多いので，これらを含まない次式で伝達速度を表す．

$$N_A' = K_G A(p_A - p_A^*) = K_L A(C_A^* - C_{AL}) \quad (4.17)$$

ここで K_G, K_L はそれぞれガス側基準および液側基準の総括物質移動係数といい

で表される.

$$\frac{1}{K_G} = \frac{1}{k_p} + \frac{H}{k_c}, \quad \frac{1}{K_L} = \frac{1}{Hk_p} + \frac{1}{k_c} \tag{4.18}$$

4.2 気液平衡・蒸留

蒸留とは，液体混合物を各液体成分の沸点の差を利用して気化分離し，蒸気と残液を別々に回収する分離操作である．このとき，液相中に含まれるすべての成分が気液間の平衡関係に基づいて気相に多かれ少なかれ存在する点が，単なる蒸発（たとえば食塩水から水を気化させる場合には気相は水蒸気のみである）とは基本的に異なる．実際の石油化学工業，発酵工業などで行われている蒸留は，多成分系（3成分以上）を対象として操作されているが，ここでは，その基礎となる2成分系の蒸留の原理を中心に説明を行う．

4.2.1 気液平衡

A．気液平衡関係

2（または多）成分混合物の液組成と蒸気組成との間には，対象とする混合物に特有な平衡関係がある．気液平衡関係の表示にあたり，液組成，蒸気組成ともにその濃度はモル分率で表し，それぞれ x および y なる記号を用いる．一般に2成分系に限らず，低沸点成分と高沸点成分からなる系において，x, y はともに低沸点成分のモル分率をとる約束になっている．気液平衡関係は，平衡状態における x 対 y の関係を表す x–y 曲線，x 対 T（温度）の関係を表す沸点曲線および y 対 T の関係を表す露点曲線によって，通常，定量的に表示される．図4.5に理想溶液の場合について，これらの各曲線を概念的に示す．これらの平衡関係は，普通は実測しなければならないが，代表的な系についてはすでに測定されており「化学便覧」，「化学工学便覧」を参考にするとよい．

B．気液平衡関係の計算法

気液平衡関係は，普通は実測によらなければならないが，計算によってもある程度の数値を推定することができる．いま A, B 2成分系の場合において，液相および気相における低沸点成分 A のモル分率を，それぞれ x, y, 気相での A, B の分圧を p_A, p_B, 全圧を π とすれば，ドルトンの法則により

$$y = \frac{p_A}{\pi}, \quad 1-y = \frac{p_B}{\pi} \tag{4.19}$$

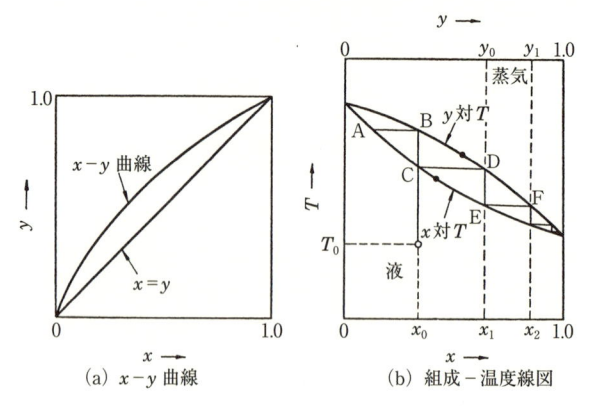

図 4.5　気液平衡曲線

となる．いま，成分 A，B の揮発度（溶液中のある成分のモル分率が x，この液と平衡な気相中でのこの成分の分圧が p であるとき，p/x を揮発度という）を k_A，k_B とし，また両者の比，すなわち比揮発度を α で表すと，成分 A の B に対する比揮発度 α_{AB} は

$$\alpha_{AB} = \frac{k_A}{k_B} = \frac{p_A/x}{p_B/(1-x)} \tag{4.20}$$

となる．一方，α_{AB} は，液相にラウールの法則が成立するとき，両成分の飽和蒸気圧 P_A，P_B を用いて $\alpha_{AB} = P_A/P_B$ と表せるが，この場合のように，α_{AB} の値があらかじめわかっている場合には，気液平衡関係は，式 (4.19) および (4.20) から得られる次式により計算することができる．

$$y = \frac{\alpha_{AB} x}{1+(\alpha_{AB}-1)x} \tag{4.21}$$

式 (4.21) からわかるように，α_{AB} の値が大きいほど，同じ x に対して y の値は大きくなる．これを，図 4.5 (a) でみれば，α_{AB} が大きくなるにつれて，x-y 曲線は $x = y$ に対して，より上に凸な曲線となり，両成分の分離は容易に行うことができるようになる．したがって，α_{AB} の値は蒸留の難易を予測するうえで，きわめて重要な意味をもつ数値である．

なお，ラウールの法則に従わない溶液では，x-y 曲線が対角線 $y = x$ と交わる場合がある．このような溶液は共沸混合物といわれ，通常の蒸留では 2 つの純成分に分離することは不可能である．そのため，共沸混合物を取り扱う操作では，圧力

を変えたり，第3成分を添加するなどの方法がとられる．

4.2.2 平衡蒸留（フラッシュ蒸留）

平衡蒸留とは，平衡状態にある液と蒸気とを1段操作で分離する操作である．これは，分離能力があまり良好ではなく，蒸気圧差が大きい場合や，他の蒸留装置の補助装置として使われることが多い．図4.6に連続式平衡蒸留操作の系統図を示す．原液は，加熱装置，減圧弁を通り分離器へフラッシュされる．フラッシュする時点で，気液は平衡になっている．A，B 2成分系について物質収支をとると

図4.6 連続式平衡蒸留の系統図

全物質収支；　　　　　$F = D + W$ 　　　　　(4.22)

低沸点成分Aの収支；　$Fx_F = Dy_D + Wx_W$ 　(4.23)

両式よりFを消去すると

$$y_D = -\left(\frac{W}{D}\right)x_W + \left\{1 + \left(\frac{W}{D}\right)\right\}x_F \quad (4.24)$$

ここに，F，D，Wはそれぞれ原液，発生蒸気（留出液），残液の流量，x_F，y_D，x_Wはそれぞれの液におけるA成分の組成である．式（4.24）を平衡蒸留の操作線といい，x_F，(W/D)が与えられると，x_W，y_Dが作図により，x-y曲線上において求められる．

〈**例題4.1**〉 101.3 kPa（1 atm）でのペンタン（A）・ヘキサン（B）系の気液平衡関係は，図4.7に示すとおりである．いま，ペンタン；50モル％，ヘキサン；50モル％からなる混合液を連続的に平衡蒸留にかけたところ，原料の80％が気化した．蒸気と液の組成を求めよ．

（**解**）　基準を$F = 100$モルにとる．題意

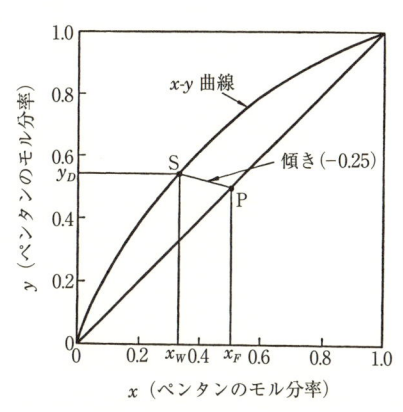

図4.7 平衡蒸留における操作線

より
$$x_F = 0.5, \quad D = 80, \quad W = 20, \quad W/D = 20/80 = 0.25$$
これらを式 (4.24) に代入すると，操作線の式は
$$y_D = -0.25x_W + (1.25)(0.5)$$
となる．図 4.7 において，対角線上の $x = y = x_F = 0.5$ の点 P を通り，傾き -0.25 なる操作線を引き，平衡線との交点 S の座標を読めば，$x_W = 0.33$，$y_D = 0.54$ が得られる．

4.2.3 単蒸留（微分蒸留）

原理的には図 4.8 に示すように，フラスコとコンデンサを組み合わせて実験室で行う蒸留と同じであり，沸点差の大きい混合液の分離に使用される．回分式であるため，蒸留の進行中は液および蒸留組成ともに刻々と変化し，この現象の数学的表示は微分方程式となる．いま，微小時間に液量 w のうち dw が蒸発し，低沸点成分 A の濃度が x から $(x-dx)$ になったとすれば，A 成分についての物質収支より
$$wx - ydw = (w-dw)(x-dx)$$
ここで，$dw \cdot dx \fallingdotseq 0$ とみなせば

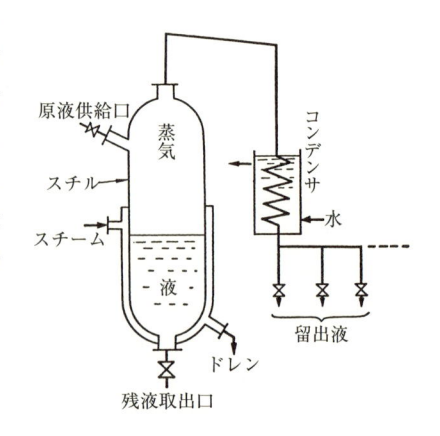

図 4.8 単蒸留装置

$$\frac{dx}{y-x} = \frac{dw}{w} \tag{4.25}$$

が得られる．ここで，初期液量を W_0，初期組成を x_0，最終的な残液量を W_1，そのときの組成を x_1 とすると，式 (4.25) より次式が得られる．

$$\int_{x_1}^{x_0} \frac{dx}{y-x} = 2.303 \log \frac{W_0}{W_1} \tag{4.26}$$

上式が単蒸留における基本式で，レイリーの式と呼ばれている．

A．理想状態が成立する場合

式 (4.26) の左辺は，一般には，図積分によらなければならないが，気相にドルトンの法則，液相にラウールの法則が適用できる場合には，x と y との間には式 (4.21) の関係が成立し，式 (4.26) は次式となる．

$$\log \frac{W_0 x_0}{W_1 x_1} = \alpha_{AB} \log \frac{W_0(1-x_0)}{W_1(1-x_1)} \tag{4.27}$$

B. 一般の場合

この場合は図積分が必要であり,次の例題によって説明する.

〈**例題 4.2**〉 n-ヘプタン 50 モル%, n-オクタン 50 モル%からなる混合液を常圧で単蒸留し,液の 60%を留出させた.このときの残液の組成を求めよ.

(**解**) 基準を $W_0 = 100$ モルにとる.$x_0 = 0.5$, $W_1 = 40$ モルとしてレイリー式を適用すると

$$\int_{x_1}^{0.5} \frac{dx}{y-x} = 2.303 \log \frac{100}{40} = 0.916$$

気液平衡データより

x	0.5	0.46	0.42	0.38	0.34	0.32
y	0.689	0.648	0.608	0567	0.523	0.497
$1/(y-x)$	5.29	5.32	5.32	5.35	5.46	5.65

図 4.9 のように x 対 $1/(y-x)$ をプロットし,図積分の面積が 0.916 になるように x_1 を求める.これが残液組成であり $x_1 = 0.33$ となる.

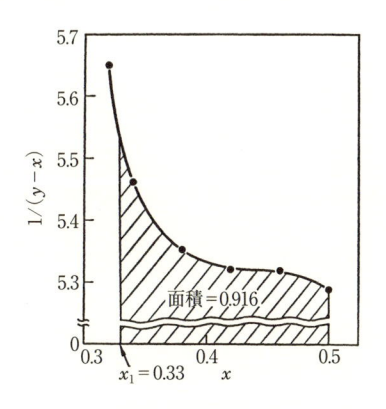

図 4.9 x 対 $1/(y-x)$

4.2.4 連続精留

精留は,蒸留の 1 つと考えられ,蒸気とそれ以前に発生した蒸気の凝縮液とを向流接触させることによって,成分の分離をいっそう高めることを目的として操作される.また,工業的には連続方式がとられることが多い.精留操作を行う主要装置

は精留塔（または分留塔ともいう）である．

A. 精留の原理

　2成分系の精留の原理を，図4.10に示した精留塔の系統図を参考にして説明する．図に示すような気液の向流接触を行うと，塔の上段ほど，気液ともに低沸点成分に富んだものとなる．これは塔内において，次のような熱および物質移動が生じているためである．いま，任意の第 n 段目において，この段から上昇する蒸気（y_n）と下降する液（x_n）とが平衡状態にあるとしよう．しかし，この段に入る蒸気および液は平衡状態にないため，気液間に物質移動が生じることは容易にわかる．結局，n 段においては，液から低沸点成分 A の一部が気化し，液組成は x_{n-1} から x_n へと減少するのに対して，蒸気からは高沸点成分 B の一部が凝縮し，蒸気組成は y_{n+1} から y_n へと増加する．また，この場合に A を気化させるに要する熱量は，B が凝縮するときに放出する熱量により補われる．このようにして，塔頂に近づくと順次 A 成分に富んだ状態となり，最終的には塔頂より A 成分を製品として取り出すことができる．

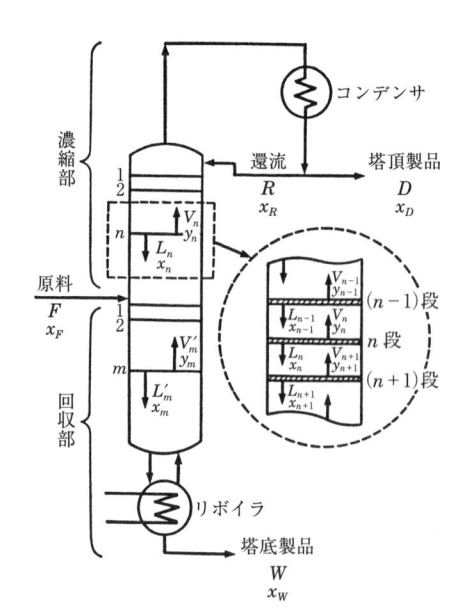

使用記号の説明	流量 [mol/h]	低沸点成分 A のモル分率 [-]
原料	F	x_F
塔頂製品	D	x_D
塔底製品	W	x_W
還流液	R	$x_R(=x_D)$
濃縮部 上昇蒸気	V_n	y_n
濃縮部 下降液	L_n	x_n
回収部 上昇蒸気	V'_m	y_m
回収部 下降流	L'_m	x_m

図4.10 精留塔の系統図

B. 精留塔の物質収支

図 4.10 において原料供給位置より，上部は濃縮部，下部は回収部と呼ばれる．原料供給は，液組成が原料成分に近い適当な段から行えばよい．A，B 2 成分系について，塔全体についての物質収支をとると

全物質について； $\qquad F = D + W \qquad$ (4.28)

低沸点成分 A について； $\qquad Fx_F = Dx_D + Wx_W \qquad$ (4.29)

濃縮部および回収部での物質収支は操作線の項で詳述する．なお，普通，最上段からの下降液の組成を安定させるため，還流により留出液の一部を塔内に返送する．この還流は精留操作で最も重要な操作であり，還流の程度を示す還流比 r は，還流量 R と塔頂製品流量 D との比として次式で定義されている．

$$r = \frac{R}{D} \qquad (4.30)$$

C. 精留塔の操作線

塔内での組成関係から得られる物質収支式を，x–y 座標で表したものを操作線といい，気液平衡関係を表す x–y 曲線とともに精留操作の設計計算には欠くことのできないものである．操作線には濃縮部での濃縮線と，回収部での回収線とがある．一般に両線は曲線であるが，これらを直線に近似させると，後述するように塔の段数決定が非常に簡単になる．

1) 濃縮線：濃縮部の任意の n 段からの下降液組成を x_n，その 1 つ下段よりの上昇蒸気組成を y_{n+1} およびそれぞれの流量を L_n，V_{n+1} とすると，コンデンサーを含めた部分での低沸点成分の物質収支は

$$V_{n+1} y_{n+1} = L_n x_n + Dx_D$$

となり，上式を整理すると

$$y_{n+1} = \frac{L_n}{V_{n+1}} x_n + \frac{D}{V_{n+1}} x_D \qquad (4.31)$$

が得られる．式 (4.31) が濃縮線の一般形である．また，この部分での全物質収支から

$$V_{n+1} = L_n + D$$

なる関係にある．

2) 回収線：回収部の m 段からの下降液組成を x_m，その下の $(m+1)$ 段よりの上昇蒸気組成を y_{m+1} およびそれぞれの流量を L'_m，V'_{m+1} とすると回収線は次式となる．

$$y_{m+1} = \frac{L'_m}{V'_{m+1}} x_m - \frac{W}{V'_{m+1}} x_W \tag{4.32}$$

ここで，$V'_{m+1} = L'_m - W$ である．

D．マッケーブ・シールの段数決定法

段を去る蒸気組成と液組成とが平衡状態にあるものとして，精留に必要な段数を求める方法を述べる．この方法で求められる段数を理論段数という．

いま簡単化のため，次の2つの仮定をおく．① 各段での上昇蒸気流量，下降液流量はそれぞれ一定とみなせ，それらを V, V', L, L' で代表させることができる．② 還流は，常にその沸点において行われている．仮定②より $L = R$, $V = R + D$ となるので，濃縮線は

$$y_{n+1} = \frac{R}{R+D} x_n + \frac{D}{R+D} x_D \tag{4.33}$$

上式は，還流比 r を用いると

$$y_{n+1} = \frac{r}{r+1} x_n + \frac{1}{r+1} x_D \tag{4.34}$$

と変形され，塔頂製品の組成 x_D と r が与えられると y_{n+1} と x_n とは傾き，$r/(r+1)$, y 切片が $x_D/(r+1)$ の直線関係で表されることがわかる．また $x_n = x_D$ とおくと，$y_{n+1} = x_D$ となるから，$x = y = x_D$ なる対角線上の点を通る直線でもある．

同様にして，回収線は次のようになる．

$$y_{m+1} = \frac{L'}{L'-W} x_m - \frac{W}{L'-W} x_W \tag{4.35}$$

上式は，対角線上の点 $(x = y = x_W)$ を通る傾き $L'/(L'-W)$ の直線を示している．式 (4.33) および (4.35) から塔の理論段数を求めることができる．

ところで，精留操作において原料の熱的状態を決めることが重要である．このような原料の熱的状態（これは，沸点以下の液体状態から過熱された蒸気状態まで考えられる）を定量的に表すパラメータとして，次のように定義される q を考える．

$$q = \frac{[\text{原料1モルを供給状態から沸点の蒸気に変えるに要する熱量}]}{[\text{原料のモル蒸発熱}]}$$

原料1モルが q モルの沸点の液と $(1-q)$ モルの蒸気からなる一般の場合を考えると

$$\left. \begin{array}{l} L' = L + qF \\ V' = V - (1-q)F \end{array} \right\} \tag{4.36}$$

となる．q の定義から $q=1$ は原料が沸点の液，$q=0$ は沸点の蒸気であることがわかる．ここで，式 (4.29)，(4.33) および (4.35) を $y_{n+1} = y_{m+1} = y$，$x_n = x_m = x$ とおいて連立して解き，式 (4.36) の関係を用いると

$$y = -\frac{q}{1-q}x + \frac{x_F}{1-q} \tag{4.37}$$

これは両操作線の交点の軌跡であり，q 線の方程式あるいは供給線といわれ，原料の熱的状態により決まる．式 (4.37) で $x = x_F$ とすれば，$y = x_F$ となり，q 線は対角線上の $x = y = x_F$ を通る傾き $q/(q-1)$ なる直線であることがわかる．

〈例題 4.3〉 ベンゼン 45 モル%，トルエン 55 モル%からなる 2 成分形混合物を連続精留し，塔頂製品のベンゼン濃度を 92 モル%，塔底製品のトルエン濃度を 85 モル%にしたい．このときの所要理論段数を求めよ．ただし，$r=4$，$q=1.2$ と与えられているものとする．

（解） 図 4.11 を参照して解の求め方を説明する．題意より，$x_F = 0.45$，$x_D = 0.92$，$x_W = 0.15$，$r = 4$，$q = 1.2$．

濃縮線；$y = \{r/(r+1)\}x + \{1/(r+1)\}x_D = 0.8x + 0.184$ （図の $\overline{DQ}$）

q 線；傾き $= \{q/(q-1)\} = 6.0$，よって $x_F = 0.45$ での対角線上の点 F を通る傾き 6.0 の直線である．

回収線；q 線と濃縮線との交点 Q と対角線上の点 W ($x = y = 0.15$) とを結ぶ直線．

これらより，塔底から x-y 曲線と回収線の間で段階的に作図し，q 線を越えたら濃縮線に移って塔頂まで作図する．本例題の場合ステップ数は 6.0 となり，理論段数はこのステップ数から，リボイラの 1 段分を引いて 5.0 となる．

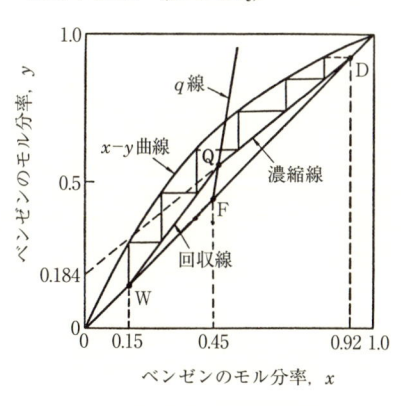

図 4.11 作図による理論段数の決定

E. 最小理論段数と最小還流比

1) 最小理論段数：式 (4.33) において，$D=0$ (または $r=\infty$)，すなわち留出製品をすべて塔頂へ戻すと，濃縮線は対角線 ($y=x$) と一致する．なお，この場合は回収線も対角線と一致する．このような状態は精留操作における 1 つの極限であり，全還流の状態という．r が増えると作図による段数は減少し，操作線が

$y = x$ になったとき最小の所要段数となる．全還流での所要段数を最小理論段数 N_m といい，実際には製品がまったく得られないが，装置設計上の目安として重要である．例題に示したのと同様にして作図すれば，N_m を求める方法がある．一方，ラウールの法則が成立する系では，計算式により N_m を求める方法がある．この場合，全還流であるから，$D = 0$ また $W = 0$ となり，式 (4.33) および (4.35) より

$$\left.\begin{array}{c} y_{n+1} = x_n \\ y_{m+1} = x_m \end{array}\right\} \tag{4.38}$$

また，理論段数であるから各段における液組成と蒸気組成とは平衡であることを考慮し，式 (4.21) および (4.38) を各段について適用していくと，N_m を与える式として代表的なフェンスケの式が得られる．

$$S_m = N_m + 1 = \frac{\log\left(\dfrac{x_D}{1-x_D} \cdot \dfrac{1-x_W}{x_W}\right)}{\log \alpha_{av}} \tag{4.39}$$

ここに S_m は最小ステップ数，α_{av} は各段での比揮発度の平均値である．

2) 最小還流比：還流比を小さくしていくと所要段数は増加するが，蒸留の実現可能な極限は，操作線が q 線と x-y 曲線との交点を通る場合である．このときの還流比を最小還流比 r_m といい，さきの全還流 ($r = \infty$) とともに操作設計上の重要な目安である．実際の操作は全還流と最小還流比 r_m との間で行われるのはいうまでもない．一般には，r_m は q 線と x-y 曲線との交点 (x_C, y_C) をグラフ上で読み取り

$$r_m = \frac{x_D - y_C}{y_C - x_C} \tag{4.40}$$

として求められる．

一方，ラウールの法則が成立する場合は，次の計算から r_m が求められる．

$$q = 1 ; \quad r_m = \frac{1}{\alpha_{AB}-1}\left\{\left(\frac{x_D}{x_F}\right) - \alpha_{AB}\left(\frac{1-x_D}{1-x_F}\right)\right\} \tag{4.41}$$

$$q = 0 ; \quad r_m = \frac{1}{\alpha_{AB}-1}\left\{\alpha_{AB}\left(\frac{x_D}{x_F}\right) - \left(\frac{1-x_D}{1-x_F}\right)\right\} \tag{4.42}$$

F．段効率

いままで述べた理論段数はあくまで理論的に要求される段数である．しかし実際の精留操作では，各段が理論的になっている場合はほとんどなく，所望の製品組成を得るためには気液の接触度合いなどの操作の効率を考慮しなければならない．理論段からのずれを表すのが段効率であり，総合段効率，マーフリーの段効率および

点効率などの定義の仕方がある．ここでは総合段効率 E_T について解説する．

E_T は理論段数 N_m の実際段数 N_r に対する比として

$$E_T = \frac{N_m}{N_r} \quad (4.43)$$

なる式で定義される．実装置においては，大略，$E_T = 0.5 \sim 0.8$ の範囲にある．

G． 精留塔の形式

精留塔は気液間の接触を良好にするため種々の形式が考案されている．図 4.12 には工業的に広く用いられている代表的な精留塔の概略を示しておく．

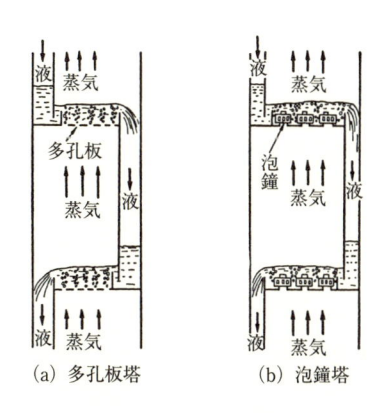

図 4.12　代表的な精留塔

4.3　吸収・吸着

4.3.1　溶　解　度

物理吸収において，混合ガスと吸収液を一定条件のもとで長時間接触させれば，やがて平衡に達する．この平衡状態での溶質成分の液相濃度は溶解度 C [mol・m^{-3}] と呼ばれ，一定温度のもとでは気相中のガス分圧 p [Pa] だけで決まり，全圧には無関係である．

液体中の溶質ガス濃度が希薄な場合には，ヘンリーの法則が成立し，溶解度とガス分圧との間には

$$p = HC \quad (4.44)$$

なる直線関係が成立する．比例定数 H [m^3・Pa・mol^{-1}] をヘンリー定数と称し，この値は溶解しやすい気体ほど小さい．ヘンリーの法則は気体濃度 y （モル分率）および液濃度 x （モル分率）を用いて，次のようにも表される．

$$y = mx \quad (4.45)$$

ここに，m はこの場合のヘンリー定数 [－] である．

ヘンリーの法則が成り立つのは，比較的難溶性のガス（水に対する酸素，窒素，水素など）で，全圧が大気圧（101.3 kPa）以上数気圧以下の場合，あるいは可溶性のガス（水に対するアンモニア，亜硫酸ガス，塩素）でも温度が高いか，濃度が

希薄な場合に限られる．

吸収が化学反応に起因する場合には，平衡関係はガスおよび液体の種類によって異なる．たとえば，水酸化ナトリウム溶液による炭酸ガス，亜硫酸ガスの吸収，および硫酸によるアンモニアの吸収では，反応が完結する場合には明らかに $p=0$ である．しかし，次の反応のように

$$K_2CO_3 + CO_2 + H_2O \rightleftarrows 2KHCO_3$$

炭酸カリウム溶液による炭酸ガスの吸収反応において，途中で平衡に達する場合，種々の温度での平衡定数を実験的に求めることにより，溶液の濃度と溶質ガスの圧力との間の平衡関係を知ることができる．

4.3.2 吸収速度

A. 物理吸収の場合

吸収が起こるためには，気相の溶質成分が吸収液中へ拡散しなければならないが，このときの吸収速度は異相間拡散速度によって支配される．このような異相間拡散速度支配に基づいた吸収速度理論の1つに，二重境膜説がある．それによると吸収速度 N_A [mol·m^{-2}·s^{-1}] は

$$N_A = k_G(p - p_i) = k_L(C_i - C) \tag{4.46}$$

あるいは

$$N_A = K_G(p - p^*) = K_L(C^* - C) \tag{4.47}$$

ここに，k_G, k_L はそれぞれガス側および液側物質移動係数 [mol·m^{-2}·s^{-1}·Pa^{-1}]，[m·s^{-1}]，K_G, K_L はガス側および液側基準の総括物質移動係数 [mol·m^{-2}·s^{-1}·Pa^{-1}]，[m·s^{-1}]，p_i, C_i は気液界面における気相の溶質成分の分圧 [Pa] および液相の濃度 [mol·m^{-3}]，p^*, C^* は C および p に平衡な気相の溶質成分の分圧 [Pa] および液相の濃度 [mol·m^{-3}] である．

B. 反応吸収の場合

反応吸収においては，気相の溶質成分 A の液本体濃度 C_{A0} が反応のない場合より小さいため，物理吸収に比べて物質移動の推進力が大きい．また同時に液境膜内の化学反応の影響で，液側物質移動係数も単なる物理吸収の場合に比べて大きくなる．一般に，反応吸収における見かけ液側物質移動係数 k_L^* と物理吸収における液側物質移動係数 k_L との比

$$\phi \equiv \frac{k_L^*}{k_L} \tag{4.48}$$

を反応係数と呼ぶ．ϕ は，反応の種類，反応速度定数，拡散係数および流動条件などの関数として与えられる．ϕ の値が既知であれば，反応吸収の場合も物理吸収と同様，気液両相の抵抗の和として総括物質移動係数 $K_G{}^*$，$L_L{}^*$ が求められる．

$$\frac{1}{K_G{}^*} = \frac{1}{k_G} + \frac{H}{\phi k_L} = \frac{H}{K_L{}^*} \tag{4.49}$$

これより，反応吸収における単位面積あたりの吸収速度 $N_A{}^*$ は

$$N_A{}^* = K_G{}^*(p_A - p_A{}^*) = K_L{}^*(C_A{}^* - C_A) \tag{4.50}$$

となる．

反応係数 ϕ の値は比較的簡単な系に対しては，境膜説あるいは浸透説などに基づいて理論的に求めることができる．一例として，次のような2次反応の場合の境膜説による理論解を示す．

いま，化学反応速度 R_A [mol·m^{-3}·s^{-1}] が

$$R_A = (rC_{BL})C_A \tag{4.51}$$

で与えられるとすると，液境膜中での成分Aの濃度変化は定常状態において，次の方程式で表される．

$$D_L \frac{d^2 C_A}{dz^2} = (rC_{BL})C_A \tag{4.52}$$

境界条件：$z = 0$（気液界面）；$C_A = C_{Ai}$
$\qquad\qquad z = z_L$（境膜端）；$C_A = C_{AO} = 0 \tag{4.53}$

ここで，r [m^3·mol^{-1}·s^{-1}] は反応速度定数，C_{BL} [mol·m^{-3}] は液相中の反応成分Bの濃度，D_L [m^2·s^{-1}] は拡散係数である．B成分が境膜内でも大過剰に存在し，そのため，$(rC_{BL}) \fallingdotseq$ 一定と取り扱うことができるとすると（擬1次反応の仮定という），上式の解より吸収速度は

$$N_A{}^* = -D_L \left(\frac{dC_A}{dz}\right)_{z=0} = C_{Ai}\left(\frac{D_L}{z_L}\right)\frac{z_L\sqrt{rC_{BL}/D_L}}{\tanh(z_L\sqrt{rC_{BL}/D_L})} \tag{4.54}$$

となる．反応を伴う液側物質移動係数 $k_L{}^*$ は，対応する物理吸収の液側物質移動係数 k_L が $k_L \fallingdotseq D_L/z_L$ であるから，これより

$$k_L{}^* = k_L \frac{z_L\sqrt{rC_{BL}/D_L}}{\tanh(z_L\sqrt{rC_{BL}/D_L})} \tag{4.55}$$

を得る．したがって

$$\gamma = \frac{\sqrt{rC_{BL}D_L}}{k_L} \tag{4.56}$$

で定義されるパラメータ（八田数）を用いて反応係数を表せば

$$\phi = \frac{\gamma}{\tanh \gamma} \tag{4.57}$$

γ は反応速度と拡散速度の相対的な大きさを表す無次元数であって，γ が 1 に比べて十分小さい場合には，$\tanh \gamma \fallingdotseq \gamma$ とおけるので，$\phi \fallingdotseq 1$ となり，反応を伴う見かけの液側物質移動係数は，物理吸収の液側物質移動係数とほぼ同じ値になる．一方，γ が 1 に比べて十分大きい場合，$\gamma > 5$ では $\tanh \gamma \fallingdotseq 1$ とおくことができるので，式 (4.57) より

$$\phi \fallingdotseq \gamma = \frac{\sqrt{rC_{BL}D_L}}{k_L} \tag{4.58}$$

また，反応吸収速度は

$$N_A^* = k_L \phi C_{Ai} = \sqrt{rC_{BL}D_L}\, C_{Ai} \tag{4.59}$$

となり，N_A^* は反応速度定数，拡散係数および A 成分の界面の濃度がわかれば求められる．

4.3.3 吸収装置

吸収装置は気液相の物質移動を行わせる装置であり，気液間の接触面積および物質移動係数を大きくし，各相内の物質移動が迅速に起こるようにすることが望ましい．工業的には，これらの点に留意して設計が行われている．装置は大別して，液分散型とガス分散型があり，前者には，充塡塔，濡れ壁塔，スプレー塔などがある．これに対して後者には，気泡塔，段塔などがある．

A．充塡塔

充塡塔は図 4.13 に示したように，塔頂の液分散器から充塡物上に分散された液が，充塡物表面を薄膜状に流下する間に充塡物の間隙を流れるガスと接触し，これにより気液相間の物質移動を行わせる装置である．通常，ガスを塔底から送入する向流方式が採用されているが，気，液を塔頂から同時に供給する並流方式を用いることもある．充塡物としては，空隙率および比表面積が大きいことおよび耐食性，機械的強度がすぐれていることが望まれ，図 4.14 に示すような磁製のラシヒリング，ベルサドルおよびプラスチック製のものが用いられている．

B．濡れ壁塔

図 4.15 に示すように濡れ壁塔は，液体を管壁に沿って薄膜状に流し，気体と接触させる装置である．この形式は管壁を通して冷却することが容易に行えるので，

図 4.13　気液向流形充填塔

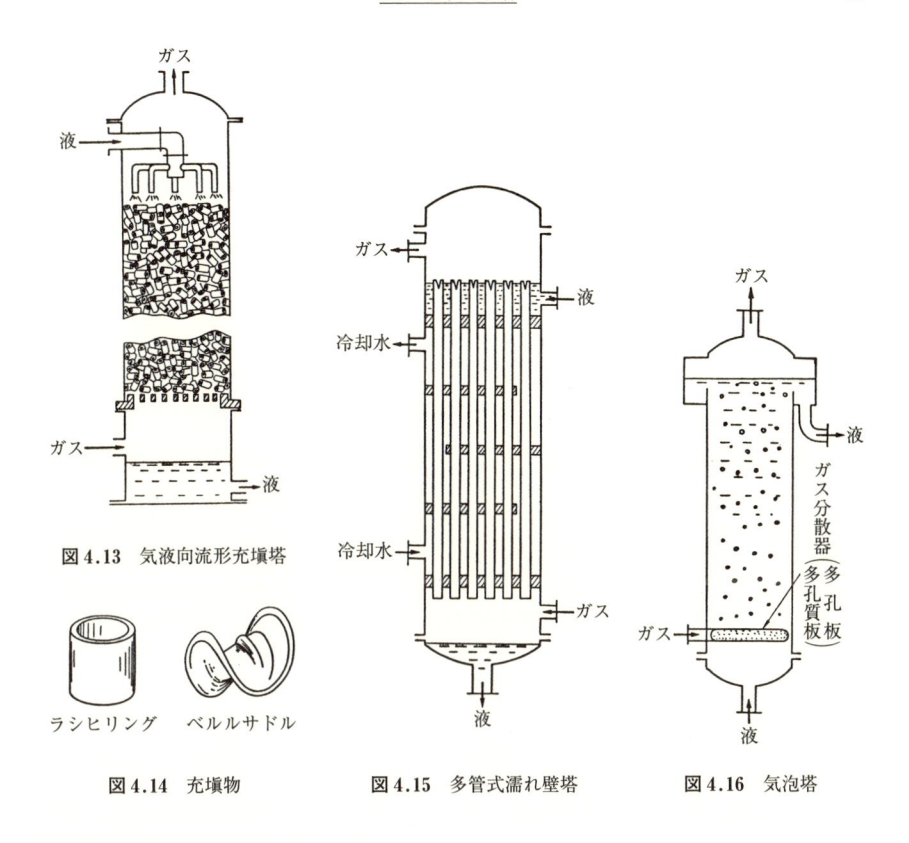

図 4.14　充填物 （ラシヒリング、ベルルサドル）

図 4.15　多管式濡れ壁塔

図 4.16　気泡塔

除熱の必要な場合には広く用いられている．気液の接触方式としては，向流，並流，直交流のいずれも用いられている．

C．スプレー塔

スプレー塔は気液接触面積の増大をはかる目的で，液体を適当な方法で微細な液滴にして塔内に分散させ，ガスと接触させる吸収装置である．ガスの圧力損失が少ないが，液を噴霧するのにかなりの動力を必要とし，また，液の飛沫がガスに同伴されて装置外に運び去られる欠点もある．しかし，ガス吸収と同時にガス中に含まれる粉塵を除去したい場合，あるいは吸収によって液相内に固体の沈殿物を生じる場合にはきわめて有効である．

D．気泡塔

塔内に液を満たしておき，塔底に設置した多孔板あるいは多孔質板のガス分散器を通してガスを液中に吹き込み，気液間の物質移動または反応を行わせる装置が気

泡塔である．図 4.16 は典型的な気泡塔を示したものである．

4.3.4 吸収塔の設計基礎

工業的なガス吸収装置として広く用いられている塔形式の充塡塔型吸収装置を例として，吸収塔の設計を行う場合の基礎となる圧力損失，液ホールドアップおよび吸収塔所要高さについて説明する．

A．圧力損失および液ホールドアップ

充塡塔形吸収装置においては，通常，吸収液を塔頂より，気体を塔底より供給する向流形式の接触方式をとるが，このような向流接触型の充塡塔において，液の質量速度 L [$kg \cdot m^{-2} \cdot s^{-1}$] を一定に保ち，ガスの質量速度 G [$kg \cdot m^{-2} \cdot s^{-1}$] を増していくと，充塡層の圧力損失 $\Delta P/Z$ は図 4.17 に示すように，G のほぼ 2 乗に比例して増加する性質がある．一方，塔内に停滞する液量すなわち液ホールドアップは図 4.18 に示すように，ガス流速の低い領域ではガス流速によらずほぼ一定となるが，G がある一定値を越えると急速に増大していく．この状態をローディングといい，ローディングの始まる点をローディング点という．G がローディング速度よりさらに増大すると液は流下できなくなり，ついに上昇ガス流に伴って塔頂へ向かって逆流を開始する．この点を溢汪点（フラッディング点）といい，このときの流速を溢汪速度という．充塡塔を吸収塔として用いる場合，一般にローディング点以下で操業できるよう設計することが望ましい．ローディング点以下の圧力損失の計算には，レバの式がよく用いられる．

$$\frac{\Delta P}{Z} = \alpha \cdot 10^{\beta L/\rho_L} \left(\frac{G^2}{\rho_G} \right) \quad (4.60)$$

ここで，ΔP は圧力損失 [kPa]，Z は充塡層高さ [m]，G, L はガス，液の空塔基準の質量速度 [$kg \cdot m^{-2} \cdot s^{-1}$]，$\rho_G$, ρ_L はガス，液の密度 [$kg \cdot m^{-3}$]，α, β は表 4.1 に示すような充塡物の種類，形状などによって異なる実験定数である．

ローディング点は充塡塔の充塡物に

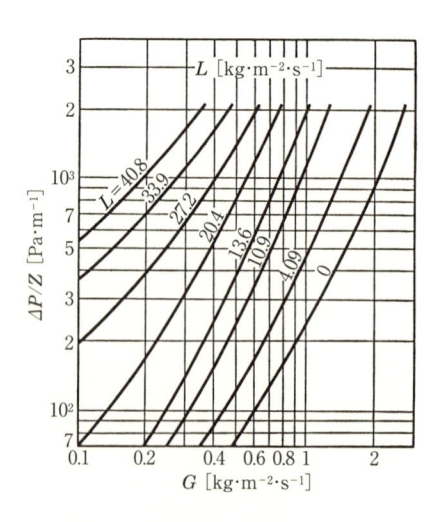

図 4.17 充塡塔の圧力損失
1 in ラシヒリング
空気-水系（293 K，101.3 kPa）

4.3 吸収・吸着

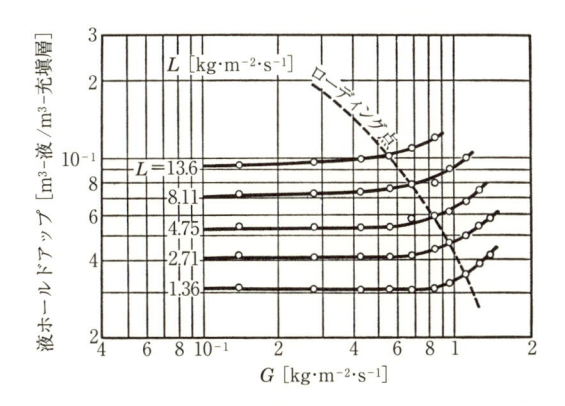

図4.18 充填塔の液ホールドアップ
1 in ラシヒリング
空気-水系（293 K, 101.3 kPa）

よっても異なるが，ラシヒリングやベルサドルを充填した場合には，溢汪速度の60〜80%程度の速度で現れる．したがって充填塔の塔径を決定するには，一定のガス処理量に対して溢汪速度を求め，この値に適当な余裕をもたせて設計される．なお，溢汪速度は図4.19の関係を用いて求めることができる．また，表4.1に工業上よく用いられる充填物の特性値を示した．

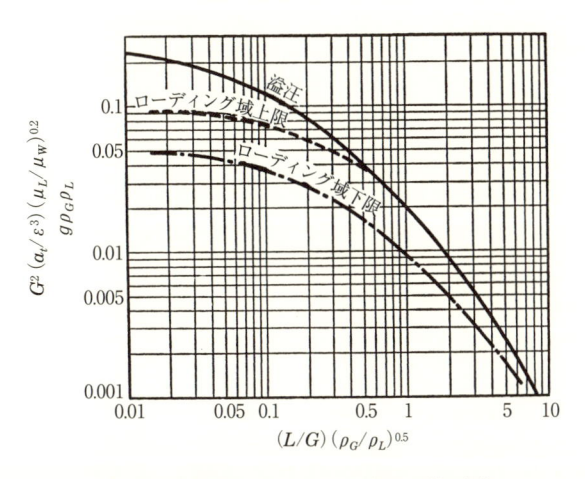

図4.19 充填塔のローディング速度，溢汪速度

表 4.1 充填物の特性

	称呼寸法 [in]	空隙率 ε	全表面積 a_t [$m^2 \cdot m^{-3}$]	α	β	適用範囲 L[$kg \cdot m^{-2} \cdot s^{-1}$]
磁製ラシヒリング	1/2	0.64	400	1.899	85.0	0.39〜11.7
	1	0.73	190	0.438	51.5	0.49〜36.7
	1(1/2)	0.68	115	0.165	47.2	0.97〜19.4
	2	0.74	92	0.152	34.9	0.97〜27.8
磁製ベルルサドル	1/2	0.63	466	0.826	40.3	0.39〜29.2
	1	0.69	249	0.218	34.9	0.97〜38.9
	1(1/2)	0.75	144	0.109	26.6	0.97〜29.2

〈**例題 4.4**〉 2 in 磁製ラシヒリングで充填した充填塔を用いて,293 K,大気圧(101.3 kPa)なる条件下で,毎時 700 m^3 のガス(密度 1.30 $kg \cdot m^{-3}$)を 4000 $kg \cdot h^{-1}$ の水で処理したい.この塔の塔径はどれほどにしたらよいか.また,そのときの圧力損失を求めよ.

(**解**) ガス量 = (700)(1.30) = 910 $kg \cdot h^{-1}$,水の量 = 4000 $kg \cdot h^{-1}$ であるから,水の密度を 1000 $kg \cdot m^{-3}$ とすれば

$$(L/G)(\rho_G/\rho_L)^{0.5} = 0.158$$

となる.図 4.19 から,この値に対応する溢汪線を読み取れば

$$\frac{G_F^2(a_t/\varepsilon^3)(\mu_L/\mu_W)^{0.2}}{g\rho_G\rho_L} = 0.097$$

表 4.1 から 2 in 磁製ラシヒリングの空隙率 ε = 0.74,全表面積 a_t = 92 $m^2 \cdot m^{-3}$ となる.また,粘度は $\mu_L = \mu_W$ = 0.001 $Pa \cdot s$ とすれば,重力の加速度 g = 9.80 $m \cdot s^{-2}$ であるから,溢汪速度 G_F は

$$G_F = \sqrt{(0.097)(9.8)(1.30)(1000)(0.74)^3/(92)(1)^{0.2}} = 2.33 \text{ kg} \cdot m^{-2} \cdot s^{-1}$$

ラシヒリングの最適ガス速度は,上述の溢汪速度の 60〜80% とされているから

$$D = \sqrt{(4/\pi)(910/3600)/(0.6G_F)} = 0.479 \text{ m}$$
$$D = \sqrt{(4/\pi)(910/3600)/(0.8G_F)} = 0.417 \text{ m}$$

したがって,塔径は 0.417〜0.479 m の間で決定すればよい.

圧力損失は,塔径を 0.45 m とすれば,断面積は $(\pi/4)(0.45)^2$ = 0.159 m^2
G = 910/3600/0.159 = 1.59 $kg \cdot m^{-2} \cdot s^{-1}$, L = 4000/3600/0.159 = 6.99 $kg \cdot m^{-2} \cdot s^{-1}$
また,表 4.1 より α = 0.152,β = 34.9 であるから,式(4.60)を用いて

$$\Delta P/Z = (0.152)(10^{34.9 \cdot 6.99/1000})(1.59)^2/(1.30) = 0.518 \text{ kPa} \cdot m^{-1}$$

B. 吸収塔の高さ

図 4.20 に示したような気液向流方式の吸収塔について，塔全体の溶質成分の物質収支をとれば

$$N_A = G'_M\left(\frac{y_1}{1-y_1} - \frac{y_2}{1-y_2}\right) = L'_M\left(\frac{x_1}{1-x_1} - \frac{x_2}{1-x_2}\right) \quad (4.61)$$

を得る．ここに，N_A は塔全体系での総括的な吸収速度 [mol·m^{-2}·s^{-1}]，また，G'_M，L'_M は同伴ガス（吸収されないガス）および純溶媒の空塔モル流速 [mol·m^{-2}·s^{-1}] であり，これらはいずれも溶質ガスを含まないため，塔内で一定の値をとるとみなせる．x，y はそれぞれ溶質成分の液相および気相中のモル分率である．一方，塔の高さを決定するには，塔内の任意の断面における気液組成関係を知る必要がある．この関係は塔頂から塔内の任意断面までの物質収支をとることにより，次式のように表せる．

$$G'_M\left(\frac{y}{1-y} - \frac{y_2}{1-y_2}\right) = L'_M\left(\frac{x}{1-x} - \frac{x_2}{1-x_2}\right) \quad (4.62)$$

上式の塔設計に際して最も基本となる関係式であり，操作線と呼ばれている．なお，気液相中の溶質濃度が小さいときには，式 (4.62) において近似的に $y/(1-y) \fallingdotseq y$，$x/(1-x) \fallingdotseq x$，さらに G'_M，L'_M は，それぞれ溶質ガスを含めた全モル流速の塔頂と塔底での平均値 G_M，L_M を用いてもよいので，操作線は

$$G_M(y-y_2) = L_M(x-x_2) \quad (4.63)$$

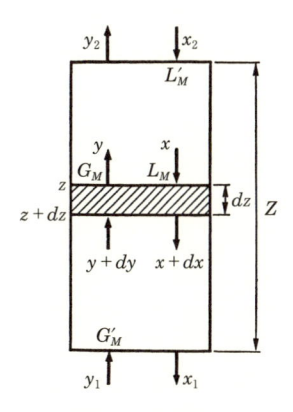

図 4.20 気液向流吸収塔の物質収支

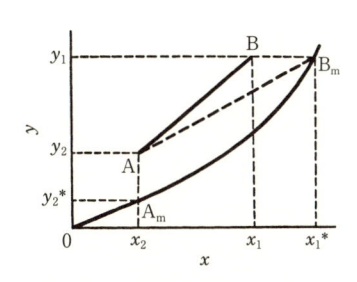

図 4.21 気液向流吸収塔における操作線（y 対 x）と平衡曲線（y^* 対 x^*）

となり，x-y 座標で表せば，勾配 L_M/G_M の直線となる．この L_M/G_M のことを液ガス比という．

図 4.21 は操作線（$\overline{AB}$）と平衡曲線（$\overset{\frown}{OA_mB_m}$）を示したもので，塔頂および塔底はそれぞれ点 A，B で表され，操作線と平衡曲線間の垂直および水平距離は，ガス境膜および液境膜基準の総括推進力を表す．また，$x_1{}^*$, $y_2{}^*$ はそれぞれ気相および液相の平衡モル分率である．吸収が行われるためには $y > y^*$, $x^* > x$ なる条件が必要であり，そのため操作線は常に平衡曲線の左上にくる．y_1, x_2 を一定に保ち，液ガス比 L_M/G_M を徐々に減少させると，操作線の勾配はしだいにゆるやかになり，図中の直線 $\overline{AB_m}$ になったとき操作線は平衡曲線と交わる．この場合，物質移動推進力が 0 となり，吸収は行われず，無限大の高さの塔を必要とする．

上述の物質収支および操作線に基づいて，吸収塔の高さの計算法について説明する．いま，図 4.20 の斜線で示した塔内の任意の位置で高さ dz の微小部分を考える．単位容積あたりの気液接触面積を a [m^2·m^{-3}] とすれば，ここでの吸収速度 dN_A は

$$dN_A = k_G a(p-p_i)dz = k_y a(y-y_i)dz$$
$$= k_L a(C_i-C)dz = k_x a(x_i-x)dz \tag{4.64}$$

となる．ここで，$k_G a$, $k_L a$ は，物質移動係数と接触面積との積であり，それぞれガス側および液側境膜容量係数と呼ばれ，通常，a の実測が困難で不明な場合が多いので，積のままで取り扱われる．なお，塔の設計にあたっても容量係数の値さえ知れば十分で，物質移動係数および接触面積の個々の値は明らかでなくてもよく，その意味からは容量係数というのは便利な概念である．一方，微小部分での移動速度は式 (4.62) より

$$dN_A = G'_M d\left(\frac{y}{1-y}\right) = G'_M \frac{dy}{(1-y)^2} = L'_M d\left(\frac{x}{1-x}\right) = L'_M \frac{dx}{(1-x)^2} \tag{4.65}$$

となる．また溶質濃度が希薄な場合には，塔頂と塔底での全ガスおよび液のモル流速の平均値 G_M および L_M [mol·m^{-2}·s^{-1}] を用いて，式 (4.63) より

$$dN_A = G_M dy = L_M dx \tag{4.66}$$

で表すことができる．式 (4.64) と (4.66) を等置し，塔底から塔頂まで積分すれば，充填塔高さ Z [m] は次式で与えられる．

4.3 吸収・吸着

$$Z = \frac{G_M}{k_G a}\int_{p_2}^{p_1}\frac{dp}{p-p_i} = \frac{G_M}{k_y a}\int_{y_2}^{y_1}\frac{dy}{y-y_i}$$

$$= \frac{L_M}{k_L a}\int_{C_2}^{C_1}\frac{dC}{C_i-C} = \frac{L_M}{k_x a}\int_{x_2}^{x_1}\frac{dx}{x_i-x} \quad (4.67)$$

ガス側および液側基準の総括物質移動係数を用いれば，式 (4.64), (4.67) はそれぞれ

$$dN_A = K_G a(p-p^*)dz = K_y a(y-y^*)dz$$

$$= K_L a(C^*-C)dz = K_x a(x^*-x)dz \quad (4.68)$$

$$Z = \frac{G_M}{K_G a}\int_{p_2}^{p_1}\frac{dp}{p-p^*} = \frac{G_M}{K_y a}\int_{y_2}^{y_1}\frac{dy}{y-y^*}$$

$$= \frac{L_M}{K_L a}\int_{C_2}^{C_1}\frac{dC}{C^*-C} = \frac{L_M}{K_x a}\int_{x_2}^{x_1}\frac{dx}{x^*-x} \quad (4.69)$$

となる．$K_G a$，$K_L a$ はガス側および液側基準の総括容量係数であり，ヘンリーの法則が成立すれば，境膜容量係数は次の関係で表せる．

$$\frac{1}{K_G a} = \frac{1}{k_G a} + \frac{H}{k_L a} = \frac{H}{K_L a} \quad (4.70)$$

$$\frac{1}{K_y a} = \frac{1}{k_y a} + \frac{m}{k_x a} = \frac{m}{K_x a} \quad (4.71)$$

式 (4.67)，(4.69) の積分項は塔内の吸収による溶質成分の移動の起こりにくさを表す量で，これを移動単位数 (NTU) といい，条件が同一ならば NTU が大きいほど高い充塡高さが必要となる．一方，積分項以外の項は NTU が 1 である場合の塔高に相当し，これを 1 移動単位あたりの高さ (HTU) という．NTU の値は平衡曲線と操作線とが与えられれば図積分法によって求めることができる．また HTU の値は，これを求めるために種々の系の実験が行われているが，一例として図 4.22 にアンモニア-空気-水系のアンモニア吸収における $K_G a$ の関係を示した．

〈例題 4.5〉 温度 293 K，全圧 $P = 101.3$ kPa で，1 in ラシヒリングを充塡した気液向流の吸収塔を用いて，NH_3 15%を含む空気 5000 kg·m^{-2}·h^{-1} を水 7320 kg·m^{-2}·h^{-1} で洗浄し，NH_3 の 95%を吸収除去したい．所要塔高を求めよ．ただし，NH_3-水系 (293 K) の溶解度データは下表のとおりである．

p[kPa]	9.28	6.67	4.23	3.32	2.43	2.00	1.60
C[g-NH_3/100 g-H_2O]	10	7.5	5	4	3	2.5	2

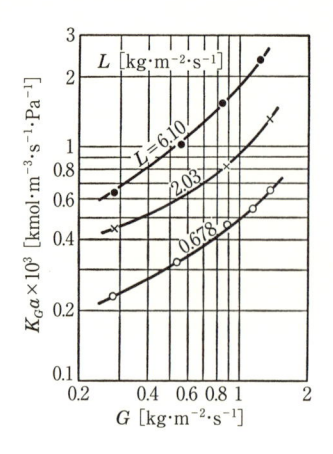

図 4.22 アンモニア吸収の K_Ga
（アンモニア-空気-水）
充填物：1 in ラシヒリング

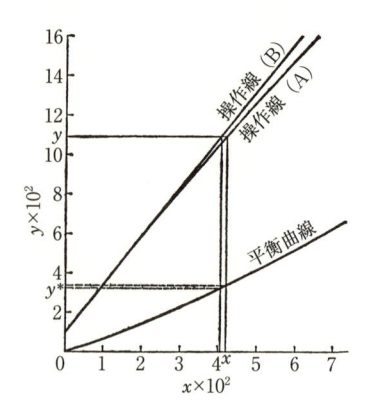

図 4.23 例題 4.5 の操作線と平衡曲線

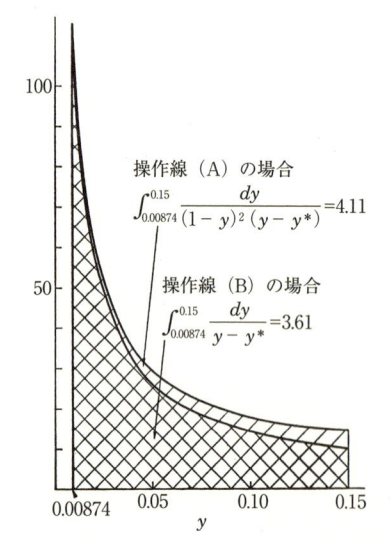

操作線（A）の場合
$$\int_{0.00874}^{0.15} \frac{dy}{(1-y)^2(y-y^*)} = 4.11$$

操作線（B）の場合
$$\int_{0.00874}^{0.15} \frac{dy}{y-y^*} = 3.61$$

	操作線（A）の場合		操作線（B）の場合	
$y \times 10^2$	$y^* \times 10^2$	$\dfrac{1}{(1-y)^2(y-y^*)}$	$y^* \times 10^2$	$\dfrac{1}{y-y^*}$
0.874	0	115.3	0	113.4
2.0	0.28	60.5	0.28	58.1
4.0	0.82	34.1	0.82	31.4
6.0	1.48	25.0	1.48	22.1
8.0	2.20	20.3	2.18	17.2
10.0	2.99	17.7	2.91	14.1
12.0	3.83	15.8	3.70	12.0
14.0	4.80	14.7	4.50	10.5
15.0	5.28	14.3	4.93	9.9

図 4.24 例題 4.5 の図積分

（解）NH$_3$ の 95% を除去するのであるから，式 (4.61) において

$$y_2/(1-y_2) = (1-0.95)\{y_1/(1-y_1)\} = (0.05)(0.15)/(0.85) = 0.00882$$

$y_2 = (0.00882)/(1+0.00882) = 0.00874$

$L'_M = (7320)/(18) = 406.7 \text{ kmol·m}^{-2}\text{·h}^{-1}$

$G = G'_M \{M_{air} + M_{NH_3} y_1/(1-y_1)\}$ [kmol·m^{-2}·h^{-1}] （M：分子量）

$G'_M = (5000)/\{(28.8)+(17)(0.15)/(0.85)\} = 157.0 \text{ kmol·m}^{-2}\text{·h}^{-1}$

塔全体での NH_3 の吸収速度は $N_A = 0.95 G'_M y_1/(1-y_1) = 26.3 \text{ kmol·m}^{-2}\text{·h}^{-1}$

$x_2 = 0$ より，$x_1 = N_A/(L'_M + N_A) = 0.0607$

液・ガス比 $L'_M/G'_M = (406.7)/(157.0) = 2.59$

操作線は式（4.62）より　　$y/(1-y) = 2.59x/(1-x) + 0.00882$　　（A）

次に，溶解度データを x, y に換算すると次表のようになる．

| $y \times 10^2$ | 9.16 | 6.58 | 4.17 | 3.28 | 2.39 | 1.97 | 1.58 |
| $x \times 10^2$ | 9.57 | 7.35 | 4.26 | 4.06 | 3.07 | 2.58 | 2.08 |

式 (4.65)，(4.68) より充填塔高さ Z は

$$Z = \frac{G'_M}{K_y a} \int_{y_2}^{y_1} \frac{dy}{(1-y)^2(y-y^*)}$$

ここで，$K_y a = K_G aP$（P：全圧）であり，$K_G a$ の値は図 4.22 から $G = 5000/3600 = 1.39$，$L = 7320/3600 = 2.03$ のとき 1.34×10^{-3} となり，塔内で一定とする．積分項は図 4.23 の操作線（A）と平衡曲線をもとに，図 4.24 の図積分より 4.11 と求まる．

$$Z = (157.0/3600)(4.11)/(1.34 \times 10^{-3})/(101.3) = 1.32 \text{ m}$$

一方，溶質濃度を希薄であると仮定した場合には

$$G_M = G'_M \{1/(1-y_1) + 1/(1-y_2)\}/2 = 1.093 G'_M$$
$$L_M = L'_M \{1/(1-x_1) + 1/(1-x_2)\}/2 = 1.032 L'_M$$
$$L_M/G_M = (1.032/1.093)(L'_M/G'_M) = 2.45$$

操作線は，式 (4.63) より，$y = 2.45 x + 0.00874$　　（B）

充填塔高さは，式 (4.69) より

$$Z = \frac{G_M}{K_G aP} \int_{y_2}^{y_1} \frac{dy}{y-y^*} = \frac{(1.093)(157.0/3600)}{(1.34 \times 10^{-3})(101.3)} \times (3.61) = 1.27 \text{ m}$$

4.3.5 吸　着　剤

吸着剤はその性質，構造などによって用途を異にする．表 4.2 に代表的な吸着剤とその特性および用途を示す．吸着剤の特性として，特に重要なものには細孔容積および比表面積があり，一般に，これらの値の大きいものほど吸着力がすぐれている．また吸着剤の細孔径分布は原料，製造条件などにより異なっており，細孔径分布の形が平衡吸着量や吸着速度に大きく影響を及ぼす．

表 4.2 吸着剤の種類と特性および用途

吸着剤	真比重	見かけ比重	充填密度 [kg·m^{-3}]	気孔率	空隙率	平均細孔半径 [Å]	比表面積 [10^3 m^2·kg^{-1}]	主な用途
活 性 炭 (石炭系)	2.0～2.2	0.6～1.0	350～600	0.5～0.7	0.33～0.45	20～50	700～1200	液相吸着，浄水，ガス精製
シリカゲル	2.2～2.3	0.9～1.3	500～850	0.4～0.6	0.4～0.45	20～55	250～600	CO_2 の除去，気体の乾燥
アルミナ (Neobead-D)	3.1～3.3	0.9～1.8	500～950	0.5～0.75	0.4	80～100	200～350	気体・液体の乾燥，油類の脱酸精製
モレキュラーシーブ 5A	2.0～2.5	0.9～1.3	480～720	0.6	0.32	5	500～750	炭化水素の分離精製
骨 炭	2.8	1.5	660～800	0.47	0.50	90～120	110	糖液の脱色，脱灰
活 性 白 土	2.4～2.6	0.96～1.14	450～650	0.55～0.65	0.41～0.55	80～180	120	石油各種留分の精製

4.3.6 吸着平衡

吸着装置の設計にあたって，吸着剤の使用量を知ることが最も重要であり，そのためには吸着平衡を知ることが不可欠である．通常，吸着平衡は吸着剤単位質量あたりの吸着量で表される．したがって，吸着平衡関係は吸着剤に固有なものであり，装置設計を正確に行うためには，実測によってこの関係を知っておかなければならない．

いま，単成分系の吸着において，吸着量 q [kg/kg-吸着剤] は圧力 p [Pa]，濃度 C [mol·m^{-3}] および温度 T [K] によって変わる．温度を一定にして吸着量を圧力（あるいは濃度）の関数で表したものは吸着等温線と称される．

A. 気相における吸着平衡

吸着平衡には，大別して図 4.25 に示すような種々の型がある．吸着等温線を数式で表したものは吸着等温式と呼ばれ，ラングミュアー，フロインドリッヒ，BET，ユラー・ハーキンスなどの式がある．

1) ラングミュアーの式

$$q = \frac{Kq_\infty p}{1+Kp} \qquad (4.72)$$

ここで，K, q_∞ は系に特有な定数であり，K は吸着平衡定数，q_∞ は表面が単分

子で覆われたときの吸着量である．この式は図4.25のⅠ型に適用される．

2) フロインドリッヒの式

$$q = kp^{1/n} \tag{4.73}$$

ここに，k, n は系に特有な定数である．この式は図4.25のⅠ～Ⅴ型の一部を表すことができる．

3) BETの式（図4.25のⅡ型）：

$$\frac{p}{v(p_s-p)} = \frac{1}{Cv_m} + \frac{C-1}{Cv_m}\frac{p}{p_s} \tag{4.74}$$

ここに，v, v_m はそれぞれ平衡および単分子層形成に要する吸着量 $[\mathrm{m^3_N \cdot kg^{-1}}]$（$\mathrm{m^3_N}$：吸着された気体の標準状態における容積），$p$, p_s はそれぞれ平衡圧および吸着質の飽和蒸気圧 [Pa]，C は定数である．

4) ユラー・ハーキンスの式：

$$\ln(p/p_s) = B - (C/v^2) \tag{4.75}$$

ここに，B, C はいずれも実験定数である．

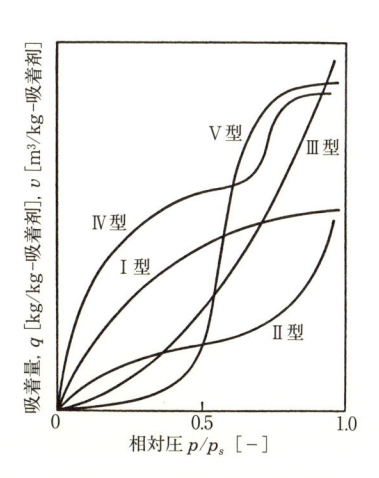

図4.25 各種の吸着等温線

B. 液相における吸着平衡

単成分系の希薄溶液においては，次式のフロインドリッヒの式を適用する場合が多い．

$$q = kC^{*1/n} \tag{4.76}$$

ここで，C^* は平衡に達したときの溶液の濃度である．通常，$1/n$ が 0.1～0.5 であれば吸着が容易であり，2以上では吸着されにくいとされている．

4.3.7 吸着速度

吸着速度は吸着装置の容量を決定する場合の最も重要な因子の1つである．吸着分子は図4.26に示すように，ⅰ）吸着剤粒子表面の外側の流体境膜，ⅱ）吸着剤粒子内の拡散を経て，ⅲ）吸着点に達する．したがって，境膜物質移動速度，粒内拡散速度および吸着点での吸着速度などが全体の吸着速度に関係する．いずれの速度が全体の吸着速度を律するかは，吸着剤の物性，操作条件などによって異なる．一般の吸着操作においては，吸着点での吸着速度が他の速度に比較して非常に速く，

この過程が全体の吸着速度の律速過程として考えられるのはまれである．したがっていま，i）およびii）の物質移動を考慮すると，吸着質 A の総括の物質移動速度 N_A [mol·m^{-2}·s^{-1}] は，流体側では

$$N_A = K_F a_v (C - C^*) \quad (4.77)$$

となり，全体の吸着速度は，境膜の物質移動速度と粒内の拡散速度によって支配される．ここで，C^* は平衡に達したときの流体濃度 [mol·m^{-3}]，a_v は吸着剤単位体積あたりの粒子表面積 [m^2·m^{-3}] である．また，K_F は総括物質移動係数 [m·s^{-1}] であり，$K_F a_v$ を総括容量係数 [s^{-1}] という．なお，図 4.27 には流体濃度および吸着量の分布状態を示したが，C_s は表面での平衡濃度である．

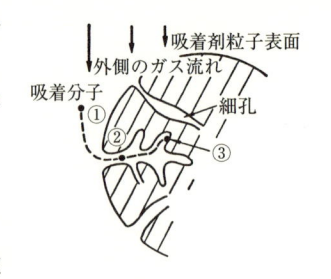

図 4.26 吸着の機構

吸着速度を支配する2つの速度のうち，図 4.27 に示すような固体粒子の境膜における物質移動速度 N_{Af} は

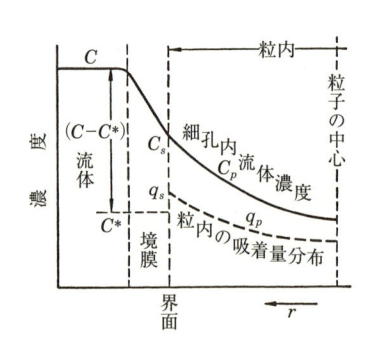

図 4.27 吸着の移動過程を示す模式図

$$N_{Af} = k_F a_v (C - C_s) \quad (4.78)$$

となる．ここで，k_F は物質移動係数 [m·s^{-1}] であり，$k_F a_v$ を境膜容量係数という．

一方，吸着質分子が吸着剤粒子内を拡散して吸着点に達する拡散機構には，細孔内の流体中を拡散する細孔拡散と細孔壁に吸着した分子が壁表面を移動する表面拡散とがある．まず，細孔拡散による A 成分の拡散速度 N_{Ap} は

$$N_{Ap} = -D_e \frac{dC_p}{dl_p} \quad (4.79)$$

で表せる．ここに，D_e は有効拡散係数 [m^2·s^{-1}] で吸着剤における拡散断面積や細孔の屈曲の影響をも含んだ係数である．l_p は粒子内の距離 [m] である．

また表面拡散の場合には，表面拡散速度 N_{A_s} は

$$N_{A_s} = -D_s \frac{\rho_s}{\eta^2} \frac{dq_p}{dl_p} \quad (4.80)$$

となり，吸着量の関数で表される．ここで，η は迷宮率 [-] であり，拡散距離の直線距離に対する比である．また，D_s は表面拡散係数 [$m^2 \cdot s^{-1}$]，ρ_s は吸着剤の見かけ密度 [$kg \cdot m^{-3}$] である．

細孔拡散と表面拡散が同時に起こる場合には，拡散量は両者の和となり，その場合，粒内拡散係数 D_i [$m^2 \cdot s^{-1}$] は式 (4.79)，(4.80) から

$$D_i = D_e + D_s \frac{\rho_s}{\eta^2}\left(\frac{dq_p}{dC_p}\right) \quad (4.81)$$

の形で表される．D_i に与える D_e，D_s の影響は吸着係数 dq_p/dC_p によって異なるが，活性炭による液相吸着の場合には，$D_i = 10^{-10} \sim 10^{-12}$ $m^2 \cdot s^{-1}$ 程度の値をとる．なお総括容量係数 $K_F a_v$ は，直線型吸着平衡の場合には次式で相関づけられる．

$$\frac{1}{K_F a_v} = \frac{1}{k_F a_v} + \frac{d_p^2}{60 D_i (1-\varepsilon)} \quad (4.82)$$

ここに，d_p は吸着剤の粒径 [m] であり，この式の右辺の第1項は境膜抵抗，第2項は粒内抵抗を表す．図4.28には，溶剤回収の場合の $K_F a_v$ の値をレイノルズ数との関係で示した．なお，D は空気中での各蒸気の拡散係数 [$m^3 \cdot s^{-1}$] である．

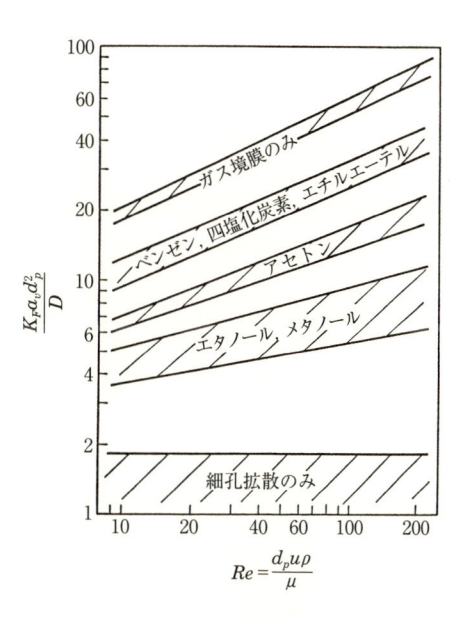

図4.28 空気中の溶剤を活性炭により吸着する場合の $K_F a_v$

4.3.8 吸着装置

吸着装置には撹拌槽，固定層，移動層装置などがあり，吸着成分の種類，流体の性質などにより適宜選定のうえ利用されている．

A．撹拌槽吸着

主に粉末の吸着剤を溶液に混合し，懸濁して吸着平衡に達したものをろ過分離する装置であり，回分方式で使用している場合が多い．槽の大きさ，撹拌所要動力などは混合槽における所用接触時間から決定する．通常，吸着剤には 1～40μm の活性炭が用いられる．

B. 固定層吸着

現在，固定層吸着は最も多く使用されている方式であり，粒状の吸着剤を充填した層に，気体または液体を通過させて吸着を行なう．固定層吸着では図4.29に示すように，吸着剤の充填方式によって縦型，横型およびバスケット型の3種に分類される．図4.29（a）に示される縦型は小容量のものに使用されるが吸着層が高くなったり，または流体の塔内線速度が大きくなり，圧力損失が増加するような場合には，図4.29（b），（c）に示す横型やバスケット型またはその変形のものが使用されるようになっている．

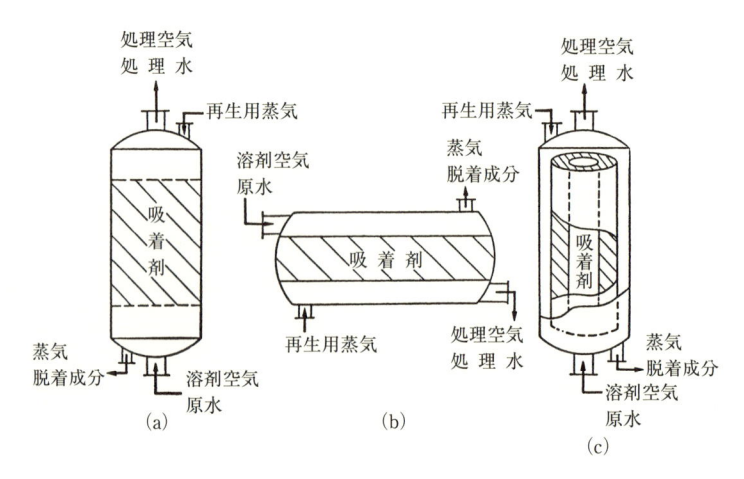

図4.29 固定層方式の吸着塔

C. 移動層吸着

吸着は，後述するように吸着帯（吸着が行れている部分）といわれる部分で行われる．したがって吸着帯が長ければ，それだけ吸着剤使用量も増すことになる．そこで吸着剤の層を，吸着帯の進行速度に等しい速度で，流体の流れ方向に動かせば，吸着帯を塔内の一定位置にとどまらせることができ，必要な層高は，理想的には吸着に相当する長さだけでよいことになる．このような原理に基づいて行われる吸着を移動層吸着という．

4.3.9 吸着操作の設計方法

4.3.8項で述べたように吸着装置には種々あり，それぞれの設計方法も個々に独

立に取り扱わなければならない．ここでは，固定層吸着を例として吸着操作の設計法を説明する．

固定層に吸着質の濃度 C_0 の流体を通すと，層出口濃度は図 4.30 に示したように，最初は吸着成分の濃度が 0 であったものが時間とともに増大し，最終的には C_0 と等しくなる．図の C_B が許容濃度であるとすれば，この点で破過に達したという．工業的には，$C_B/C_0 = 0.05 \sim 0.1$ を破過点とする．破過点までの時間 T_B を破過時間，C_B を破過濃度といい，図 4.30 の曲線部分を破過曲線という．

破過曲線の形がわかれば，吸着塔内の吸着の進行状態を知ることができる．図 4.31 は吸着塔内の様子を模式図的に表したもので，図中の Z_a は吸着が進行している部分の長さであり，吸着帯あるいは物質移動帯と呼ばれ，この部分での濃度分布が上述の破過曲線に担当する．いま，1 成分吸着について吸着熱による層の昇温および吸着による流体の容積変化が無視できるとし，吸着帯の入口と出口および吸着帯内の物質収支をとれば

$$uA(C_0-0) = U\gamma A(q_0-0) \qquad (4.83)$$
$$uA(C_0-C) = U\gamma A(q_0-q) \qquad (4.84)$$

となる．ここで，u，U はそれぞれ流体の空塔線速度 [m·s^{-1}]，および移動帯の進行速度 [m·s^{-1}]，A は塔断面積 [m^2]，γ は充填密度 [kg-吸着剤・m^{-3}]，ε は空隙率 [-]，また C, q はそれぞれ吸着帯内の任意の位置における吸着質濃度 [kg·

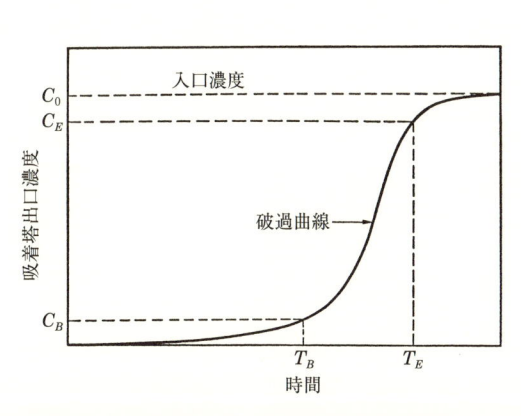

図 4.30 固定層吸着における層出口濃度の経時変化

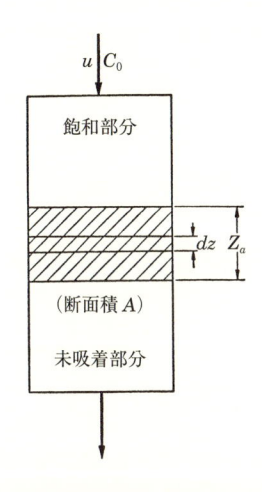

図 4.31 吸着塔の模式図

m^{-3}] および吸着量 [kg/kg-吸着剤] である. 式 (4.83), (4.84) を整理すれば

$$\frac{C}{C_0} = \frac{q}{q_0} \tag{4.85}$$

となる. 上式は原点を通る勾配 q_0/C_0 の直線で表され, 吸着塔の設計の基本となる関係式であり, 操作線と称される.

次に, 吸着帯内の微小層高 dz について物質収支をとれば, 吸着帯の長さ Z_a [m] は

$$Z_a = \frac{u}{K_F a_v} \int_{C_B}^{C_0-C_B} \frac{C-C^*}{dC} \tag{4.86}$$

となる. ここで, K_F は流体濃度差に基づく総括物質移動係数 [m·s^{-1}], a_v は固定層単位体積あたりの粒子表面積 [m^2·m^{-3}] である. また, C^* は吸着量 q における平衡濃度 [mol·m^{-3}] である.

また, 層高 Z の吸着塔における破過時間 T_B は, Z_a を用いて

$$T_B = \frac{\gamma q_0 Z}{u C_0} \left(1 - \frac{1}{2} \frac{Z_a}{Z}\right) \tag{4.87}$$

で与えられる.

〈例題 4.6〉 1 m^3 中に 23 g のベンゼンを含む空気を, 活性炭の層高 2.5 m の吸着塔に通してベンゼンの回収を行う場合, 出口ガスが入口濃度の 10% に達する時間はどれほどか. ただし, ガス流速 u = 25 m·min^{-1}, 温度は 293 K で一定, 使用活性炭は 4 mmϕ の球形のもので, 充塡密度 γ = 430 kg·m^{-3}, 空隙率 ε = 0.45 である. また, 293 K におけるベンゼンの平衡吸着量は下表のとおりである.

C [g/m^3-空気]	5	10	15	20	25	30
q [kg/kg-活性炭]	0.23	0.29	0.32	0.35	0.37	0.38

(解) C_0 = 0.023 kg/m^3-空気, C_B = 0.0023 kg/m^3-空気,
 $C_0 - C_B$ = 0.0207 kg/m^3-空気
吸着等温線から, q_0 = 0.36 kg/kg-活性炭
これらの値を式 (4.85) に代入すれば, 操作線は次式となる.

$$\frac{C}{0.023} = \frac{q}{0.36}$$

吸着等温線と操作線 (図 4.32) から C に対する C^* を求め, 図積分により, 式 (4.86) の積分項の値を求めれば

4.3 吸収・吸着

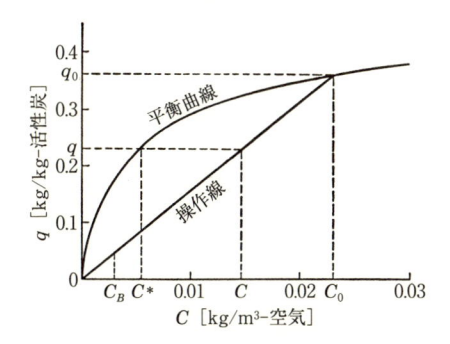

図 4.32 例題 4.6 の平衡曲線と操作線

$$\int_{C_B}^{C_0-C_B} \frac{dC}{C-C^*} = \int_{0.0023}^{0.0207} \frac{dC}{C-C^*} = 2.80$$

となる．また，$d_p = 0.004$ m，$u = 1500/3600 = 0.417$ m·s^{-1}，$\rho = 1.28$ kg·m^{-3}，$\mu = 1.81 \times 10^{-5}$ kg·m·s^{-1} となるので

$$Re = (0.004)(0.417)(1.28)/(1.81 \times 10^{-5}) = 118$$

図 4.28 から $Re = 118$ に対する $K_F a_v d_p^2/D$ の値を求めれば，ベンゼンの場合には

$$K_F a_v d_p^2/D = 30$$

また，計算より $D = 0.096 \times 10^{-4}$ m^2·s^{-1} であるから

$$K_F a_v = (30)(0.096 \times 10^{-4})/(0.004)^2 = 18 \text{ s}^{-1}$$

以上の値を式（4.86）に代入すれば，

$$Z_a = (0.417)(2.8)/(18) = 0.065 \text{ m}$$

チャネリングなどにより吸着帯が大きくなることを考慮して，$Z_a = 0.1$ m とすると，破過時間は式（4.87）より

$$T_B = (430)(0.36)(2.5)/(0.417)(0.023) \cdot \left\{1 - \left(\frac{1}{2}\right)(0.1)/(2.5)\right\}$$

$$= (4.04 \times 10^4)(0.98) = 39600 \text{ s} = 11 \text{ h}$$

となる．

4.4 調湿・乾燥

4.4.1 調　湿

ガスの温度と湿度を調整する操作を調湿という．

A. 湿　度

ガス中に含まれる水蒸気量を表す湿度には，種々の定義があり，表 4.3 にまとめて示す．

〈例題 4.7〉 全圧 $\pi = 101.3\,\mathrm{kPa}$，温度 293.15 K，水蒸気圧 $p = 1.21\,\mathrm{kPa}$ の湿り空気の関係湿度，絶対湿度，飽和度を求めよ．

（解）　付表より 293.15 K のときの飽和蒸気圧 p_sat は 2.337 kPa，蒸気-空気系のモル比 $M_v/M_g = 0.622$ であるから，飽和絶対湿度は $H_\mathrm{sat} = (0.622)(2.337)/(101.3-2.337) = 0.0147\,\mathrm{kg/kg}$ となり，各湿度は以下のように求められる．

関係湿度　$\varphi = (1.21)(100)/(2.337) = 51.8\%$

絶対湿度　$H = (0.622)(1.21)/(101.3-1.21) = 0.00752\,\mathrm{kg/kg}$

飽和度　$\phi = (0.00752)(100)/(0.0147) = 51.2\%$

B. 湿度図表

湿度および湿りガスの種々の特性値と温度の関係を図示したものを湿度図表という．水蒸気-空気系の湿度図表を図 4.33 に示す．表 4.4 に湿り比熱，湿り比容，湿

表 4.3　湿度の定義

	定　義　式	
蒸気分圧	$p = x\pi$　[kPa]	(4.1 f)
関係湿度 （相対湿度）	$\varphi = \dfrac{p}{p_\mathrm{sat}} \times 100$　[%]	(4.2 f)
絶対湿度	$H = \dfrac{M_v}{M_g} \dfrac{p}{\pi - p}$　[kg-蒸気・kg^{-1}-乾きガス]	(4.3 f)
モル湿度	$H' = \dfrac{p}{\pi - p} = \dfrac{M_g}{M_v} H$　[kmol-蒸気・kmol^{-1}-乾きガス]	(4.4 f)
飽和度 （比較湿度）	$\phi = \dfrac{H}{H_\mathrm{sat}} \times 100 = \dfrac{H'}{H'_\mathrm{sat}} \times 100$　[%]	(4.5 f)
関係湿度と飽和度との関係	$\varphi = \dfrac{H_\mathrm{sat} + M_v/M_g}{H + M_v/M_g} \phi = \dfrac{\pi - p}{\pi - p_\mathrm{sat}} \phi$	(4.6 f)

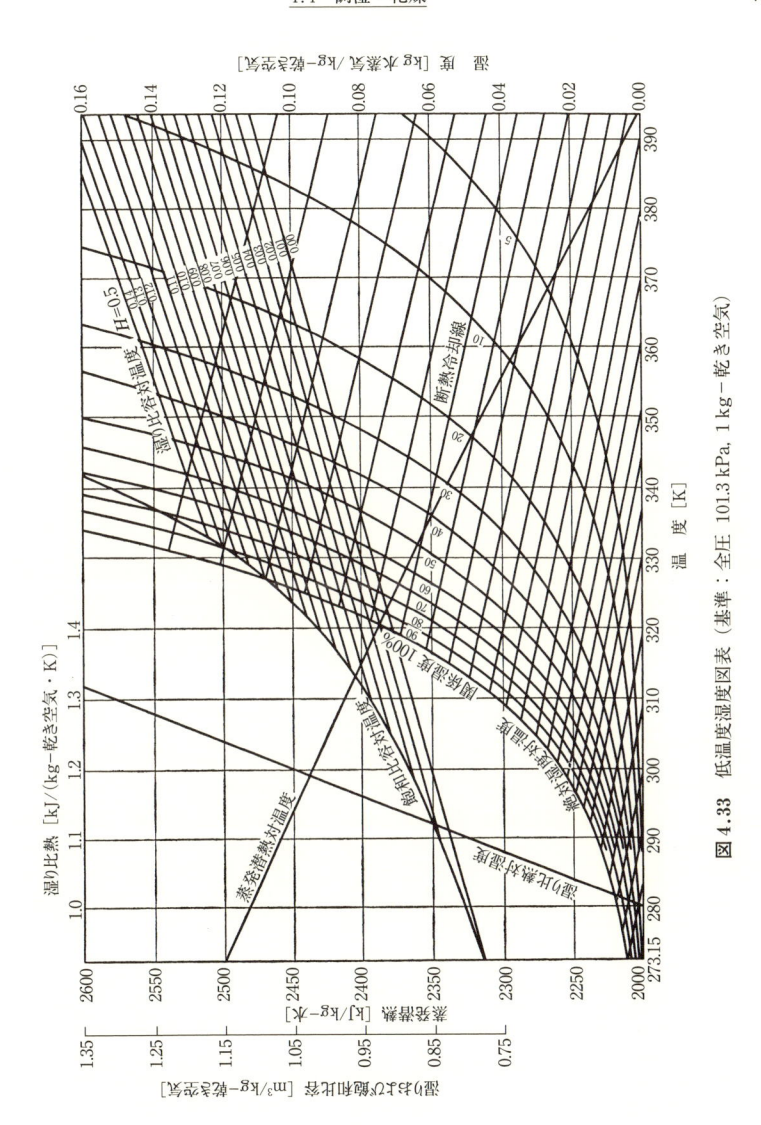

図 4.33 低温度湿度図表(基準:全圧 101.3 kPa, 1 kg-乾き空気)

りエンタルピーの定義を示す.

(1) 断熱冷却線

温度 T, 湿度 H のガスが断熱された装置内で顕熱を失いつつ飽和湿度 H_{sat} まで増大するときのエンタルピー収支は次式で表される.

表 4.4 湿りガスの特性値

	定　義　式（下段は水蒸気-空気系）	
湿り比熱	$C_H = C_g + C_v H$　　[kJ·kg^{-1}-乾きガス·K^{-1}]	(4.7 f)
	$C_H = 1.000 + 1.88\,H$　　[kJ·kg^{-1}-乾きガス·K^{-1}]	(4.7′f)
湿り比容	$v_H = 22.4\left(\dfrac{1}{M_g} + \dfrac{H}{M_v}\right)\dfrac{T}{273.15}\dfrac{101.3}{\pi}$　　[m^3-湿りガス·kg^{-1}-乾きガス]	(4.8 f)
	$v_H = (0.772 + 1.244\,H)\dfrac{T}{273.15}\dfrac{101.3}{\pi}$　　[m^3-湿りガス·kg^{-1}-乾きガス]	(4.8′f)
湿りエンタルピー	$i_H = C_H(T - T_0) + r_0$　　[kJ·kg^{-1}-乾きガス]	(4.9 f)
	$i_H = (1.00 + 1.88\,H)(T - 273.15) + 2500\,H$　　[kJ·kg^{-1}-乾きガス]	(4.9′f)

全圧 π[kPa], 基準温度 T_0[K], 乾きガス定圧比熱 C_g[kJ·kg^{-1}-乾きガス·K^{-1}], 蒸気定圧比熱 C_v[kJ·kg^{-1}-蒸気ガス·K^{-1}], 基準温度の蒸発潜熱 r_0[kJ·kg^{-1}]

$$C_H(T - T_\mathrm{sat}) = r_w(H_\mathrm{sat} - H) \tag{4.88}$$

この関係を湿度図表の H 対 T で図示した曲線は断熱冷却線と呼ばれ, T_sat を断熱飽和温度という. r_w[J·kg^{-1}-水] は蒸発潜熱である.

(2) 湿球温度

温度 T, 湿度 H の気流中に置かれた液滴や十分湿った物体は, 動的平衡状態のとき濡れ表面に接した空気が飽和湿度 H_sat[kg-water·kg^{-1}-dry air] または飽和水蒸気圧 p_sat[Pa] に保たれていると考えることができるから, 次の熱収支が成り立つ.

$$h(T - T_s) = r_w k_H(H_\mathrm{sat} - H) = r_w k_p(p_\mathrm{sat} - p) \tag{4.89}$$

ここで, h[W·m^{-2}·K^{-1}] は対流熱伝達係数, k_H[kg-蒸気·m^{-2}·s^{-1}], k_p[kg-蒸気·Pa^{-1}·m^{-2}·s^{-1}] はそれぞれ絶対湿度基準, 圧力基準の物質移動係数である. T_s は湿球温度と呼ばれる. 水蒸気-空気系ではルイスの関係 $h/k_H \approx C_H$ が成り立つので, この関係を式 (4.89) に代入すると式 (4.88) と同形の式が得られ, T_s と T_sat はほぼ等しい値となる. 湿乾温度計はこの原理から湿度が求められる.

(3) 露点

温度 T, 湿度 H の湿りガスを冷却すると, H は不変であるものの飽和湿度 H_sat が低下して, いずれ $H = H_\mathrm{sat}$ の飽和状態に達する. このときの温度 T_d を露点とい

う．

〈**例題 4.8**〉 全圧 101.3 kPa，温度 350 K，関係湿度 10%の空気の絶対湿度，湿球温度と露点を湿度図表から求めよ．

（**解**） 図表上の温度 350 K における関係湿度 10%の絶対湿度対温度曲線から，絶対湿度は 0.028 kg-水蒸気・kg-乾き空気となる．この座標点から断熱冷却線を引き，関係湿度 100%の絶対湿度対温度曲線との交点の温度が湿球温度 311 K となる．一方，絶対湿度を水平左側にたどって関係湿度 100%の絶対湿度対温度曲線との交点の温度から露点 303 K を求めることができる．

C. 調湿装置

湿度を高くする増湿操作は，蒸気とガスの混合による方法と気液を接触させて液蒸発による方法がある．後者は効率よく気液接触させるために，液噴霧や充填層方式など種々の方式が利用される．図 4.34 に充填塔方式の一例を示す．表 4.5 に気液向流接触式の増湿装置設計のための物質と熱収支を一括して示す．

湿度を低下させる減湿操作は，乾きガスとの混合，蒸気の吸着または吸収除去，蒸気圧が飽和蒸気圧以上になるよう加圧圧縮，湿りガスを露点以下に冷却するなどの方式がある．

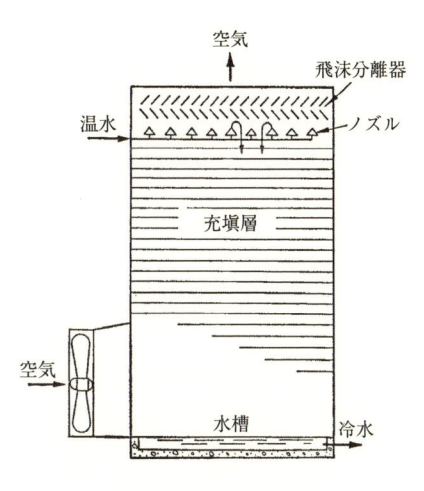

図 4.34 増湿装置の一例

4.4.2 乾　　燥

乾燥は水や有機溶媒などを含む物質を加熱することにより，液成分を蒸発除去して乾いた固体を得る操作で，気液相変化を伴い熱と物質が同時に移動する現象である．ここでは，一般に用いられる熱風加熱乾燥について述べる．

A. 含水率と乾燥速度の定義

固体材料内に含まれる水分量は，一般に固体と水分の質量比で表し，含水率と呼ばれる．含水率には，乾量基準の含水率 w と湿量基準の含水率 w' があり，次式で定義される．

表 4.5 向流接触による増湿操作の物質と熱収支

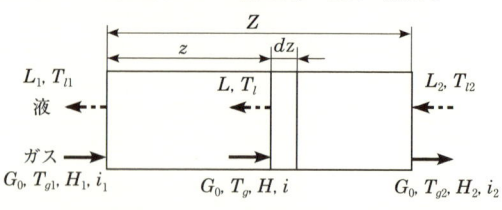

```
        ←――――――― Z ―――――――→
        ←―― z ――→  dz
   L₁, T_{l1}      L, T_l          L₂, T_{l2}
   液 ←┄┄┄┄┄┄┄┄┄┄┄┄┄┄┄┄┄┄┄┄┄┄┄┄
   ガス ─────────────────────→
   G₀, T_{g1}, H₁, i₁  G₀, T_g, H, i   G₀, T_{g2}, H₂, i₂
```

	物質収支	熱収支
Z 区間	$G_0(H_2-H_1) = L_2-L_1$ (4.12 f)	$L_2(T_{l2}-T_{l1}) \gg (L_2-L_1)T_{l1}$ のとき $G_0(i_2-i_1) \approx L_2C_l(T_{l2}-T_{l1})$ (4.12′f)
z 区間	$G_0(H_2-H_1) = L-L_1$ (4.13 f)	$G_0(i-i_1) \approx L_2C_l(T_l-T_{l1})$ (4.13′f)
dz 区間	$G_0 dH = k_H a(H_i-H)dz$ (4.14 f)	$G_0 C_H dT_g = ha(T_i-T_g)dz$ (4.14′f)
諸式の関係	$\dfrac{H-H_1}{L-L_1} = \dfrac{H_2-H}{L_2-L} = \dfrac{H_2-H_1}{L_2-L_1} = \dfrac{1}{G_0}$ (4.15 f)	$\dfrac{i-i_1}{T_l-T_{l1}} = \dfrac{i_2-i}{T_{l2}-T_l} = \dfrac{i_2-i_1}{T_{l2}-T_{l1}} = \dfrac{L_2C_l}{G_0}$ (4.15′f)
移動単位数 (NTU)	$N_{Gm} = \displaystyle\int_{H_1}^{H_2} \dfrac{dH}{H_i-H} = \dfrac{Z}{H_{Gm}}$ (4.16 f)	$N_{Gh} = \displaystyle\int_{T_{g1}}^{T_{g2}} \dfrac{dT_g}{T_i-T_g} = \dfrac{Z}{H_{Gh}}$ (4.16′f)
1 移動単位数あ たりの必要長さ (HTU)	$H_{Gm} = \dfrac{G_0}{k_H a}$ (4.17 f)	$H_{Gh} = \dfrac{G_0 C_H}{ha}$ (4.17′f)

ガス流量 $G[\mathrm{kg}$-渇きガス$\cdot \mathrm{m}^{-2}\cdot\mathrm{s}^{-1}]$,液流量 $L[\mathrm{kg}$-液$\cdot \mathrm{m}^{-2}\cdot\mathrm{s}^{-1}]$,液比熱 $C_l[\mathrm{kJ}\cdot\mathrm{kg}^{-1}$-液$\cdot\mathrm{K}^{-1}]$,液単位体積あたりの気液接触面積 $a[\mathrm{m}^2\cdot\mathrm{m}^{-3}]$,湿りエンタルピー $i[\mathrm{kJ}\cdot\mathrm{kg}^{-1}$-乾きガス$]$,気液接触面の湿度 H_i および温度 $T_i(k_H a, ha$ をそれぞれ物質移動容量係数,熱伝達容量係数と呼ぶ)

$$w = \frac{W}{W_s}[\mathrm{kg}\text{-水}\cdot\mathrm{kg}^{-1}\text{-乾き固体}], \quad w' = \frac{W}{W+W_s}[\mathrm{kg}\text{-水}\cdot\mathrm{kg}^{-1}\text{-湿り固体}] \tag{4.90}$$

$W[\mathrm{kg}]$ は湿り固体中の含水量,$W_s[\mathrm{kg}]$ は乾き固体質量である.乾量基準の含水率は,基準の乾き固体質量が一定であるため一般によく用いられる.

乾燥速度は含水量の減少速度として表され,乾燥面積 $A[\mathrm{m}^2]$ を基準にする乾燥速度 R と乾き固体質量を基準にする乾燥速度 R_w があり,それぞれ次式で定義される.

$$R = -\frac{1}{A}\frac{dW}{dt} = -\frac{W_s}{A}\frac{dw}{dt} = \frac{W_s}{A}R_w \quad [\mathrm{kg}-水\cdot\mathrm{m}^{-2}\cdot\mathrm{s}^{-1}] \quad (4.91)$$

$$R_w = -\frac{1}{W_s}\frac{dW}{dt} = -\frac{dw}{dt} = \frac{A}{W_s}R \quad [\mathrm{kg}-水\cdot\mathrm{kg}^{-1}-乾き固体\cdot\mathrm{s}^{-1}]$$
$$(4.92)$$

B. 乾燥特性

(1) 乾燥特性曲線

十分に湿った粉体層を熱風中で乾燥させたとき,材料温度(表面 T_s, 中心部 T_c, 表面と中心部の中間位置 T_m),含水量 W と $-dW/dt$ の経時変化を例示すると,図 4.35 のようになる.乾燥過程は,期間 I の非定常過程である予熱期間,期間 II の擬定常状態である恒率(定率)乾燥期間,期間 III および IV の $-dW/dt$ が低下し温度も表面から急速に昇温し始める減率乾燥期間に大別することができる.期間 IV では中心部の温度が一時的にある温度に保持された後,熱風温度 T_a に漸近して乾燥が終了に至る.特に期間 III を減率乾燥第 1 段,期間 IV を減率乾燥第 2 段とも呼ばれる.

図 4.36 のように含水率 w と乾燥速度 R の関係で図示したものを乾燥特性曲線と

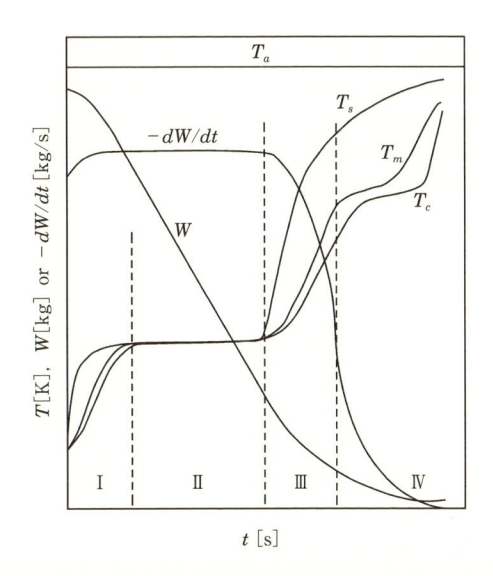

図 4.35 乾燥の時間変化

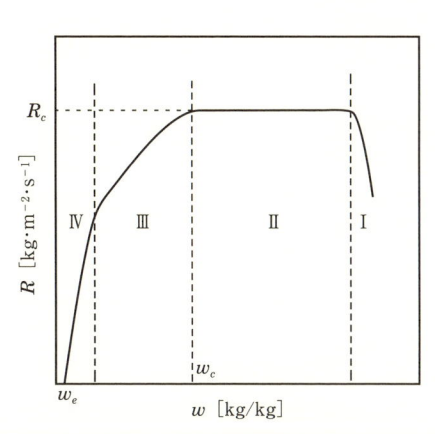

図 4.36 乾燥特性曲線

いう.恒率乾燥期間が終了して減率乾燥期間が開始されるときの含水率を限界含水率 w_c[kg-水・kg^{-1}-乾き固体],材料がその乾燥操作条件で平衡状態になり乾燥がそれ以上進行しないときの含水率を平衡含水率 w_e[kg-水・kg^{-1}-乾き固体]という.乾燥特性曲線は,湿り材料の乾燥挙動を把握し,乾燥方法の選定や乾燥装置設計等に重要な知見を提供する.

(2) 乾燥速度

対流加熱が支配的である場合,材料表面温度は湿球温度 T_s に等しくなる.熱風温度を T_a とすると,恒率乾燥速度は次式で求められる.

$$R_c = \frac{q}{r_w} = \frac{h(T_a - T_s)}{r_w} = k_H(H_{\mathrm{sat}} - H_a) \tag{4.93}$$

ここで,H_a[kg-水・kg^{-1}-乾き固体]は熱風湿度である.空気-水蒸気系での h/k_H は,ルイスの関係 ($h/k_H \approx C_H$)で近似できる.恒率乾燥速度は,対流熱伝達係数がわかれば熱風温度と湿度に対する湿球温度から容易に決定できる.たとえば,熱風が質量流速 F_g[kg・m^{-2}・s^{-1}]で平板材料に並行して流れる場合の h は,以下の実験式から求められる.

$$h = 0.013 F_g^{0.8} \quad (2500 < F_g < 15000) \tag{4.94}$$

減率乾燥速度は材料の内部構造に依存する.図 4.37 は,乾燥特性曲線の代表的なパターンを分類したものである.(a) は粉体材料を分散または撹拌しつつ乾燥した場合や液滴,非親水性材料充填層の乾燥,(b) は非親水性微粒子充填層や繊維材料層の乾燥,(c) は粘土,陶器,木材などの乾燥,(d) は石けんやゼラチン,水性多孔材料,活性アルミナなどの物質の乾燥で見られる.

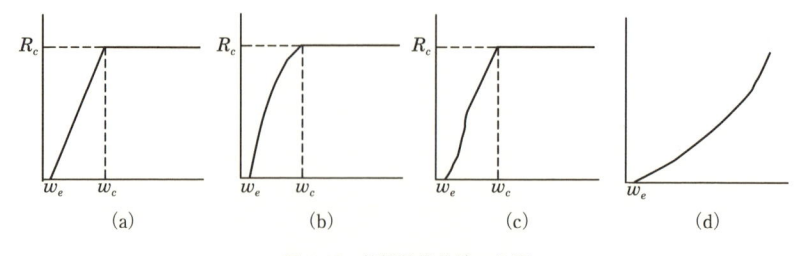

図 4.37 乾燥特性曲線の分類

〈例題 4.9〉 図 4.37 (a) で表される減率乾燥速度 R_f[kg-水・m^{-2}・s^{-1}]を求めよ.

($解$) w_c のとき R_c, w_e のとき 0 を通る直線関係であるから，次式が得られる．

$$R_f = \frac{w-w_e}{w_c-w_e}R_c \tag{4.95}$$

(4) 乾燥時間

乾燥特性曲線がわかれば，乾燥速度 R が含水率の関数として決定できるため，初期含水率 w_0 から w_1 まで減少させるのに必要な乾燥時間 $t_d[s]$ は，次式で求められる．

$$t_d = -\int_{w_0}^{w_1} \frac{W_s}{A}\frac{dw}{R} \tag{4.96}$$

〈**例題 4.10**〉 乾燥特性曲線が図 4.37 (a) で表されるとき，$w_1(<w_c)$ までの乾燥時間を求めよ．

($解$) 恒率乾燥期間の乾燥速度は R_c で一定であるため，この期間の乾燥時間 $t_c[s]$ は，式 (4.96) を用いて

$$t_c = \int_{w_0}^{w_c} \frac{W_s}{AR_c}dw = \frac{W_s}{AR_c}(w_0-w_c) = \frac{W_s(w_0-w_c)r_w}{hA(T_a-T_{\mathrm{sat}})}$$

$$= \frac{W_s(w_0-w_c)r_w}{k_H A(H_{\mathrm{sat}}-H_a)} \tag{4.97}$$

減率乾燥期間は，乾燥速度を式 (4.95) で近似できるから，同様に

$$t_f = \int_{w_c}^{w_1} \frac{W_s}{AR_f}dw = \frac{W_s(w_c-w_e)}{AR_c}\ln\left(\frac{w_c-w_e}{w_1-w_e}\right) \tag{4.98}$$

となる．初期含水率 w_0 から限界含水 w_c を経由して含水率 w_1 まで乾燥させるのに必要な全時間 $t_d[s]$ は，以下のように与えられる．ただし，予熱期間は一般には全乾燥時間に比べて短いため，ここでは予熱期間の時間を無視している．

$$t_d = t_c + t_f \tag{4.99}$$

C. 乾燥装置の分類

乾燥装置の形式は，表4.6に示すように多岐にわたる．乾燥操作方式は大きく分けて回分式と連続式がある．回分式は材料を装置内に入れ乾燥終了後に全量を取り出す方式で，操作条件をある程度自由に変えることができ多くの種類の材料乾燥が可能になる．連続式は，材料を連続的に装置へ導入しつつ取り出す方式で，大量の乾燥に適している．工業的によく用いられる加熱方式は，熱風による対流（熱風）加熱であり，熱風を材料表面に流通させて表面加熱させる場合と材料内を通気させる場合がある．

D. 連続式熱風乾燥機の設計

回分式乾燥は，前述の乾燥時間が乾燥の操作時間となる．連続式乾燥では，乾燥機の所要容積を決定することが乾燥機設計の主目的となる．表4.7に代表的な向流

表4.6 乾燥装置の分類と適合材料

加熱方式			回分式操作			連続式操作		
		材料の状態	乾燥装置	装置と適合する材料	材料の状態	乾燥装置	装置と適合する材料
熱風乾燥（対流乾燥）	並行流	静置状態	箱型	⑤⑥⑦⑧⑨⑩⑫	台車移送 コンベヤー移送 材料自身移送	トンネル型 バンド型 シート式	⑥⑦⑧⑩ ⑤⑥⑦⑧⑨ ⑪⑫⑬
	通気流	静置状態	箱型	⑤⑥⑦⑧⑨⑩⑫	コンベヤー移送	バンド型	⑤⑥⑦⑧⑨
		撹拌状態	撹拌式	⑤⑥⑦	撹拌移送	撹拌式	⑤⑥⑦
		回転状態	回転式	⑧	回転移送	回転式	⑧
		流動化状態	流動層式	⑤⑥	流動化移送	流動層式	⑤⑥
					気流移送	気流式	⑤⑥
					噴霧化移送	噴霧式	①②
伝導乾燥	間接加熱	静置状態	箱型	⑤⑥⑭	回転移送	回転式	⑥
		撹拌状態	撹拌式	⑥	回転移送	ドラム型	①②
		回転状態	回転式	⑥			
	直接加熱	（電流による加熱）		⑩			
赤外線・遠赤外線乾燥		⑪⑬			⑪⑬		
マイクロ波乾燥		⑧⑩			⑧⑩		
超音波乾燥		⑤⑥			⑤⑥		

①溶液状，②スラリー状，③のり状，④泡沫状，⑤粉状，⑥粒状，⑦塊状，⑧フレーク状，⑨繊維状，⑩定形状，⑪連続シート状，⑫不連続シート状，⑬膜面状（塗装，塗布，印刷），⑭凍結状

4.4 調湿・乾燥

表 4.7 向流型連続式熱風乾燥操作の関係式

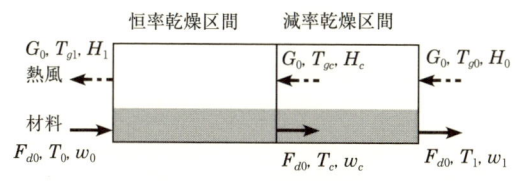

```
          恒率乾燥区間        減率乾燥区間
  G₀, T_{g1}, H₁ →|         |  G₀, T_{gc}, H_c  |         |  G₀, T_{g0}, H₀
  熱風            |←────────|←─────────────────|←────────|
  材料            |         |                  |         |
  F_{d0}, T₀, w₀ →|─────────|→                 |─────────|→ F_{d0}, T₁, w₁
                              F_{d0}, T_c, w_c
```

	恒率乾燥区間	減率乾燥区間
全区間の物質収支	$G_0(H_1 - H_0) = F_{d0}(w_0 - W_1)$ (4.28 f)	
全区間の熱収支	$G_0 i_0 + F_{d0}(c_s + c_w w_0) T_0 = G_0 i_1 + F_{d0}(c_s + c_w w_1) T_1$ (4.29 f)	
dz 区間の物質収支	$-F_{d0} dw = G_0 dH = R_c a dV$ (4.30 f)	
各区間の物質収支	$G_0(H_1 - H_c) = F_{d0}(w_0 - w_c)$ (4.31 f)	$G_0(H_c - H_0) = F_{d0}(w_c - w_1)$ (4.31′f)
乾燥速度	$R_c = k_H(H_{\text{sat}} - H)$ (4.32 f)	$R_f = f\left(\dfrac{w - w_c}{w_c - w_e}\right) = \dfrac{w - w_e}{w_c - w_e} R_c$ (4.32′f)
各区間の容積	$V_c = \dfrac{G_0}{k_H a} \displaystyle\int_{H_0}^{H_c} \dfrac{dH}{H_{\text{sat}} - H}$ (4.33 f) H_{sat} が一定のとき $V_c = \dfrac{G_0}{k_H a} \ln \dfrac{H_{\text{sat}} - H_0}{H_{\text{sat}} - H_c}$ (4.34 f)	$V_f = \dfrac{G_0}{k_H a} \displaystyle\int_{H_c}^{H_1} \dfrac{1}{f\left(\dfrac{w - w_e}{w_c - w_e}\right)} \dfrac{dH}{H_{\text{sat}} - H}$ (4.33′f) H_{sat} が一定のとき $V_f = \dfrac{G_0}{k_H a} \dfrac{w_c - w_e}{w_c - w_e - \dfrac{G_0}{F_{d0}}(H_{\text{sat}} - H_1)} \ln\left(\dfrac{w_1 - w_e}{w_c - w_e} \dfrac{H_{\text{sat}} - H_c}{H_{\text{sat}} - H_1}\right)$ (4.34′f)

乾きガス流量 $G_0 [\text{kg-dry air}\cdot\text{s}^{-1}]$, 乾き材料処理量 $F_{d0} [\text{kg-dry solid}\cdot\text{s}^{-1}]$, 乾き材料比熱 $c_s [\text{kJ}\cdot\text{kg}^{-1}]$, 水比熱 $c_w [\text{kJ}\cdot\text{kg}^{-1}]$, 湿り空気エンタルピー $i [\text{kJ}\cdot\text{kg}^{-1}\text{-乾きガス}]$, 乾燥室単位容積あたりの被乾燥材料表面積 $a [\text{m}^2\cdot\text{m}^{-3}]$, 乾燥室容積 V, 添字 0 は入口, 1 は出口

型連続式熱風乾燥機設計ための関係式を例示する.

〈演習問題〉

4.1 （物質移動） 長さ 0.25 m の管の一方の端の水蒸気分圧が 5.0 kPa に保たれている．他端の水蒸気分圧は零のとき，単位断面積あたりの等モル相互拡散速度と一方拡散速度を求めよ．ただし，全圧 101.3 kPa，温度 320 K，拡散係数は 0.4×10^{-4} m^2/s とせよ．

4.2 （物質移動） アンモニア-空気混合ガスから，アンモニアを水で吸収除去している．平均のガス側物質移動係数 kp は 2.74×10^{-6} mol·m^{-2}·s^{-1}·Pa^{-1}，液側物質移動係数 kc は 9.17×10^{-5} m·s^{-1} である．288 K におけるアンモニアとその水溶液との平衡関係は $p = 1.55C$（p はアンモニアの分圧 [Pa]，C は水中のアンモニアのモル濃度 [mol·m^{-3}]）で与えられる．ガス側基準と液側基準それぞれの総括物質移動係数を求めよ．

4.3 （物質移動） ガスが理想気体のとき，推進力にモル分率および分圧差を用いたときの物質伝達係数 k_y と k_p を濃度差基準の物質伝達係数 k_c を用いて表せ．ただし，気体の分子量 M，全圧 P，温度 T とせよ．

4.4 （気液平衡） ベンゼン-トルエン系の混合液を理想溶液であるとして，101.3 kPa, 373 K における比揮発度を求め，気液平衡関係式を誘導せよ．この温度におけるベンゼン（A 成分），トルエン（B 成分）の飽和蒸気圧はそれぞれ 180.0 kPa, 74.1 kPa とせよ．

4.5 （蒸留） 比揮発度 $\alpha_{AB} = 1.5$ の 2 成分混合液を 100 mol·h^{-1} 供給して，連続平衡蒸留している．供給液の A 成分が 45 mol%，留出量を 40 mol·h^{-1} としたとき，流出液の A 成分のモル分率を求めよ．溶液は理想溶液とせよ．

4.6 （蒸留） 比揮発度 $\alpha_{AB} = 1.5$ で一定の 2 成分混合液（A 成分 45 mol%）を単蒸留し，50%流出時の残液組成を求めよ．溶液は理想溶液とせよ．

4.7 （蒸留） A 成分 40 mol%の 2 成分混合液を連続精留し，留出液の A 成分濃度 95 mol%，缶出液の B 成分濃度 90%としたい．最小理論段数を求めよ．また，還流比 5，q 値 1.5 のとき精留塔の所要理論段数を求めよ．ただし混合液は比揮発度 $\alpha_{AB} = 1.5$ で一定の理想溶液とせよ．

4.8 （吸収） 分圧 33.3 kPa のメタンを含む気体（全圧 101.3 kPa）を 250 kg の水に接するとき，293 K と 323 K ではメタンの溶解量はどれほど異なるか．ただし，水に対するメタンのヘンリー定数 m は，293 K と 323 K でそれぞれ 3.75×10^4 と 5.77×10^4 である．

4.9 （吸収） 25%の吸収性ガスを含む気体を，純溶媒で連続的に向流吸収させて出口で 2%にしたい．この系の平衡関係が $y = 4.8\, x^2$ で表されるとき，最小の液ガス比を求めよ．

4.10 (吸収)　1 in 磁性ラシヒリングを充填した向流接触式吸収塔を用い，293 K，101.3 kPa で水によって，空気中のアンモニアを吸収したい．ガス流量に対する水の流量の割合を 1.2 とし，1) 溢王速度，2) ガス流量を $600 \text{ m}^3 \cdot \text{h}^{-1}$ としたときの必要塔径，3) このときの充填層の圧力損失を求めよ．

4.11 (吸収)　問題 4.10 と同様の向流吸収操作において，ガスと水質量速度をそれぞれ $G = 4420 \text{ kg} \cdot \text{m}^{-2} \cdot \text{h}^{-1}$，$L = 5300 \text{ kg} \cdot \text{m}^{-2} \cdot \text{h}^{-1}$，境膜容量係数をそれぞれ $k_G a = 3.12 \text{ mol} \cdot \text{m}^{-2} \cdot \text{h}^{-1} \cdot \text{Pa}^{-1}$，$k_L a = 22 \text{ h}^{-1}$ としたとき，必要な吸収塔の高さを求めよ．なお，NH_3 濃度は 8 vol% で，排ガス中の濃度を 1 vol% 以下にするものとする．また，平衡関係は下表のとおりとする．

p [kPa]	9.28	6.67	4.23	3.32	2.43	1.60	0.65
C [kg-NH_3/kg-H_2O]	0.100	0.075	0.050	0.040	0.030	0.020	0.010

4.12 (吸着)　0.18 kg/m^3 の安息香酸水溶液 1 m^3 に対して，活性炭を 3 kg の割合で加える．回分吸着操作において，平衡に達したときの安息香酸濃度を求めよ．ただし，この系での吸着平衡は $q = 1.3 \, C^{0.33}$ ($q : \text{mol} \cdot \text{kg}^{-1}$, $C : \text{mol} \cdot \text{m}^{-3}$) で表されるものとする．

4.13 (吸着)　層高 0.2 m の活性炭充填層に $0.110 \text{ kg} \cdot \text{m}^{-3}$ の濃度のフェノール水溶液を通じ，出口濃度の経時変化を測定して下記の結果を得た (303 K)．

t [min]	125	180	240	300	360	420	515	600	680	780	960	1020
C/C_0	0.010	0.015	0.020	0.027	0.038	0.058	0.113	0.228	0.455	0.799	0.894	0.913

使用した活性炭は，粒径 $d_p = 660 \, \mu\text{m}$，粒子比表面積 $a_v = 5290 \text{ m}^2/\text{m}^3$-活性炭，また，充填密度 $\gamma = 509 \text{ kg} \cdot \text{m}^{-3}$，空隙率 $\varepsilon = 0.415$，流速 $u = 1.41 \times 10^{-3} \text{ m} \cdot \text{s}^{-1}$ であり，活性炭-フェノールの吸着平衡は，$q = 0.36 \, C^{0.29}$ ($C : \text{kg} \cdot \text{m}^{-3}$, $q : \text{kg/kg}$-活性炭) で表されるとする．吸着帯長さおよび総括容量係数を求めよ．

4.14 (調湿)　全圧 $\pi = 101.3 \text{ kPa}$，温度 303.15 K，関係湿度 60% の湿り空気の水蒸気分圧，絶対湿度，飽和度，湿球温度，露点を求めよ．また，この湿り空気を 383.15 K まで加熱したときの，関係湿度，湿球温度，露点を求めよ．

4.15 (調湿)　乾湿球温度計で乾球温度 290 K，湿球温度 285 K のとき，飽和度と絶対湿度を求めよ．

4.16 (調湿)　圧力 101.3 kPa，温度 288.15 K，関係湿度 40% の空気を $500 \text{ m}^3/\text{h}$ を予熱して加湿処理することにより温度 328.15 K，湿度 $0.025 \text{ kg-蒸気} \cdot \text{kg}^{-1}$-乾き空気にしたい．必要な予熱温度および補給水量を求めよ．

4.17 (調湿)　液を循環させて向流接触増湿操作を行うときの Z を求める関係式を誘

導せよ．

4.18 （乾燥）　乾量基準の含水率 w と湿量基準の含水率 w' との間の関係を求めよ．

4.19 （乾燥）　湿り平板材料に温度 370 K，湿度 0.020 kg-蒸気・kg^{-1}-乾き空気の熱風を並行に流すことにより乾燥させている．熱風の質量速度が 3200 kg・m^{-2}・s^{-1} のとき，恒率乾燥速度を求めよ．

4.20 （乾燥）　乾き質量 0.45 kg，面積 0.065 m^2，含水率 0.32 kg-水・kg-乾き材料の湿り材料を含水率 0.02 kg-水・kg-乾き材料まで乾燥させたい．恒率乾燥速度 0.14×10^{-3} kg-水・m^{-2}・s^{-1} のとき乾燥時間を求めよ．ただし，限界含水率を 0.13 kg-水・kg-乾き材料，平衡含水率を 0.01 kg-水・kg-乾き材料とする．また，乾燥特性曲線は図 4.37（a）で表され，予熱期間は無視できるものとする．

4.21 （乾燥）　含水率 0.15 kg-水・kg^{-1}-乾き材料の湿り粒状物質を，1.0 kg-乾き材料・s^{-1} の処理量で 0.01 kg-水・kg^{-1}-乾き材料まで向流方式連続乾燥処理したい．この材料の限界含水率は 0.04 kg-水・kg^{-1}-乾き材料，平衡含水率は無視小，熱風の温度と湿度はそれぞれ 393 K と 0.017 kg-蒸気・kg^{-1}-乾き空気，熱風流量は 15.0 kg-dry air・s^{-1}，物質移動容量係数は 0.24 kg-dry air・m^{-3}・s^{-1} とする．乾燥特性曲線が図 4.37（a）で表され，飽和湿度が一定で仮定できるとき，恒率乾燥区間と減率乾燥区間の容積を求めよ．

5 粉　体

　工業製品には，粉体としての最終製品が多く存在するが，生産段階においても原料や中間品を粉体という形態で扱うことにより，溶解性，反応性，流動性，混合性，成形性の向上など多くのメリットを得ている．さらに微小な超微粒子とすることで，磁気的特性の変化や複雑な光相互作用など新たな効果も期待できる．粉体は，固体，気体，液体と並んで物質の第4の形態として広く認識されるようになってきたが，粉体であるがゆえに生じるトラブルも少なくない．したがって粉体の特性を的確に把握し，それに応じた適切な粉体操作を行うことが重要である．ここでは，粉体の基礎的な特性を理解するとともに代表的な粉体の操作について学ぶ．

5.1　粒度分布・分級

5.1.1　粒度分布

　粉体の最も基礎的な物性値は粉体を構成する粒子個々の大きさであり，その分布である．また，粉体の特性は多くの場合その大きな表面積が要因となって発現している．したがって，これらの基礎的事項を習得することは粉体を取り扱ううえで欠かすことができない．

A.　単一粒子の粒子径

　粉体を構成する粒子の代表寸法を粒子径または粒径といい，長さの次元で表す．これに対し，ふるい網のメッシュなど長さ以外の尺度で表す場合を粒度という．一般に粒子個々の形状は不規則であり大きさにも分布があるため，表5.1[1]に示すような代表径を用いる．幾何学的径では，短軸径・長軸径および2軸平均径がよく用

表5.1 単一粒子の粒子径

分類	名称		定義	
幾何学的径	長軸径		l	
	短軸径		b	
	厚み		t	
	2軸平均径		$(b+l)/2$	
	3軸平均径		$(b+l+t)/3$	
	3軸幾何平均径		$(b \cdot l \cdot t)^{1/3}$	
	定方向径	フェレー径	粒子をはさむ2本の平行線の距離	
		マーチン径	投影面積を2等分する線分の長さ	
		定方向最大径	一定方向における最大長さ	
相当径	外接円相当径			
	内接円相当径			
	周長円相当径			
	投影面積円相当径		$\sqrt{4S_p/\pi}$	S_p：投影面積
	表面積球相当径		$\sqrt{S/\pi}$	S　：粒子表面積
	体積球相当径		$\sqrt[3]{6v/\pi}$	v　：粒子体積
有効径	ストークス径		粒子がそれぞれの法則に従って沈降するとき，これと同じ速度で沈降する同密度の球粒子の径 式（5.5a）〜（5.5c）	
	アレン径			
	ニュートン径			

いられ，定方向径ではフェレー径が最もよく用いられている．相当径は，円，球の面積や体積などに相当する径で表す．有効径では式（5.5a）で示されるストークス径がよく用いられる．

B. 粒度分布

粉体を構成する粒子個々の大きさは均一ではなく，分布を有しているのが一般的である．この分布を粒度分布といい，大きさを粒子径で表す場合は粒子径分布という．粉体の大きさを表現するには，粒度分布あるいは適当な代表値を用いる方法がある．一般に粒度分布は，ある粒子径より小さい粒子の割合を示すふるい下積算分布 Q，ふるい下積算分布を粒子径で微分した頻度分布 q，ある粒度区間に存在する粒子の割合を示すヒストグラム $\bar{q}$ で表される．これらは次式のように定義され，図5.1のように図示される．これらの分布は一般に個数もしくは質量のいずれかを基準として用いる．

$$Q(x) = \int_0^x q(x)dx \tag{5.1}$$

5.1 粒度分布・分級

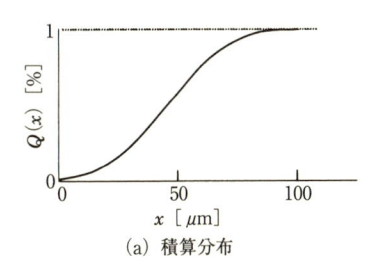

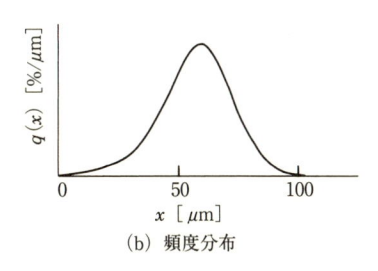

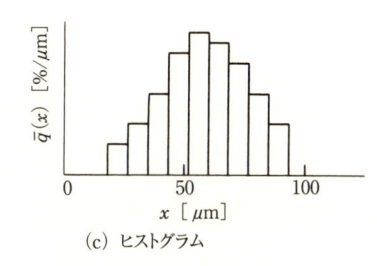

(a) 積算分布

(b) 頻度分布

(c) ヒストグラム

図 5.1 粒度分布の表示例

$$q(x) = \frac{dQ(x)}{dx} \tag{5.2}$$

$$\bar{q}(x) = \frac{Q_{i+1}(x) - Q_i(x)}{x_{i+1} - x_i} = \frac{\Delta Q_i(x)}{\Delta x_i} \tag{5.3}$$

粒度分布の測定方法には，ふるい分け法をはじめとして顕微鏡により得られる粒子画像を直接計測する画像解析法（顕微鏡法），流体内における粒子の沈降速度を利用する沈降法，光との相互作用を利用したレーザー回折・散乱法，その他多くの方法が提案されている．平均粒子径は，ある粒度分布を有する粉体を単一の粒子径に代表させる場合に，個数平均，長さ平均，面積平均，体積平均などとして用いられる．これらの平均径の一覧を表 5.2 に示す．

〈**例題 5.1**〉 ある粉体の粒度分布を測定したところ，下のような結果を得た．普通目盛のグラフ用紙に，横軸を粒子径，縦軸をふるい下積算%として図示せよ．また，ヒストグラムでも表示してみよ．

表 5.2 主な平均粒子径

名称	記号	定義式
個数基準メディアン径	$x_{50}^{(0)}$	$\int x f^{(0)} dx$
質量基準メディアン径	$x_{50}^{(3)}$	$\int x f^{(3)} dx$
平均面積径	x_s	$\sqrt{\int x^2 f^{(0)} dx}$
平均体積径	x_v	$\sqrt[3]{\int x^3 f^{(0)} dx}$
質量基準調和平均径	$x_h^{(3)}$	$1/\int \dfrac{f^{(3)}}{x} dx$
体面積平均径(ザウター径)	x_{sv}	$\dfrac{\int x^3 f^{(0)} dx}{\int x^2 f^{(0)} dx}$

粒度区間 [μm]	0-5	5-10	10-16	16-22	22-32	32-45	45-63	63-90
質量 [g]	3	7	18	52	42	36	29	13

(**解**) 上の表を下のように書き直し,積算質量,ふるい下積算,粒度区間の幅および粒度区間の中央値を計算する.ヒストグラムは式 (5.3) を用いて計算する.ふるい下積算分布は,横軸に粒度区間の最大値,縦軸にふるい下積算の値を用いる.また,ヒストグラム表示は横軸に粒度区間の中央値を用いる.(図 5.2)

粒度区間 [μm]	粒度区間の質量 [g]	積算質量 [g]	ふるい下積算 [%]	粒度区間の幅 [μm]	粒度区間の中央値 [μm]	頻度 [%/μm]
0-5	3	3	1.5	5	2.5	0.300
5-10	7	10	5	5	7.5	0.700
10-16	18	28	14	6	13	1.500
16-22	52	80	40	6	19	4.333
22-32	42	122	61	10	27	2.100
32-45	36	158	79	13	38.5	1.385
45-63	29	187	93.5	18	54	0.806
63-90	13	200	100	27	76.5	0.241

C. 比表面積と細孔

粉体を構成する粒子は,き裂や空孔,細孔が多く複雑な構造であることが多い.閉じた空孔以外のすべてを含む面積を内部表面積あるいは単に表面積といい,含まない面積を外部表面積と定義する.粉体の単位体積あるいは単位質量あたりの表面

5.1 粒度分布・分級

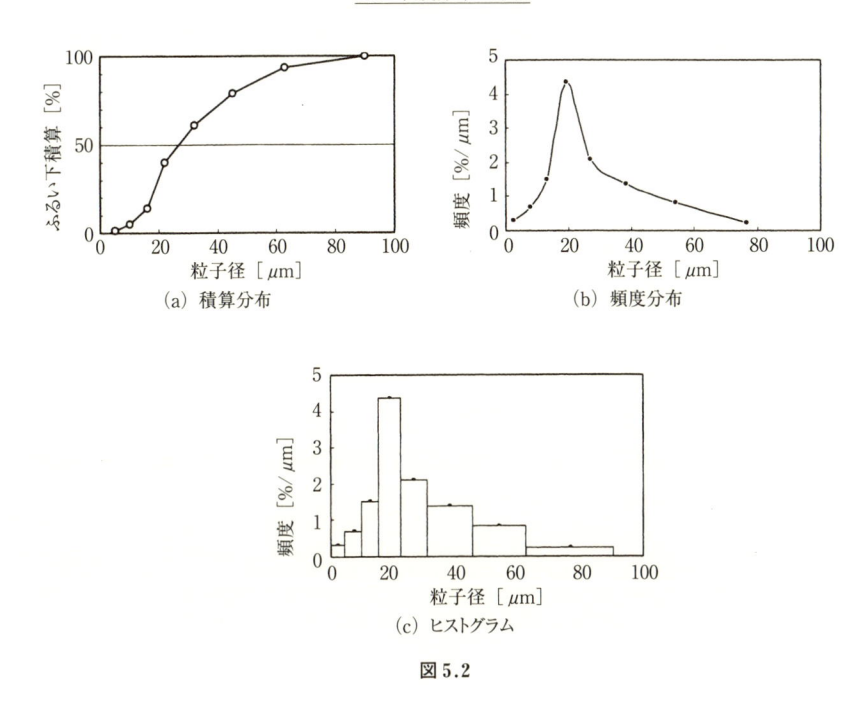

(a) 積算分布

(b) 頻度分布

(c) ヒストグラム

図 5.2

積を比表面積という．粒子が緻密で外部表面積のみを考慮すればよい場合，比表面積 S_W は粒子径 x にほぼ反比例し，粒子が球の場合には完全に反比例する．この関係を式 (5.4) に示す．

$$S_W = \frac{\pi x^2}{\dfrac{\rho_p \pi x^3}{6}} = \frac{6}{\rho_p x} \tag{5.4}$$

ただし，ρ_p は粒子の密度である．

この関係により，実用上，粉体の粒度を表す値としても用いられる．比表面積の測定法として，外部表面積を測定する空気透過法，Å (0.1 nm) オーダーまでのき裂や細孔を含む内部表面積まで測定するガス吸着法 (BET 法) あるいは浸漬熱法がある．前者はろ過，充塡，浸透などのプロセスに有効であり，後者は反応，溶解，表面処理，触媒作用などの評価に適している．また，活性炭に代表されるような細孔を多くもつ粉体は強い吸着性を有するが，これは細孔の大きさとその量が影響している．このような特性は細孔径分布を測定することにより評価することができる．

代表的な測定法として水銀圧入法があり，10 nm 程度の細孔径まで測定できる．いまひとつはガス吸脱着法（毛管凝縮法）で，Åオーダーまで測定できる．

5.1.2 分　　級

分級の目的は，粉体を粒子径，形，密度など種々の性質に着目して2つ以上に区分けすることである．工業的には粒子径による分級が最も一般的であり，乾式または湿式で行われるが，原理的には両者とも同じ方法が用いられる．

A. 粒子の終末速度

一般に流体中を移動する粒子に重力，遠心力，浮力，抗力などの外力が働く場合，粒子は次第にある移動速度に漸近し最終的に一定となる．このときの速度を終末速度といい，流体中を沈降する場合は終末沈降速度と呼ぶ．粒子の終末速度は次式で与えられる．

$$u_t = \frac{gx^2(\rho_p - \rho_l)}{18\mu} \quad (Re < 2)：ストークス域 \quad (5.5\,\text{a})$$

$$u_t = x\left\{\frac{4}{225}\frac{g^2(\rho_p - \rho_l)^2}{\mu\rho_l}\right\}^{1/3} \quad (2 \leq Re \leq 500)：アレン域 \quad (5.5\,\text{b})$$

$$u_t = \left\{\frac{3g(\rho_p - \rho_l)x}{\rho_l}\right\}^{1/2} \quad (500 < Re < 10^5)：ニュートン域 \quad (5.5\,\text{c})$$

ここで，μは分散媒の粘度，u_tは粒子の沈降速度，ρ_lは分散媒の密度を表す．

B. 分級の機構

分級は気流中における粒子に外力を与え，移動速度の差や軌跡の差を利用して行われる．実際の分級機は，遠心力，浮力，抗力などのほかコリオリ力，慣性力，静電気力など粒子に働く力を組み合わせて利用しているものが多い．分級機構を大別すると，重力や遠心力などによる粒子の沈降速度と気流との平衡を利用した方法と，粒子が気流を横切るときに受ける移動距離や移動速度の差を利用する方法がある．前者の場合，粒子の終末速度をv，上向きの気流の速度をuとすると，$u > v$で気流方向へ移動し，$u < v$では気流と反対方向へ移動する．$u = v$ならば粒子と気流は平衡状態にあり，これが分離限界粒子径になる．後者の場合の分級機構は図5.3[2)] のように図示される．また，これらとは別にふるい網を用いた分級方式も工業的には広く用いられている．ふるい網の目開きは10数cmから数μmまでと非常に広く，分級以外に異物除去などの目的にも用いられる．

5.1 粒度分布・分級

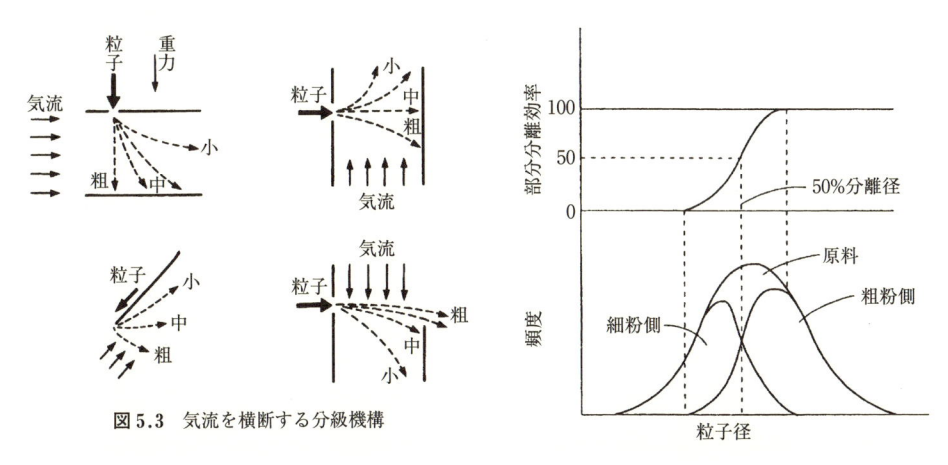

図 5.3 気流を横断する分級機構

図 5.4 分級後の頻度分布と部分分離効率曲線

C. 分級効率

ある粒子径を境に大きい粒子と小さい粒子に二分することができれば理想的な分級であるが，実際には図 5.4 下部[1]の頻度分布曲線に示すように双方が重なり合っている部分が生じる．分級の性能を評価するにはこの鋭さを把握することが重要であり，図 5.4 上部[1]に示すような部分分離効率曲線が用いられる．この曲線の勾配が大きくなるに従って理想的な分級に近づくことになる．また，分級効率の評価は，(粗粉（有用）成分の回収率)－(微粉（不用）成分の残留率)で表されるニュートンの分級効率が一般によく用いられる．

D. 分級機の種類と特徴

分級機の種類は重力分級，慣性力分級，遠心力分級に大別できる．重力分級は気流中の粒子の落下速度や落下位置の違いによって分級する方法で，気流の方向により水平流型，垂直流型，傾斜流型に分類される．この方式は装置の構造が簡単で圧力損失も少ないが，粒子の自由沈降を利用するため分級に要する時間が長い．慣性力分級は粒子の慣性力を利用する方法で，大気中に放出された粒子の飛行距離の差を利用する方法や気流の方向変化に追従できない粒子を捕捉する方法など多くの形式がある．分級精度は高くないが，構造が簡単で圧力損失も少ないため予備分級として用いられる．また，遠心力分級は旋回気流中の粒子が遠心力によって移動するときの速度の差を利用して分級する方法で，サイクロン型およびスターテバンド型がある．この方法は粒子の重力の数 10 倍から数 100 倍以上の遠心力を与えるもの

で，重力や慣性力では十分な分離力が得られない微細粒子の分級や精密な分級に適している．

〈例題 5.2〉 ストークス領域における球形粒子の終末速度式（5.5 a）を説明せよ．

（解） 粒子に働く各力を求める．

$$球に働く重力： F_g = (\pi/6)x^3\rho_p g$$

$$浮力： F_v = (\pi/6)x^3\rho_l g$$

$$抵抗力： F_r = 3\pi\mu u x$$

1 個の粒子が重力の作用のもとに流体中を沈降するときの運動方程式は

$$(粒子の質量) \times (加速度) = (粒子に働く重力 F_g) - (浮力 F_v) - (抵抗力 F_r)$$

ストークス領域では瞬時に加速度がなくなり，終末速度となるから

$$0 = (\pi/6)x^3\rho_p g - (\pi/6)x^3\rho_l g - 3\pi\mu u_t x$$

$$3\mu u_t x = x^3(\rho_p - \rho_l)g/6$$

したがって

$$u_t = g(\rho_p - \rho_l)x^2/18\mu$$

〈例題 5.3〉 原料粉体 1 kg を粒径 2 mm を基準に分級したところ，粗粉部が 650 g 得られ，そのうち粒径 2 mm 以上の粒子の量は 92% であった．原料粉体中の 2 mm 以上の粒子の量は全量の 70% であった．ニュートン効率はいくらか．

（解） ニュートン効率 η_N は（粗粉成分の回収率）-（微粉の残留率），すなわち，$\eta_{N1} - (1 - \eta_{N2})$ で表される．
ここで，原料の量を F，粗粉部の量を A，原料中の粗粉の含有率を a，得られた粗粉部中の粗粉の含有率を b と置くと，粗粉回収率 η_{N1} は Ab/Fa，粗粉の排斥率 η_{N2} は $1 - A(1-b)/F(1-a)$ となる．
したがって

$$\eta_N = A(b-a)/Fa(1-a) = (0.65)(0.92-0.7)/(1)(0.7)(1-0.7) = 0.681$$

ゆえに，ニュートン効率は 68.1% となる．

5.2 集塵・粉砕・造粒・混合

5.2.1 集　　塵

集塵は気体中に浮遊している固体粒子（ダスト）または液体粒子（ミスト）を分離し回収する操作であり，除塵という場合もある．また，高温・高圧場における集塵や有害ガスの除去を同時に行う形式もある．最近では環境保全，労働環境保全あるいは有用物質の回収などの要求により利用が広がっている．

A. 集塵の機構

集塵の機構は流通型と障害物型に大別できる．流通型の分離機構は粒子に重力，慣性力，遠心力，静電気力などの外力を加えて粒子を流れの系外に移動させるものである．この機構を利用する場合，空気力学的径が大きいほど集塵効率は高くなる．また，流通型のひとつとして拡散や熱泳動力を利用する機構があるが，この場合は粒子径が小さくなるほど集塵効率は高くなる．障害物型は気流中に繊維充填層やフィルタなど何らかの障害物を設置することによって粒子をさえぎる機構で，圧力損失は大きくなるがサブミクロン以下の微細な粒子も捕集できる．集塵効率 η_C は，装置の入口と出口で同時測定した粉塵流量をそれぞれ w_1, w_0 [kg·s^{-1}] とすると，次式により求められる．

$$\eta_C = \frac{(w_1 - w_0)}{w_1} \tag{5.6}$$

B. 集塵機の種類と特徴

集塵機は粉塵の捕集様式で分類すると，重力式，慣性力式，遠心力式，電気式，ろ過式および洗浄式に分けられるが，実際には表5.3[3]に示すように，いくつかの機構を組み合わせた構造であることが多い．

重力式は気流中の粒子を沈降室に回収する形式であり，圧力損失が小さいことが特徴である．慣性力式は，衝突板または案内板などを用いて含塵気流の方向を急激に変化させ，流路から外れた粒子を回収する形式である．重力式と同様に圧力損失が小さい．遠心力式はサイクロンと呼ばれる形式が最も多く用いられている．これは遠心力を作用させることによって気流から粒子を分離する形式で，重力式や慣性力式に比べて集塵効率が高い．電気集塵機は放電極と平板状の集塵極の間にコロナ放電を行い気流中の粒子を帯電させて捕集する形式で，1 μm 以下の微粒子も捕集できる．捕集された粒子の除去方法には湿式と乾式がある．ろ過式は含塵気流がろ

表5.3 集塵機の捕集機構の比較

	重力	慣性力	遠心力	熱力	拡散力	電気力	最大捕集速度[m/s]	圧力損失[Pa]	備考
重力式	◎						5	300	粗粒子用
慣性力式	○	◎	○				8	500	粗粒子用
遠心力式	○	○	◎	△			16	1500	サイクロンなど
洗浄式	○	◎		△	◎	△	5	2000	水利用
ろ過式	○	◎			◎	△	0.05	2000	バグ,ろ材使用
電気式	○	○			○	◎	3	500	乾式と湿式あり

(注) ◎および○印は主に利用する作用力,△印は凝集効果を図る場合に利用する.

布や充塡層を通過する際に粒子を捕集する形式で,バグフィルタが最も代表的な装置である.捕集方法や払落し方法の種類には多くの形式があり,低濃度から高濃度の集塵まで可能である.この形式は一般に高い集塵性能を示す.洗浄式はスクラバとも呼ばれ,安い設備費で高い集塵性能が得られることから広く用いられていたが,廃水処理が必要であるため最近は減少傾向となっている.

5.2.2 粉　　砕

物質を砕き希望する粒度の粉体を得る操作を粉砕といい,古くから広く用いられている操作である.粉砕の目的は,比表面積の増大,多成分固体の均一混合,流動性の改善,凝集粒子の解砕,メカノケミカル効果の発現などである.最近では,気相や液相中において粒子を合成する手法をビルドアップ法と呼ぶようになったため,これに対応して粉砕をブレークダウン法と呼ぶことがある.

A. 粉砕の機構

粉砕する原料を砕料,生成物を砕製物といい,砕製物の大きさが数 cm 以上の場合は粗砕,数 mm 程度の場合は中砕,数 $10\,\mu m$ の場合は微粉砕,数 μm 以下の場合は超微粉砕という.粉砕に利用する力は主に圧縮力,衝撃力,せん断力,摩擦力であり,これらは砕製物の大きさによって使い分けられる.粗砕には圧縮力,中砕には衝撃力,微粉砕や超微粉砕には剪断力,摩擦力を用いると効果的である.通常,粉砕操作はきわめて大きな動力が必要であり,エネルギー効率は数％以下といわれている.したがって,少しでも効率のよい粉砕ができるよう,粉砕エネルギーを評価する方法がいくつか提案されている.

一般に粉砕機の粉砕効率 η_G は次式により求められる.

$$\eta_G = \frac{\Delta S \gamma \times 100}{E} \tag{5.7}$$

ただし，ΔS は新たに生成した表面積，γ は表面エネルギー，E は加えられた全エネルギーである．

粉砕が進行するにつれて粒子径は減少するが，同時に比表面積が増大するという概念を導入したのがリッティンガーであり，その関係は次式で表される．

$$W = k(S_w - S_0) \tag{5.8}$$

ここで，W は粉砕に要する仕事量，k は定数，S_w は比表面積，S_0 は初期の比表面積である．

これに対しキックは，粉砕に要する仕事量 W は砕料の体積に比例し，一定量の砕料の粉砕に要する仕事量は粉砕比で決まるとした．

$$W = k \ln R \tag{5.9}$$

$$R = \frac{x_0}{x} \tag{5.10}$$

W は仕事量，R は粉砕比，x_0 は原料の粒子径，x は砕製物の粒子径を表す．

さらに，ボンドはリッティンガーとキックの中間のエネルギー法則として次式を提案した．

$$W = W_i \left(1 - \frac{1}{R^{0.5}}\right)\left(\frac{100}{x}\right)^{0.5} \tag{5.11}$$

ただし，W_i は粉砕されにくさを表す仕事指数を表す．

また，田中は粉砕による比表面積の増加には限界があるとして，次式を提案した．

$$S_w = S_\infty (1 - e^{-KW}) \tag{5.12}$$

K は砕料の物性や粉砕条件によって定まる粉砕係数である．

このなかで，粗砕や中砕域ではキックの式，微粉砕域でリッティンガーの式，超微粉砕域では田中の式がよく合うといわれている．

B. 粉砕機の種類と特徴

粉砕機の種類はきわめて多種多様であり明確な分類は難しいが，砕製品の大きさによって分けると粗砕機，中砕機，微粉砕機，超微粉砕機に分類できる．代表的な粉砕機の特徴をまとめると表5.4[3]のようになる．

粗砕機にはジョークラッシャー，ジャイレトリークラッシャー，ハンマークラッシャーなどがあり，破砕機とも呼ばれる．これらは圧縮力や衝撃力を利用したものが多く，主として鉱山関係や予備粉砕などに使われている．中砕機にはカッターミ

表5.4 代表的な粉砕機の粉砕機構の比較

大分類	小分類	処理量			粉砕域				粉砕力				粉砕システム				需要分野
		大容量	中容量	小容量	粗砕	中砕	微粉砕	超微粉砕	衝撃	圧縮	剪断	摩擦	乾式	湿式	連続	回分	
ジョークラッシャ		○			○				○	○			○				鉱山, 土石など
ジャイレトリークラッシャ		○			○				○	○			○				鉱山, 土石など
コーンクラッシャ		○			○				○	○			○				鉱山, 土石など
ハンマークラッシャ		○			○				○				○				鉱山, 土石など
自生粉砕機		○	○		○				○				○				土石, 窯業など
ボールミル	転動ボールミル	○	○	○		○	○	△	○			○	○	○	○	○	鉱山, 土石, 窯業など
	振動ミル		○	○			○	△	○			○	○	○	○	○	土石, 窯業など
	遊星ミル			○			○	△	○			○	○	○		○	新素材など
	塔式ミル		○	○			○		○			○	○	○	○		鉱業など
媒体撹拌ミル	撹拌層ミル			○			○	○				○	○	○		○	新素材, 塗料など
	アニュラミル			○			○	○				○	○	○		○	新素材など
ローラーミル	遠心式		○			○	○		○	○			○		○		鉱業など
	油圧式	○				○			○	○			○		○		鉱業など
高速回転ミル	ハンマミル		○		○				○			○	○		○		樹脂など
	ケージミル		○		○				○			○	○		○		窯業, 土石など
	軸流型ミル		○			○			○			○	○		○		樹脂など
	アニュラミル			○			○		○			○	○		○		トナーなど
	剪断型ミル			○			○		○			○	○		○		新素材など
ジェットミル			△	○			△	○	○			○	○		○		顔料, 薬品, 食品など

ル，ハンマーミルなど高速回転ミルと呼ばれる形式や，ボールミル，スタンプミルなどの形式がある．衝撃力や圧縮力および剪断力を利用している．微粉砕機は，中砕域または超微粉砕域まで及ぶような広い範囲の粉砕が可能となる多くの種類がある．主なものはローラーミル，ボールミル，振動ミル，媒体撹拌ミル，遊星ミル，ジェットミルなどであり，これらはそれぞれさらに多くの形式に分類することができる．通常，単に粉砕機と呼ぶときはこの領域のものを指すことが多く，最も広く用いられている．超微粉砕には摩擦力が効果的であることが知られ，ボールミルや媒体撹拌ミルの場合は粉砕媒体であるボールのサイズを小さくすることで粉砕性能を改善することができる．他に，ジェットミルや内筒と外筒が逆回転するような構造とすることによって強力な剪断・圧縮作用を実現している装置もある．また，液中において粉砕することによりさらに粉砕効果を高めることもできる．

〈**例題 5.4**〉 10 cm の大きさの石炭を粉砕して 100 メッシュ（149 μm）のふるいを通過する微粉炭を得たい．ふるい通過分を 80% としたとき，製品 1000 t/day を得るのに要する動力を求めよ．ただし，石炭の仕事指数 w_i は 13.0（kWh/t）とする．

（**解**） 粉砕比 R を式（5.10）により計算，$R = x_0/x = 100000/149 = 671$
得られた値を式（5.11）に代入して W を求める．
$W = W_i(1 - 1/\sqrt{R})\sqrt{100}/x = 13.0(1 - 1/\sqrt{671})\sqrt{100/149}\,(\mu\text{m}) = 10.24(\text{kWh/t})$
この値に処理量を掛ければ粉砕動力が求まる．
粉砕動力 $= 10.24 \times 1000/0.8 = 12800$（kWh）

5.2.3 造　　粒

造粒とは粉体を最適な大きさや形状の粒状物に調整する操作をいい，造粒物の名称は工業分野や造粒方法によって異なることがある．最終製品を目的とする場合は食品や医薬品の分野にみられる顆粒や錠剤があり，中間製品は各種工業分野における流動性，成形性，反応性，溶融性などの向上を目的として行われる．なお，広義の観点では合成法によるマイクロカプセルなども含まれる．

A. 造粒の機構

造粒はその機構によって強制造粒，自足造粒，液滴固化造粒に分類できる．強制造粒は粉体を強制的に押し固めることにより造粒する方法で，さらに，押し出し造粒，圧縮造粒，解砕造粒に分けられる．自足造粒は結合剤を添加して粒子を付着し成長させる方法で，粒子の運動形態により，転動造粒，流動層造粒，撹拌造粒に分

けられる．近年，流動層造粒の一形態として結合剤を用いないバインダレス造粒法も開発されている[4,5]．液滴固化造粒は粉体を懸濁させた液から造粒する方法で，液滴を熱風中に噴霧する噴霧乾燥造粒，懸濁液を凍結した後に真空乾燥する真空凍結造粒がある．また，液中で重合反応によりマイクロカプセルを生成する方法や懸濁液に凝集剤を加え造粒する方法も造粒法の一形態であり，液相造粒法として分類できる．

B. 造粒機の種類と特徴

造粒機は原料粉体の特性や製品のそれぞれの目的に合わせてきわめて多くの形式が開発されている．強制造粒法は，乾燥粉体またはバインダを調合した湿潤粉体を，押出し，圧縮，打錠あるいは塊状にしたものを解砕するなど，粉体層に強い力を加えて強制的に造粒物を得る方法である．この様式による造粒機の概略を図5.5[2]に示す．自足造粒法は，流動化している粉体，あるいは転動，振動，撹拌などにより運動している粉体に液状の結合剤を噴霧して凝集させる方法である．この様式による造粒機の概略を図5.6[2]に示す．液滴造粒は粉体を懸濁させた液体を高温気流中あるいは冷却気流中に滴下またはスプレーし固化させる方法である．この様式による造粒機の概略を図5.7[2]に示す．また，液相造粒は化学反応による造粒様式であるため，造粒機というよりも液相混合機を用いるのが一般的である．

5.2 集塵・粉砕・造粒・混合

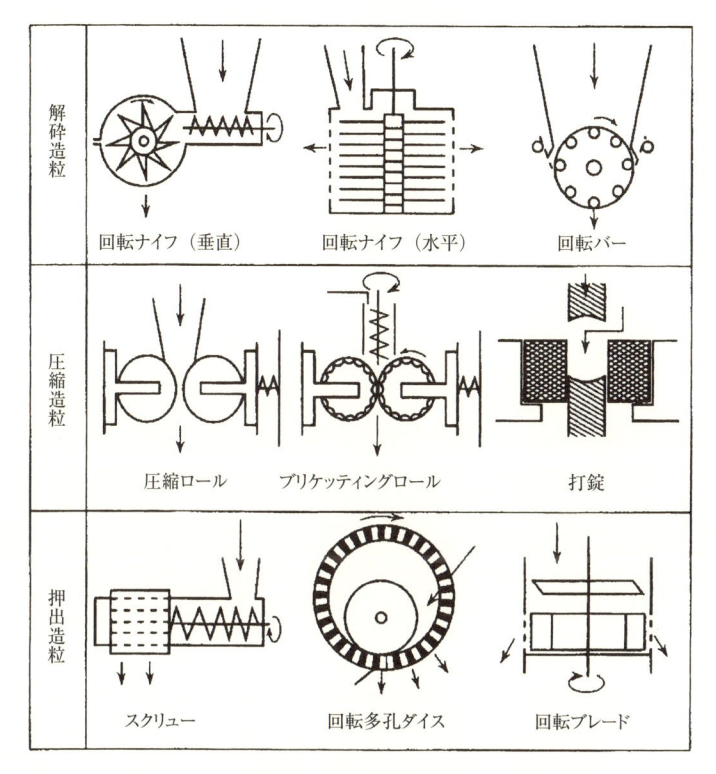

解砕造粒	回転ナイフ（垂直）	回転ナイフ（水平）	回転バー
圧縮造粒	圧縮ロール	ブリケッティングロール	打錠
押出造粒	スクリュー	回転多孔ダイス	回転ブレード

図 5.5 強制造粒の形式

液滴固化造粒	スプレー塔	板上滴下	液中滴下

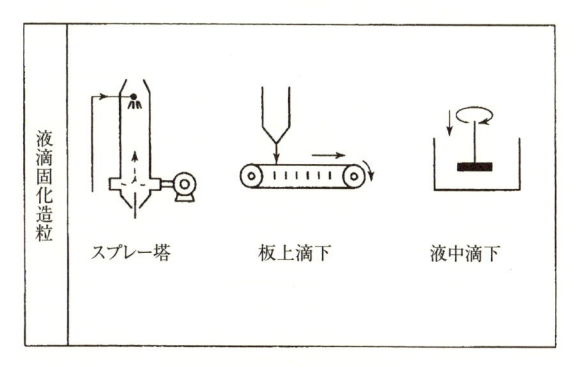

図 5.7 液滴造粒の形式

172　　　　　　　　　　第5章　粉　　体

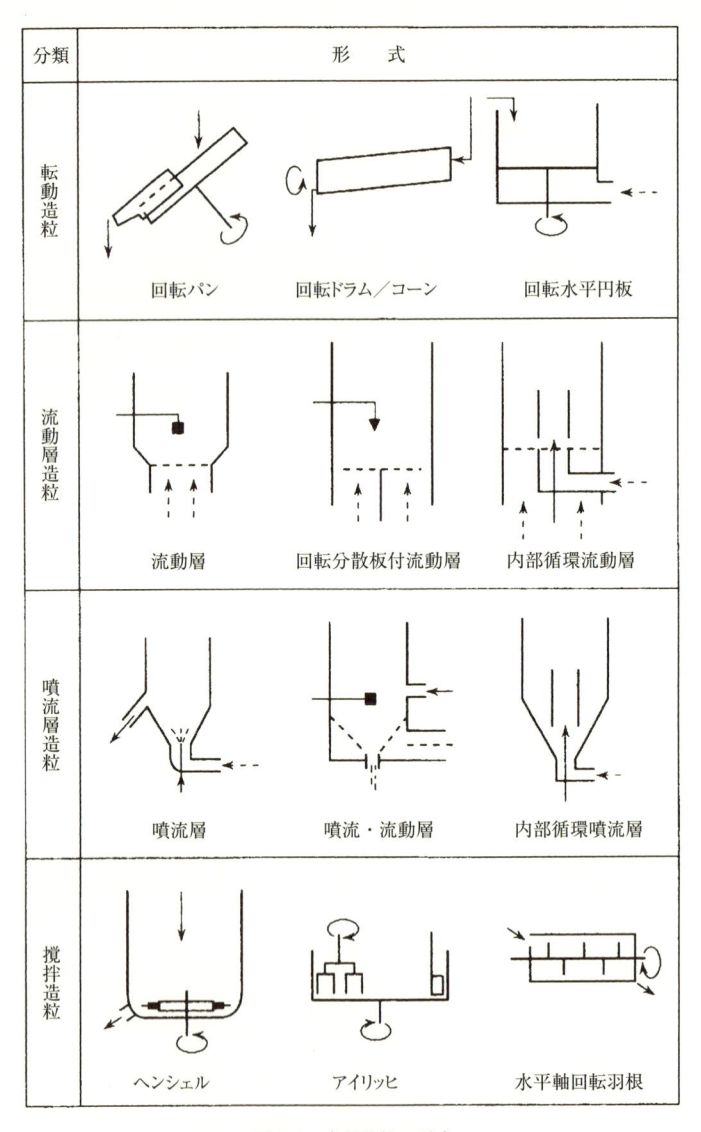

分類	形　　式		
転動造粒	回転パン	回転ドラム／コーン	回転水平円板
流動層造粒	流動層	回転分散板付流動層	内部循環流動層
噴流層造粒	噴流層	噴流・流動層	内部循環噴流層
撹拌造粒	ヘンシェル	アイリッヒ	水平軸回転羽根

図 5.6　自足造粒の形式

5.2.4 混　　合

　複数の異なった粉粒体をそのまま混ぜ合わせて一様均質な状態を得ることを総称して混合という．また，このような混合物を得るための操作を撹拌という．混合の目的には，原料粉体の配合，最終製品の調整，複合材料化などのほか，各種粉体プロセスの前処理操作として工程に組み込まれることが多い．

A. 混合の機構

　粉粒体の混合は異種粒子が相対的に位置を入れ替える操作であり，何らかの外力を加える必要がある．混合の機構は外力の加わり方により，対流（移動）混合，剪断混合，拡散混合の3種類に大別できる．対流混合は容器や撹拌翼の回転，あるいは気流によって粉体粒子群の位置が大きく移動し混合を促進する形式である．この機構は巨視的な混合に寄与し混合速度が大きい．剪断混合は粉体層内の速度分布によって生じる粒子相互のすべりや衝突，撹拌翼と容器壁や底面との間に生じる剪断作用による混合である．対象とする粉体の熱的性質や機械的強度を考慮して剪断力を調節する必要がある．この機構は全体の混合と微視的な混合の両者に寄与する．拡散混合は近接した粉粒体相互の位置交換による局所的な混合機構を意味する．具体的には粒子の表面状態や形状，大きさ，充填状態，流れのわずかな速度差および粒子自身の回転などの不規則性に起因する混合作用である．混合速度は著しく遅いが微視的な混合に寄与する．

B. 混合機の種類と特徴

　一般的な混合機は，混練，造粒，解砕，搬送・貯蔵容器などと兼用しているものが多い．代表的な混合機の概略を図 5.8[5] に示す．(a)～(c) のような容器回転型は，容器自体が回転，振動，揺動する形式で，簡単な機構であるため供給排出が容易で混合精度も良い．(d)～(j) のような機械撹拌型は，容器が固定されており内装された羽根などで撹拌する形式で，最も多くの種類があり用途に合わせて選択できる．(k) は流動撹拌型と呼ばれ，空気やその他のガスを送入し流動化させて混合する形式である．(l) は強制的な撹拌を行わない形式で，粉粒体を容器上部から重力のみで落下させ，流路の分割により混合を行うものである．

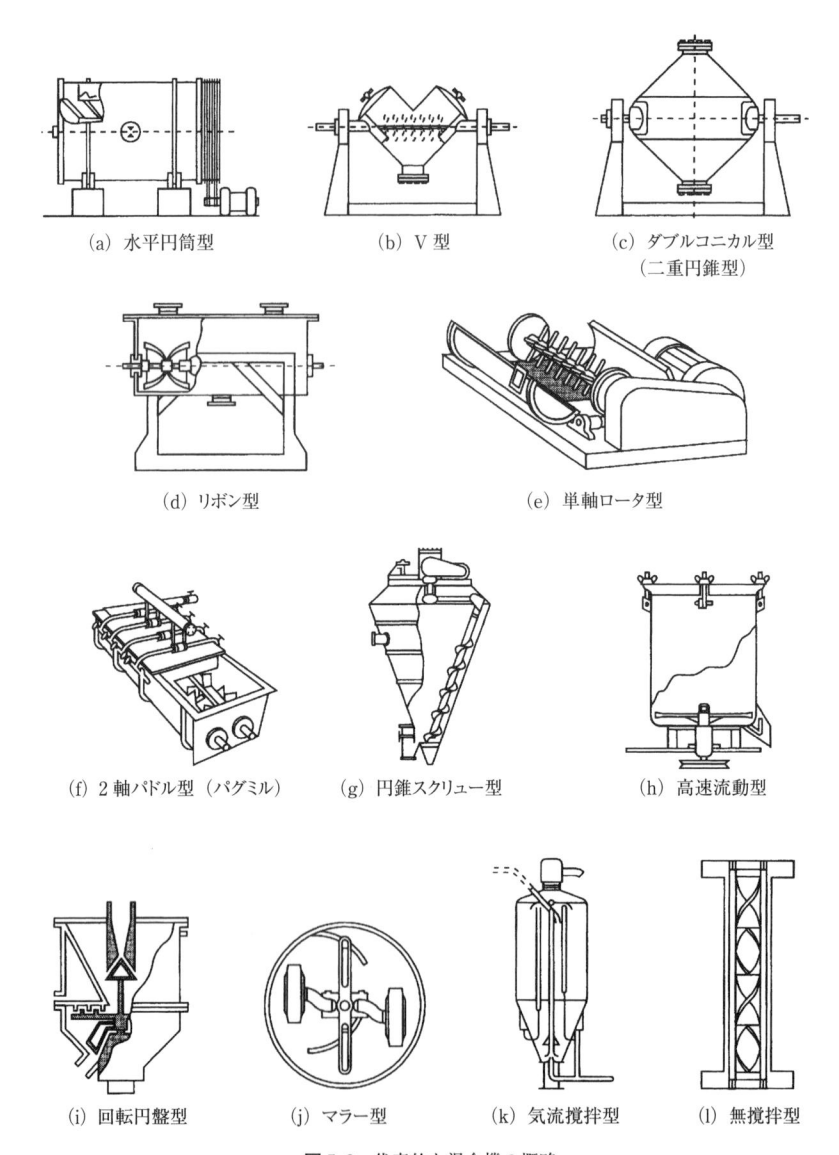

(a) 水平円筒型　　(b) V 型　　(c) ダブルコニカル型（二重円錐型）

(d) リボン型　　(e) 単軸ロータ型

(f) 2軸パドル型（パグミル）　　(g) 円錐スクリュー型　　(h) 高速流動型

(i) 回転円盤型　　(j) マラー型　　(k) 気流撹拌型　　(l) 無撹拌型

図 5.8　代表的な混合機の概略

5.3 微粒子生成

微粒子を生成する方法は，利用する現象，物質の状態などの違いによりさまざまな分類がなされる．具体的には 1) 物理的方法，化学的方法，2) 細分化プロセス，形成プロセス，3) 気相，液相，固相における生成が挙げられる．それぞれの分類法により体系的にまとめられる微粒子製造法の一覧を図 5.9 に示す．本書では特に 3) の分類に基づいて，各分類における生成法の特徴について記述する．

5.3.1 気相法

気相における化学反応および物理的相変化などを利用して固体微粒子を生成する方法であり，具体的な方法として化学的気相反応法（CVD 法），ガス中蒸発法およびスパッタ法が挙げられる．以下にその特徴について述べる．

A. CVD 法

CVD 法は，工業規模でのカーボンブラック，酸化物セラミックおよび磁性材料などの単成分および複合成分微粒子の製造プロセスとして重要な技術である．また，さまざまな機能を有する微粒子の開発手法として，実験室規模の装置を用いた研究が現在でも盛んに行われている．微粒子生成の原理は，原料気体が高温反応場に供

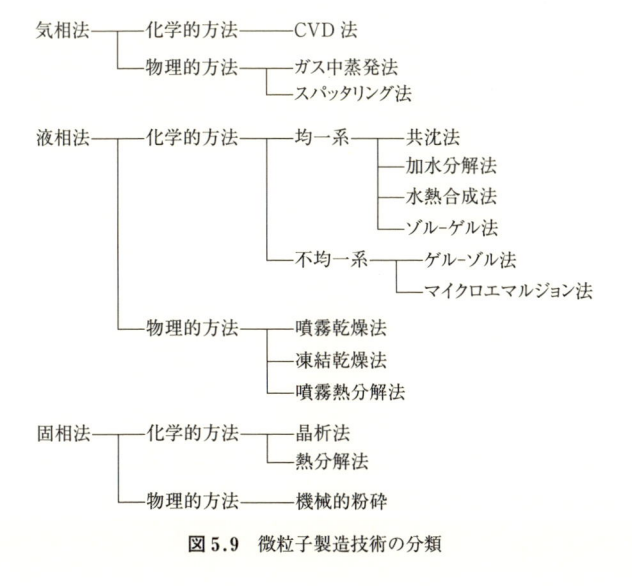

```
気相法 ─┬─ 化学的方法 ───── CVD 法
        └─ 物理的方法 ─┬─ ガス中蒸発法
                      └─ スパッタリング法
液相法 ─┬─ 化学的方法 ─┬─ 均一系 ─┬─ 共沈法
        │              │          ├─ 加水分解法
        │              │          ├─ 水熱合成法
        │              │          └─ ゾル-ゲル法
        │              └─ 不均一系 ─┬─ ゲル-ゾル法
        │                           └─ マイクロエマルジョン法
        └─ 物理的方法 ─┬─ 噴霧乾燥法
                      ├─ 凍結乾燥法
                      └─ 噴霧熱分解法
固相法 ─┬─ 化学的方法 ─┬─ 晶析法
        │              └─ 熱分解法
        └─ 物理的方法 ───── 機械的粉砕
```

図 5.9 微粒子製造技術の分類

給されることで，酸化，還元または熱分解反応が生じ，それにより固相が析出しさらに反応が進行することでその固相が成長し，または固相が互いに結合・凝集し，最終的にある大きさをもった塊となるというものである．本法は，加熱方法によりさらに電気炉加熱，燃焼およびプラズマなどを用いたプロセスとして細分化され，それにより反応温度，微粒子凝集体の構造，反応時間などが異なる．本法により生成される微粒子の粒径は，原料気体の分圧や反応温度などの影響を受け，分圧の上昇や反応温度が生成材料の融点に近づくにつれて，徐々に大きくなる傾向がある．また，反応器の構造，反応器への原料気体の導入法，生成粒子の回収法などによっても生成微粒子の性状や結晶構造などが変化するため，それぞれの操作因子の影響を把握し生成物の構造・特性の制御を行うのは非常に困難である．そのため，本法による微粒子の製造コストは他の方法と比較して高くなり，より付加価値の高い微粒子の製造に主に用いられている．

B. ガス中蒸発法

化学変化を伴うCVD法に対して物理的方法と位置づけられ，金属微粒子，セラミック微粒子および高分子化合物などの工業的規模での生産に用いられている．微粒子生成の原理は，ヘリウムやアルゴンなどの不活性気体中に原料固体蒸気を供給すると，原料蒸気の原子が不活性気体分子と衝突することで減速され，さらにこれに別の原料蒸気原子が衝突・結合し一定の大きさをもつ粒子に成長するものである．原料固体を蒸発させる方法として直流プラズマや高周波プラズマなどの熱プラズマ中に原料を投入する方法や，CO_2レーザーやNd:YAGレーザーを原料固体に照射して蒸発させるレーザーアブレーション法などがある．また，原理的に異なるが気相での物理的方法として類似する微粒子製造手法として，真空中でイオン化させたアルゴンなどを原料固体に衝突させ，運動量交換によりその構成原子が空間中にはじき出されるいわゆるスパッタリング現象を利用した微粒子製造法が挙げられる．

5.3.2 液相法

液相中に溶解しているイオンや分子を粒子状の固相として析出させる方法であり，一般に過飽和状態の溶液から固相が生成しこれを核として固相が成長し微粒子を形成するというメカニズムで微粒子生成が進行する．この過飽和状態を作り出す手法により，気相法と同様化学反応を利用する場合と物理的変化を利用する場合に細分される．さらに，液相における微粒子製造方法は利用する反応系によって数多くの手法が提案・報告されているが，本書ではその具体的例の一部について述べる．

A. 化学的方法（均一系）

最も単純な方法として化学反応により溶解度の低い固相を析出させる，いわゆる沈殿操作が挙げられる．粒度分布が狭く性状・形状とも均一な微粒子を製造するためには，原料となる溶液濃度や温度や pH 等さまざまな条件を均一に保ち，その上で原料を均一に供給し，かつ生成粒子同士の結合（凝集）を防がなければならない．このような条件を満たすためにさまざまな手法が提案されている．尿素の加水分解による OH の生成・pH 調整は，溶液全体で均一にかつ緩やかに分解反応が進行するため均一な沈殿生成法として古くから知られている．また，金属イオンキレート化合物を原料供給源として，溶液中の金属イオン濃度を十分に下げて沈殿を生成させる方法も提案されている．この方法では，キレート化合物の安定度定数と生成粒子径との間に明確な関係が存在し，金属イオンの放出速度の小さな安定度定数の高いキレートを用いるほど大きな粒子が得られる．テトラエトキシシラン（$Si(OC_2H_5)_4$）等の金属アルコキシドの加水分解反応と脱水縮合反応により固相を生成させる方法は一般にゾル-ゲル法と呼ばれ，微粒子のみならず無機薄膜や網目状の多孔質材料の合成方法としても知られている．

B. 化学的方法（不均一系）

上述の方法はすべて均一な溶液を原料とした固相析出反応であるが，原料となる固体の溶解と再析出を通じて微粒子を生成する方法として，"ゲル-ゾル法" と呼ばれる製造法がある．文字どおり網目状のゲル構造体そのものが生成微粒子の原料供給源として機能するだけではなく，ゲル構造体内部の空隙部分で微粒子が生成するため他の粒子との凝集を防止する役割も果たし，最終的にはゲル構造体すべてが微粒子に変換される．この方法により生成されたヘマタイト（$\alpha\text{-}Fe_2O_3$）の SEM 写真を一例として図 5.10[7] に示す．その他，界面活性剤を用いて油相中に水相を分散させた逆ミセル（W/O エマルジョン）内に形成される微小な水溶液滴を反応場として利用した微粒子生成法なども提案されている．この方法では，界面活性剤の影響などにより微小な水相の界面に生成微粒子が捕捉されるため，微粒子の成長が抑制され非常に微小な粒子が単分散に生成される．

C. 物理的方法（脱溶媒法）

溶液中の溶媒を蒸発などの方法で除去することで固相を析出させる方法としては，溶解度の関係で起こる再結晶なども存在するが，ここでは微小な液滴の蒸発・乾燥などによる固相析出に基づく微粒子製造手法を中心に述べる．

このような方法は一般に噴霧乾燥法と呼ばれるが，脱溶媒プロセスの違いや脱溶

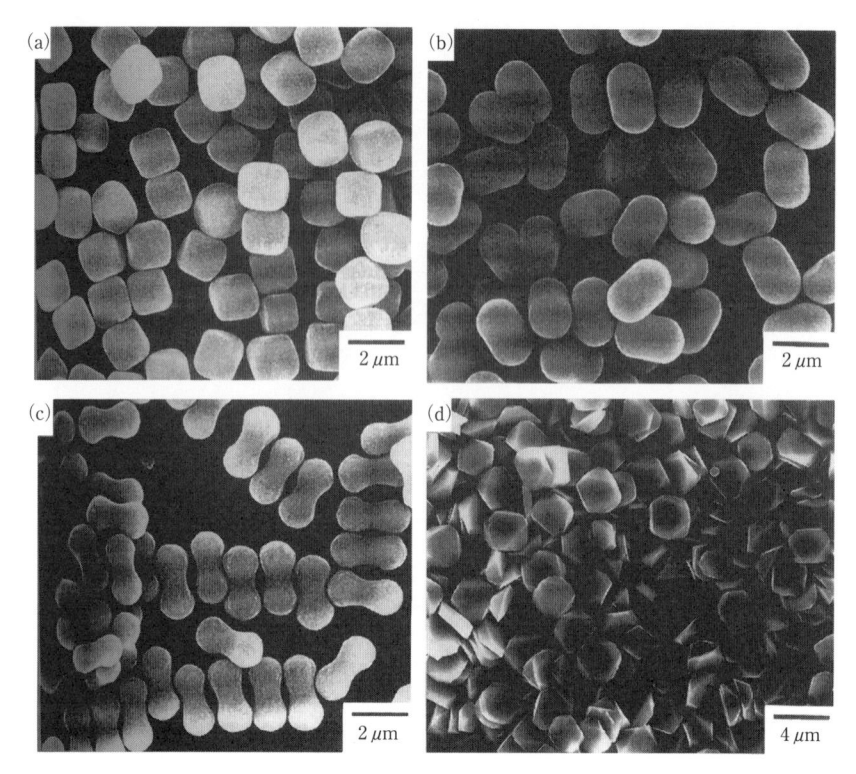

(注)(a):擬似立体型．$[Fe(OH)_3] = 0.9 M$, $[Fe^{3+}] 0.1 M$, $[Cl^-] = 3 M$, 100℃, 8 days.
(b):エリプソイド型．(a)に同じ．ただし $+ [Na_2SO_4] = 1.0 \times 10^{-2} M$.
(c):ピーナッツ型．(a)に同じ．ただし，$+ [Na_2SO_4] = 3.0 \times 10^{-2} M$.
(d):平板型，$[\beta\text{-}FeOOH] = 0.9 M$, $[NaOH] = 7.5 M$, $[NaCl] = 2 M$, 70℃, 8 days.

図5.10 ゲル-ゾル法により生成されたヘマタイト（a-Fe 203）のSEM写真[7]

媒後に熱分解反応へと直接移行する場合（噴霧熱分解法）などにより細分化される．原理的には，各種噴霧方法により微小な原料液滴を生成し，この液滴内の溶媒を加熱乾燥などにより除去することで固相を析出させることで粒子が得られるため，原料溶液の濃度が低くかつ噴霧液滴の径が小さいほど微小な粒子が得られる傾向にある．原料となる溶液は上述の均一・不均一を問わないが，スラリーやコロイド溶液などすでに液相内に微小な粒子を内包している場合，生成粒子の粒径は内包粒子よりも大きくなる．

この方法による微粒子製造において，原料噴霧方法は生成粒子の粒径を左右しう

るきわめて重要な技術である．代表的な噴霧方法として，気体との混合により液相を分散させる二流体式噴霧や高速回転する平板上に液相を供給し，その遠心力で液滴を生成する回転板式噴霧などがある．さらにより微小な液滴を生成するための方法として，加湿器などで利用されている超音波霧化技術，イオン導電性を有する溶液に対して高電圧をかけ噴霧させる静電噴霧技術，多孔質板の上に液膜として供給し後段を減圧させることで多孔質板から噴霧させる減圧噴霧技術などが提案，検討されている．

溶媒を除去する方法としては，高温気流中での加熱乾燥の他に，急速冷凍により噴霧液滴を凍結させ固体となった溶媒を減圧状態で昇華させ除去する凍結乾燥法がある．また，微細な粒子を生成するための特殊な方法として，熱的に安定で原料と異なる金属塩を溶液に混合し，噴霧熱分解法により得られる微粒子は金属塩の混合物となるが，これを適切に選択することで金属塩（フラックス）の塊の中に微小な目的微粒子が生成する不均一生成が起こる．ここで金属塩を適当な溶媒で除去すれば微粒子を単離することができる．この方法は塩添加噴霧熱分解法と呼ばれる．その他，逆ミセル内に形成される微小な水相をテンプレートとした W/O エマルジョン噴霧燃焼法などが提案され，研究が進められている．

5.3.3 固 相 法

固相法は機械的に粉砕する方法と固相を出発原料とする晶析・熱分解法に大別されるが，機械的粉砕については 5.2 節にてすでに述べているので，ここでは晶析および熱分解法について説明する．

A. 晶析法

晶析による微粒子生成メカニズムについては，上述の液相における不均一系化学的方法と基本的に同じであり，液相法の延長線上にあると見なすこともできる．それとは別に高温で溶融した物質を急速冷却してアモルファス状態にした固体をガラス転移点と融点の間の温度で保持することにより，結晶質微粒子を得る方法が新たに提案されている．

B. 熱分解法

熱分解法は上述の噴霧熱分解法と類似しており，後者が微小液滴の脱溶媒による原料固相の析出の後に熱分解反応に移行するのに対し，前者は原料として粉末状の金属塩を用いる点で異なっている．原理的には生成微粒子の形状は原料粉末の形状に依存するが，熱分解温度，原料塩の種類，熱分解反応速度によっても変化するた

め，生成粒子形状および粒径の制御は非常に困難である．一方，まったく新しい概念として微粒子原料となる陽イオンで置換されたイオン交換性有機物を熱分解することで，その構造内に局所的に存在する陽イオンの微小酸化物を析出させる方法なども提案されている．

5.3.4 微粒子のハンドリング

粉体の取り扱いについては，前2項においてすでに述べられているが，ここでは特に微粒化に伴う影響について述べる．

粒子の微粒化による最も重要な性質の変化として，単位質量あたりの表面積の増大が挙げられる．これにより粒子表面に露出する構成原子・分子の割合が大きくなり，反応性や溶解度がバルク固体と比較して高くなることが知られている．そのため，微粒子を大気中で取り扱う際には，空気酸化などに注意する必要がある．また，粒子の流動性はそれに働く付着力が重力を上回る場合に著しく低下し，その付着力は粒子径 x に依存することが知られている．粒子間に作用する付着力として代表的なファンデルワールス力 F_m および静電引力 F_e は以下の式により表される．

$$F_m = \frac{Ax}{24a^2} \tag{5.13}$$

ここで，A は Hamaker 定数，a は粒子間距離（min = 4Å）である．

$$F_e = \frac{\pi\sigma^2 x^2}{4\varepsilon_a} \tag{5.14}$$

σ は単位表面積あたりの電荷量，ε_a は大気中の誘電率を表す．これに対し，密度 ρ_p の粒子に働く重力 F_g は以下の式のとおり粒子径の3乗に比例する．

$$F_g = \frac{\pi\rho_p g x^3}{6} \tag{5.15}$$

ただし，g は重力加速度である．これらの関係から，粒子径の微小化により F_g が急激に小さくなり F_m もしくは F_e の方が大きくなることが容易に推測できる．また，粒子径の微小化により F_m 自体も比例的に小さくなるが，単位体積あたりの粒子間接触点は概ね粒子径の3乗に反比例するため，仮に粒子径が1/10になると単位体積あたりのファンデルワールス力はおよそ100倍に達することとなり，流動性低下の要因の1つとなる．

〈演習問題〉

5.1 （粒度分布） 例題5.1のデータを用いて，粒子径を対数とした場合のふるい下積算分布およびヒストグラムを片対数グラフ用紙にプロットせよ．

5.2 （粒度分布） 粒度分布のヒストグラム表示について説明し定義式を示せ．

5.3 （分級） 20℃の水にアルミナ粒子を沈降させたところ，10 cmの距離を沈降するのに10分を要した，この粒子のストークス径はどれだけか．ただし，水の粘度は0.0010 Pa·s，粒子密度は3890 kg/m^{3}とする．

5.4 （分級） 有用な粒子径成分が8%含まれている原料粉体を分級したところ，有用粒子径成分75%を含む製品と，有用粒子径成分0.8%を含む不用品が得られた．このときのニュートン効率はいくらか．

5.5 （集塵） 集塵機の捕集機構はどのようなものがあるか6つ挙げよ．また，電気集塵機の原理と特徴を述べよ．

5.6 （粉砕） 個体を粉砕して粉体とした場合，工業的にどのような利点があるか．さらに細かく粉砕して，20 μm程度の微粉体とした場合の利点と問題点を考えよ．

5.7 （粉砕） 超微粉砕とはどの程度の大きさに粉砕することか，また，超微粉砕が可能な粉砕機の名前と特徴を挙げよ．

5.8 （造粒） 造粒とはどのような操作をいうのか，また，その目的は何か．

5.9 （混合） 混合の機構にはどのようなものがあるか述べよ．

5.10 （用語） 次の言葉を簡単に説明せよ．
　　　フェレー径，ストークス径，比表面積，終末速度，部分分離効率，媒体撹拌ミル，自足造粒

[参考文献]

1) 羽多野重信他：はじめての粉体技術，工業調査会，2000
2) 粉体工学会編：粉体工学便覧（第2版），日刊工業新聞社，1998
3) 伊藤光弘：図解「粉体機器・装置」の基礎知識，工業調査会，2001
4) Nishii, K., Y.Itoh, N.Kawakami and M.Horio: Pressure Swing Granulation, a Novel Binderless Granulation by Cyclic Fluidization and Gas Flow Compaction, Powder Technology, 74, 1-6(1993)
5) 羽多野重信，山崎量平，森滋勝：噴流層を用いた微粉体の乾式造粒，粉体工学会誌，33(2)，115-120(1996)
6) ㈳日本粉体工業技術協会編：粉体工学概論，粉体工学情報センター，1995
7) Sugimoto T., K. Sakata and A. Muramatsu : J. Colloid Interface Sci., Vol. 159, p.372, 1993

6 化学反応

化学反応を利用して,私たちの生活に有用な物質の生産,あるいは汚染物質を分解処理して環境浄化を行わせるには,反応装置(反応器)を設計,運転しなければならない.反応装置の合理的な設計と操作を行うには,第1に化学反応の進行状況,すなわち化学反応速度を知り,ついで目標とする生産量を得るために最適な反応器の種類や大きさ,温度,これに供給する原料の量などを決定する必要がある.ここで化学反応速度は,反応物や生成物の濃度,触媒の種類,反応温度などによって決まるが,反応器内の濃度や温度は場所的に不均一であったり,時間的に変化することが多く,したがって,熱,物質および運動量の移動速度を考慮したプロセス設計が必要となる.本章では,反応操作の基礎的な内容を学ぶ.

6.1 化学反応の種類と反応速度

6.1.1 化学反応の種類

化学反応を相の数によって分類すると,表6.1のようになる.相が1つのものを均一相反応,2つ以上のものを不均一相反応と呼ぶ.均一相反応は気相と液相反応とがあり,不均一相反応は気液反応,気固反応,気固触媒反応,固液反応,気液固触媒反応,など多くの反応系が存在する.

次に,化学反応を形式で分類すると,単純反応と複合反応とに分けられる.単純反応は1つの化学反応量論式で表される反応である.

$$aA + bB \rightarrow cC + dD \tag{6.1}$$

ここで,AおよびBは反応物,CおよびDは生成物である.a, b, c, d を化学量論

表 6.1 相の数による化学反応の分類と主な反応

反応の名称		反応例
均一相反応	気相反応	ナフサの熱分解，ガス燃焼
	液相反応	エステル化反応，加水分解反応
不均一相反応	気固反応	鉄鉱石の還元反応，固体燃焼
	気固触媒反応	アンモニア合成，自動車排ガス処理
	気液反応	ガス吸収反応

係数という．

複合反応の形態はいろいろであるが，複合反応には次の3つの基本的なパターンがある．この分類法は反応機構や反応速度式には無関係で，あくまで化学量論式の数に基づいている．

並列反応	A → C
	A → D+2E
逐次反応	A → R → S
逐次・並列反応	A+B → C
	C+B → 2D

いくつかの段階を経て連鎖的に反応が進行するとき，それぞれの段階でそれ以上には分割できない反応を素反応と呼び，反応速度式を誘導するときに重要となる．素反応は単純反応であるが，単純反応は必ずしも素反応ではなく，多くの段階の反応を含んでいることがある．

6.1.2 反応速度の定義

化学反応の速度は反応物の消失速度または生成物の生成速度で定義される．いま化学反応式が式 (6.1) で表されるとすると，反応速度 r_j は，反応系によって以下のように定義される．

(1) 均一相反応

反応物 A, B と生成物 C, D が反応器内に均一に分散している場合，反応器内のどの微小体積をとっても同一の反応速度で反応が進行していると考えられる．流体単位体積，単位時間あたりに生成する成分 j のモル数 [$\text{kmol} \cdot \text{s}^{-1} \cdot \text{m}^{-3}$-物体] は下記のように定義される．

$$r_j = \frac{1}{V}\frac{dn_j}{dt} = \frac{dC_j}{dt} \quad (j = \text{A, B, C, D}) \tag{6.2}$$

V は体積 [m³], n_j は反応器内の成分 j の物質量 [kmol], C_j は成分 j の濃度 [kmol·m⁻³], t は時間 [s] である．定義から，r_j は成分 j が反応物であれば負の値，生成物であれば正の値をとることがわかる．

(2) 固体触媒反応

式 (6.1) が固体触媒反応の場合，反応物 A, B が触媒表面上に接触してはじめて反応が進行するので，反応速度 $r_{j,w}$ は触媒量 W [kg] の影響を受ける．固体触媒単位質量，単位時間あたりに生成する成分 j の物質量 [kmol·s⁻¹·kg⁻¹-触媒] は下記のように定義される．

$$r_{j,w} = \frac{1}{W}\frac{dn_j}{dt} \quad (j = \text{A, B, C, D}) \tag{6.3}$$

(3) 界面反応

気体と液体あるいは気体と固体など不均一反応で，両相の接触界面付近のみで反応が進行する場合，反応界面積 S [m²] を基準とした反応速度 $r_{j,s}$ が用いられる．単位反応界面積，単位時間あたりに生成する成分 j の物質量 [kmol·s⁻¹·m⁻²-界面] は下記のように定義される．

$$r_{j,s} = \frac{1}{S}\frac{dn_j}{dt} \quad (j = \text{A, B, C, D}) \tag{6.4}$$

(4) 当量反応速度

式 (6.1) で，反応が左から右へ起こるとき，A が a [kmol] 消失したとすると，B は b [kmol] 消失し，C と D は，それぞれ c [kmol], d [kmol] 生成するので，式 (6.5) が成り立つ．単純反応では，反応量論比に対して最も少なく与えられた反応物を限定反応成分と呼ぶ．通常は，反応物 A を限定反応成分に選び，反応物 A の消失速度 $-r_A(>0)$ を反応速度として定義しておくと便利である．

$$\frac{-r_A}{a} = \frac{-r_B}{b} = \frac{r_C}{c} = \frac{r_D}{d} = r \tag{6.5}$$

ここで，r は成分に依存しない反応速度で，当量反応速度と呼ばれる．

〈例題 6.1〉 次の複合反応において，各成分の反応速度を量論式に対する反応速度 $r_1 \sim r_3$ を用いて表せ．

反応 1：$2C_2H_4 + O_2 \rightarrow 2C_2H_4O$　　　　r_1　　　　①

反応 2：$2C_2H_4O + 5O_2 \rightarrow 4CO_2 + 4H_2O$　　　　r_2　　　　②

反応 3：$C_2H_4 + 3O_2 \rightarrow 2CO_2 + 2H_2O$　　　　r_3　　　　③

(**解**)　それぞれの反応（$i=1\sim3$）で生成する各成分（$j=C_2H_4$, O_2, C_2H_4O, …）の反応速度を $r_{i,j}$ と表す．反応1による各成分の反応速度は，式（6.5）から

$$r_{1,C_2H_4} = -2r_1, \quad r_{1,O_2} = -r_1, \quad r_{1,C_2H_4O} = 2r_1$$

反応 2，3 についても同様に

$$r_{2,C_2H_4O} = -2r_2, \quad r_{2,O_2} = -5r_2, \quad r_{2,CO_2} = 4r_2, \quad r_{2,H_2O} = 4r_2$$

$$r_{3,C_2H_4} = -r_3, \quad r_{3,O_2} = -3r_3, \quad r_{3,CO_2} = 2r_3, \quad r_{3,H_2O} = 2r_3$$

したがって，成分ごとの反応速度は次のように求められる．

$$r_{C_2H_4} = r_{1,C_2H_4} + r_{3,C_2H_4} = -2r_1 - r_3$$

$$r_{O_2} = r_{1,O_2} + r_{2,O_2} + r_{3,O_2} = -r_1 - 5r_2 - 3r_3$$

$$r_{C_2H_4O} = r_{1,C_2H_4O} + r_{2,C_2H_4O} = 2r_1 - 2r_2$$

$$r_{CO_2} = r_{2,CO_2} + r_{3,CO_2} = 4r_2 + 2r_3$$

$$r_{H_2O} = r_{2,H_2O} + r_{3,H_2O} = 4r_2 + 2r_3$$

6.1.3　反応次数と速度定数

反応速度 $-r_A$ は，温度，圧力ならびに組成に関係し，$-r_A = f$（温度，圧力，組成）の関数で表した式を反応速度式という．最も簡単な反応速度式は，$-r_A$ が反応物成分のそれぞれの濃度のべき乗に比例する式である．

$$-r_A = k(T) C_A^m C_B^n \tag{6.6}$$

ここで，$k(T)$ は反応速度定数と呼ばれ，温度のみの関数である．m, n は反応次数と呼ばれ，この反応は成分 A に対して m 次，成分 B に対して n 次，べき乗の和 $m+n$ 次を反応次数という．

6.1.4　可逆反応と化学平衡

化学反応が可逆反応で進行する場合，$-r_A$ は次式となる．

$$-r_A = k C_A^m C_B^n - k^* C_C^p C_D^q = k \left(C_A^m C_B^n - \frac{1}{K_C} C_C^p C_D^q \right) \tag{6.7}$$

ここに k は左から右への正反応の反応速度定数，k^* は右から左への逆反応の反応

速度定数, $K_C(=\frac{k}{k^*})$ は平衡定数である.

次に化学平衡とは,可逆反応の正および逆方向の反応速度が等しく,いずれの方向にも進まなくなるときである.このとき,$-r_A = 0$ となり,次の関係が成立する.

$$\frac{C_C^p C_D^q}{C_A^m C_B^n} = \frac{k}{k^*} = K_C \tag{6.8}$$

反応系が与えられれば,平衡定数は,熱力学により温度,圧力の関数として定量的に算出することができる.

6.1.5 アレニウス式

反応速度定数 k は各成分の濃度に無関係で,絶対温度 T によって変化し,次のアレニウス式で表される.

$$k(T) = k_0 e^{-E/RT} \tag{6.9}$$

ここで,R は気体定数($= 8.314$ J·mol^{-1}·K^{-1}),k_0 は前指数因子あるいは頻度因子,E は活性化エネルギー[J·mol^{-1}]と呼ばれる.活性化エネルギー E は,反応物が反応にするために必要なエネルギーに等しいと考えられており,反応前後のエネルギー変化と活性化エネルギーとの関係を図 6.1 に模式的に示す.

k_0 と E は,反応速度の実験データから決定されることが多いが,分子運動論や熱力学的知見に基づき理論的な誘導も行うことができる.k_0 の単位は反応速度定数 k の単位と同じである.このため,k の単位は反応に関与する分子数(反応次数)によって変化することに注意してほしい.

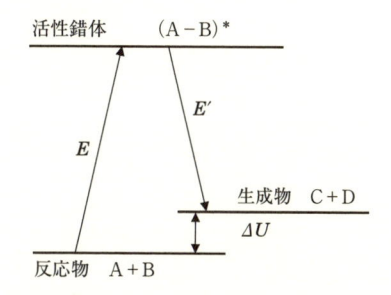

図 6.1 反応エネルギーと活性化エネルギー

〈**例題 6.2**〉 1次反応と2次反応の場合の頻度因子の単位を求めよ.

(**解**) 式 (6.6) 中の反応速度および濃度の単位はそれぞれ [kmol·s^{-1}·m^{-3}−流体] および [kmol·m^{-3}−流体] であり，アレニウス式（式 (6.9)）の指数項は単位をもたないので，頻度因子の単位は，1次反応および2次反応でそれぞれ，[s^{-1}]，[m^3−流体·s^{-1}·kmol^{-1}] となる．

〈**例題 6.3**〉 次のデータより，反応速度定数の活性化エネルギーと頻度因子を求めよ．

温度 [℃]	410	520	570
k [m^3·kg^{-1}·s^{-1}]	2.0×10^{-3}	1.0×10^{-1}	3.0×10^{-1}

(**解**) 反応速度定数 k がアレニウス式（式 (6.9)）で表されるので
$$k = k_0 e^{-E/RT} \qquad ①$$
この式の両辺の対数をとると
$$\ln k = \ln k_0 - \frac{E}{R}\frac{1}{T} \qquad ②$$
となるので，$\ln k$ と $1/T$ のプロットを行うと，直線の傾きは $-E/R$ となる．温度を絶対温度に変換し，その逆数（$1/T$）を計算した結果を次表に示す．

温度 T [K]	683.15	793.15	843.15
$1/T$ [K^{-1}]	1.464×10^{-3}	1.261×10^{-3}	1.186×10^{-3}
k [m^3·kg^{-1}·s^{-1}]	2.0×10^{-3}	1.0×10^{-1}	3.0×10^{-1}

ここでは，片対数方眼紙を用いてアレニウスプロットを行う．k を対数軸（縦軸）に，$1/T$ を横軸にとってプロットすると，図 6.2 のような直線関係が得られる．この直線の傾き（$-E/R$）を計算して E を求める．

直線上の点 A($1/T_1$, k_1) と点 B($1/T_2$, k_2) から，直線の傾き $-E/R$ は
$$-\frac{E}{R} = \frac{\ln k_1 - \ln k_2}{1/T_1 - 1/T_2} \qquad ②$$
で計算できる．いま，縦軸の読みやすい値として，点 A を $k_1 = 0.400$，点 B を $k_2 = 0.00400$ に選ぶと，横軸の値は，それぞれ $1/T_1 = 0.001176$，$1/T_2 = 0.001432$ とグラフから読むことができる．したがって
$$-\frac{E}{R} = \frac{\ln k_1 - \ln k_2}{1/T_1 - 1/T_2} = \frac{\ln 0.400 - \ln 0.00400}{0.001176 - 0.001432} = \frac{\ln 100}{-0.000256} = -17{,}989$$
が得られ，この値から，$E = 17{,}989 \times 8.314 = 1.50 \times 10^5$ J·mol^{-1} = 150 kJ·mol^{-1} となる．頻度因子 k_0 を求めるには，たとえば，点 A における値を利用すると
$$k_0 = k_1 e^{E/RT} = 0.400 e^{(17989 \times 0.001176)} = 6.16 \times 10^8 \text{ m}^3 \cdot \text{kg}^{-1} \cdot \text{s}^{-1}$$

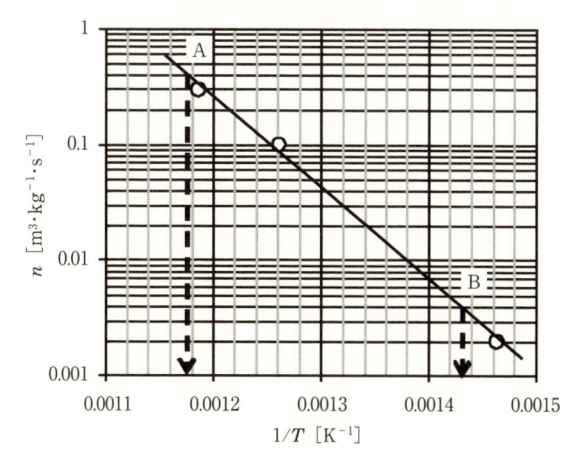

図6.2 k_0 と $1/T$ のアレニウスプロット

となる(図6.2).

6.2 均一反応操作

反応器は，化学工業プロセスにおいて中心的な存在である．プロセスの設計・評価・最適化のためには，反応器の設計法を習得する必要がある．ここでは，化学反応の分類と反応器の特徴を理解した後，各種反応器の設計方程式を学ぶ．

6.2.1 化学反応の分類

化学反応の形態は，工業的に図6.3のように分類できる．反応器設計においては，対象とする反応がどのような反応に分類されるのか知っておかなければならない．

反応器内の温度が一定のなかで起こる反応を等温反応，反応器内に温度分布がある反応を非等温反応という．その他の各分類の詳細は前節で述べたとおりである．

等温での均一相単一不可逆反応が最も単純な反応系といえるが，実際の反応器では，非等温での不均一相複合可逆反応といった複雑な反応系であることも多い．

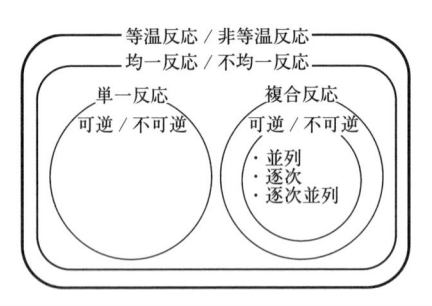

図6.3 化学反応の工業的分類

6.2.2 反応器の分類と特徴

反応器は，操作法と形状の違いによって図6.4のように分類される．これらは反応物質の理想的な流れを定義したものであることから，反応器モデルと呼ばれることもある．それぞれの反応器内の物質濃度変化の様子は異なるため，反応器の設計や解析においては，どの反応器を扱うのか決定する必要がある．

A. 反応操作法と反応器形状

反応操作は，回分式操作（バッチ操作），半回分式操作（セミバッチ操作），連続式操作の3種類に分けられる．また，反応器はその形状によって槽型と管型に大別される（図6.4）．

回分式操作は，反応原料A, Bを反応器内に仕込んだ後に反応を開始し，ある時間後に反応生成物を取り出す操作法である．また，半回分式操作は，原料Bを器内に仕込んでおき，そこに原料Aを連続的に投入しながら反応を進行させ，ある時間後に反応生成物Cを取り出す方法であり，AとBの反応を緩やかに行いたい場合に用いる．これらの反応操作には回分式槽型反応器，半回分式槽型反応器がそれぞれ用いられる．

一方，連続式操作（流通式操作ともいう）は，反応原料A, Bを器内に連続的に供給しながら反応を進行させ，反応生成物Cを連続的に取り出す方法であり，連続式槽型反応器か管型反応器が用いられる．連続式槽型反応器を複数直列につないだ直列連続式槽型反応器を用いることもある．

回分式操作あるいは半回分式操作は，その操作法と反応器容積の限界から多品種少量生産に適し，連続式操作は大量生産に適しているといえる．

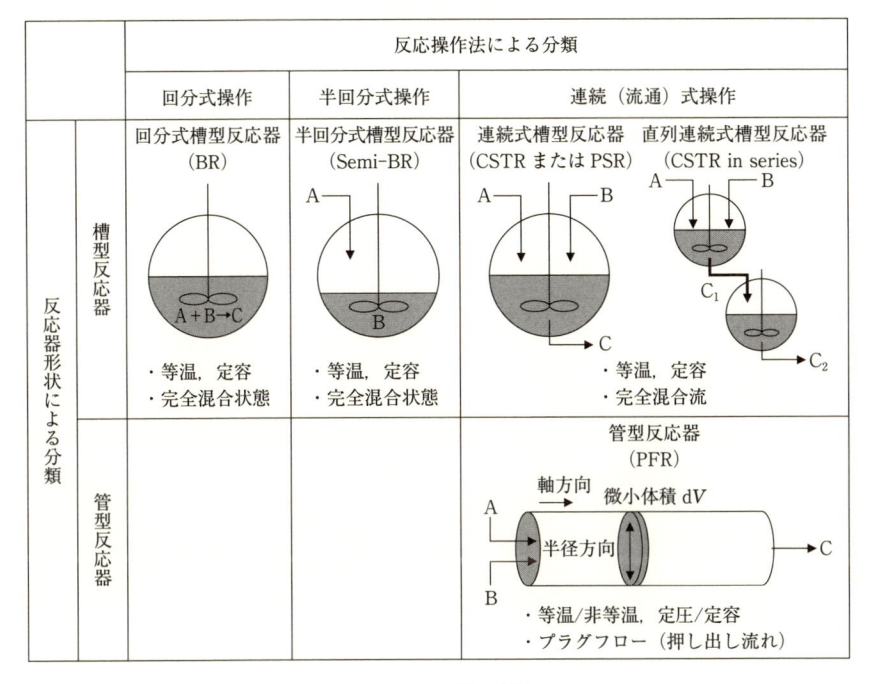

		反応操作法による分類		
		回分式操作	半回分式操作	連続（流通）式操作
反応器形状による分類	槽型反応器	回分式槽型反応器 (BR) ・等温，定容 ・完全混合状態	半回分式槽型反応器 (Semi-BR) ・等温，定容 ・完全混合状態	連続式槽型反応器 (CSTR または PSR)　　直列連続式槽型反応器 (CSTR in series) ・等温，定容 ・完全混合流
	管型反応器			管型反応器 (PFR) ・等温/非等温，定圧/定容 ・プラグフロー（押し出し流れ）

図 6.4　反応器の分類

B. 槽型反応器と管型反応器の反応特性

回分式槽型反応器，連続式槽型反応器，管型反応器の3種の反応器を用いて，A+B→C の反応を開始したとする．図 6.5 (a) に示すように，回分式槽型反応器では，反応時間に対し原料成分濃度 C_A, C_B は徐々に減少し，生成成分濃度 C_C は徐々に増加する特性を示す．回分式槽型反応器では，ある反応時間でみると成分濃度 C_A, C_B, C_C は槽内のどこでも一様であり，これを完全混合という．

連続式槽型反応器では，反応が定常状態に達した後を考える．図 6.5 (b) に示すように，C_A, C_B, C_C はある反応器体積 V の槽内で一様となる．連続式槽型反応器も槽内の流体は十分に混合されているが，原料と生成物が流通していることから（図 6.4），この状態を完全混合流という．

一方，管型反応器内の流体は，管半径方向には均一に混合されるとみなすが，流体の流れ方向には混合されず，あたかもピストンで押し出されるように流れる．この状態を押し出し流れまたはピストン流，あるいはプラグフロー（栓流）という．

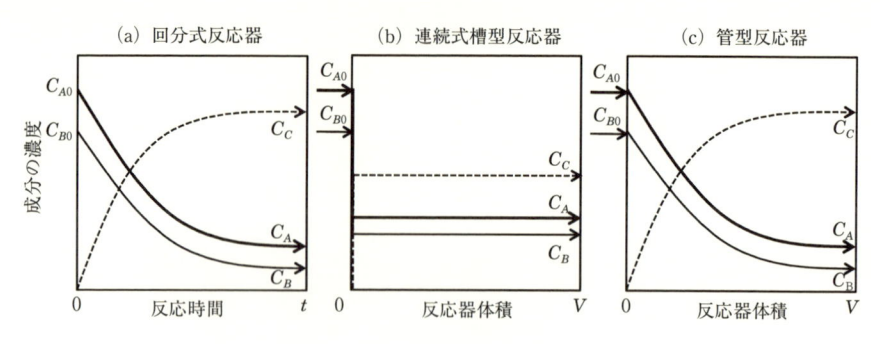

図6.5 各反応器内の濃度分布の違い

原料成分 A, B を管型反応器に供給すると，管軸方向（反応器体積）に対し，C_A, C_B は徐々に減少し，C_C は徐々に増加する特性を示す．

一般に，液体の均一反応操作には槽型反応器が，気体には管型反応器が用いられる．液相反応は，反応の進行に伴う体積変化（密度変化）を無視できることが多く，この場合を定容系反応器という．気相反応は反応器内の圧力を一定に保って反応を進行させることが多く，この場合を定圧系反応器という．

なお，回分式槽型反応器を BR，連続式槽型反応器を CSTR あるいは PSR，管型反応器を PFR と略記することが多い．

CSTR と PFR の流れの状態，すなわち完全混合流とプラグフローは，いずれも設計・解析のために理想化されたものであり，両者は反応器内の流動状態の両極端であるといえる．実際の反応器内では，両者の中間的な特性をもつことが多く，部分混合流の反応器であることが多い．

6.2.3 均一反応器の設計・解析の基礎

反応器設計とは，反応器の種類や大きさ（体積），操業条件を決定することである．また，反応器解析とは，実際の反応器を BR や CSTR, PFR などの反応器モデルに当てはめ（この検討をモデル化という），反応シミュレーションにより操業条件を最適化することである．さらには，実験室規模の反応器をモデル化し，反応メカニズムを探索したり，スケールアップを計画することがある．反応器設計・解析では，反応器内で起こる現象を数値的に評価するが，そのための基礎式を設計方程式と呼んでいる．

前項で述べたように，反応器の種類によって反応特性が異なるため，それぞれの

反応器で設計方程式は異なる．設計方程式を導出するに当たっては，反応速度，反応率，反応器内物質収支が基礎となる．

A. 反応率の定義

設計方程式は，反応速度 r と反応率 X を用いると簡潔に表現できる．いま，次のような単一反応を考える．

$$aA + bB \rightarrow cC + dD \tag{6.10}$$

回分槽型反応器では，反応が進行するに従って槽内の成分 A, B の物質量は減少していく．このとき，成分 A が反応した割合を A の反応率と定義し，$X_A[-]$ で表す．

$$X_A = \frac{\text{A が反応した量 [mol]}}{\text{A が仕込んだ量 [mol]}} = \frac{n_{A0} - n_A}{n_{A0}} = 1 - \frac{n_A}{n_{A0}} \tag{6.11}$$

ここで，n_{A0} は時間 $t = 0$ における成分 A の物質量 [mol]，n_A はある時間 t における成分 A の物質量 [mol] である．同様に，成分 B についても X_B を定義できる．

連続式槽型反応器や管型反応器では，原料が流通しているため，式 (6.11) は不都合である．そこで，成分 A の物質流量 [mol·s^{-1}] を用い，成分 A の反応率 $X_A[-]$ を次式で定義する．

$$X_A = \frac{\text{A が反応した量 [mol·s}^{-1}]}{\text{A の供給量 [mol·s}^{-1}]} = \frac{F_{A0} - F_A}{F_{A0}} = 1 - \frac{F_A}{F_{A0}} \tag{6.12}$$

B. 反応器の物質収支

反応器の設計方程式導出の基礎となる物質収支を考える．図 6.6 に示すように，濃度と温度が均一な微小体積 ΔV を反応器内に想定し，成分 A について物質収支をとる．成分 A は流入速度 F_{A0}[mol·s^{-1}] で ΔV に流入し，微小時間 Δt[s] の間に R_A[mol·s^{-1}] の生成速度で成分 A を生成し，流出速度 F_A[mol·s^{-1}] で ΔV から排出される．このとき，ΔV には成分 A が Δn_A[mol] 蓄積する．着目成分を A の蓄積量とすると，物質収支は

(A 流入量, mol) + (A 生成量, mol) − (A 流出量, mol) = (A 蓄積量, mol)

となる．すなわち

$$F_{A0}\Delta t + R_A \Delta t - F_A \Delta t = \Delta n_A \tag{6.13}$$

両辺を Δt で割り $\Delta t \rightarrow 0$ を考えると，次の微分方程式が得られる．この式が均一反応器の設計方程式の基本形である．

$$F_{A0} + R_A - F_A = dn_A/dt \tag{6.14}$$

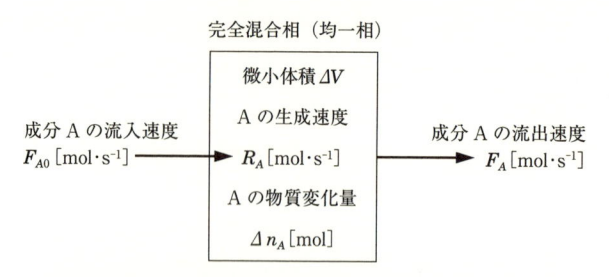

```
           完全混合相(均一相)
          ┌─────────────┐
成分 A の流入速度 │  微小体積 ΔV     │ 成分 A の流出速度
$F_{A0}$[mol·s⁻¹] │  A の生成速度    │ $F_A$[mol·s⁻¹]
─────────→│  $R_A$[mol·s⁻¹]  │─────────→
          │  A の物質変化量   │
          │  $\Delta n_A$[mol]│
          └─────────────┘
```

図6.6 反応器内微小体積 ΔV における成分 A の物質収支

6.2.4 均一反応器の設計方程式

A. 回分式槽型反応器(BR)の設計方程式

BR では,成分 A はあらかじめ槽内に仕込まれているため,A の流入や流出はなく,式 (6.15) である.また,完全混合状態であるから,微小体積 ΔV は槽体積 V[m³] としてあてはめることができるから,R_A は式 (6.16) で表せる.

$$F_{A0} = F_A = 0 \tag{6.15}$$

$$R_A = r_A V \tag{6.16}$$

これらを式 (6.14) に代入すれば

$$dn_A/dt = r_A V \tag{6.17}$$

これは,濃度 C_A で表すこともできる.すなわち,$C_A = n_A/V$ の定義より

$$n_A = V C_A \tag{6.18}$$

$$dC_A/dt = r_A \tag{6.19}$$

さらに,式 (6.20) の関係から式 (6.17) を式 (6.21) のように反応率 X_A で表すことができる.

$$n_A = n_{A0} - n_{A0} X_A = n_{A0}(1-X_A) = V C_{A0}(1-X_A) \tag{6.20}$$

$$n_{A0}\frac{dX_A}{dt} = -r_A V \tag{6.21}$$

反応流体の体積が転化率に比例する場合,反応流体の体積 V は

$$V = V_0(1+\varepsilon_A X_A) \tag{6.22}$$

と表されるから,式 (6.21) を積分して

6.2 均一反応操作

$$t = C_{A0} \int_0^{X_A} \frac{dX_A}{(-r_A)(1+\varepsilon_A X_A)} \tag{6.23}$$

式 (6.23) が回分式槽型反応器 BR の設計方程式である．通常，回分反応は液相反応に主として用いられるため，定容反応と見なせる場合が多い．定容反応の場合，反応物 A の初期濃度 C_{A0} および時間 t における濃度 C_A は，それぞれ，$C_{A0} = \dfrac{n_{A0}}{V}$，$C_A = \dfrac{n_A}{V}$ とおけるから，式 (6.20) は

$$C_A = C_{A0}(1-X_A) \tag{6.24}$$

となり，式 (6.23) は次式で表される．

$$t = C_{A0} \int_0^{X_A} \frac{dX_A}{-r_A} \tag{6.25}$$

ここで，$-r_A$ は X_A の関数とすることに注意しなければならない．たとえば 1 次反応のとき，成分 A の反応速度を，$-r_A = kC_A = kC_{A0}(1-X_A)$ として式 (6.25) に代入しなければならない．式 (6.25) から，目標とする反応率 X_A に達する反応時間 t を求めることができる．具体的な計算例は例題で扱う．

B. 定容連続槽型反応器（CSTR）の設計方程式

CSTR では，成分 A は槽内に蓄積することなく流出する（図 6.7）．したがって，式 (6.14) の物質収支式は，次式のように表せる．

$$F_{A0} + r_A V - F_A = 0 \tag{6.26}$$

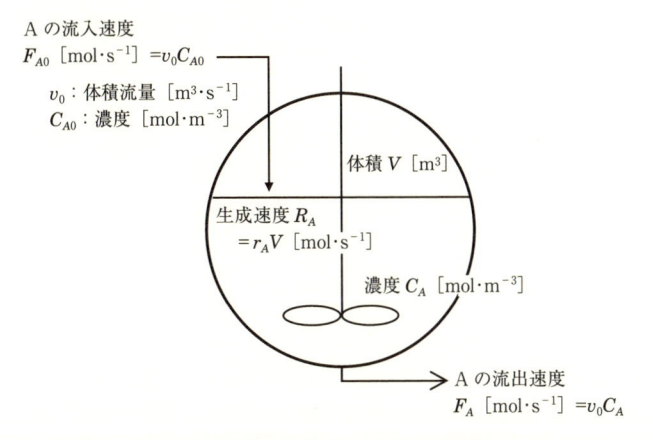

図 6.7　連続槽型反応器（CSTR）の物質収支

これを r_A について解くと

$$r_A = \frac{F_A - F_{A0}}{V} \tag{6.27}$$

式（6.12）から得られる $F_A - F_{A0} = -F_{A0}X_A$ と A の流入速度 $F_{A0} = v_0 C_{A0}$ の関係を式（6.27）に適用すると，次式のように書き換えることができる．

$$\tau = \frac{V}{v_0} = \frac{C_{A0}X_A}{-r_A} \tag{6.28}$$

あるいは $F_{A0} = v_0 C_{A0}$ と $F_A = v_0 C_A$ を式（6.26）に適用して

$$\frac{V}{v_0} = \frac{C_{A0} - C_A}{-r_A} \tag{6.29}$$

ここで，τ は V/v_0 で定義される空間時間 [s] と呼ばれる操作変数である．式（6.28）あるいは式（6.29）がCSTRの設計方程式であり，目標とする反応率 X_A あるいは濃度 C_A に達する反応器体積 V や操作変数（τ, v_0）を求めることができる．

C. 定容管型反応器（PFR）の設計方程式

PFRにおいても成分Aは槽内に蓄積することなく流出するため（図6.8），基本的に式（6.26）の関係となるが，管軸方向（反応管体積）に対し濃度変化をもつため，物質収支では図6.6で示したような微小体積 ΔV を考えなければならない．すなわち，式（6.26）は次のように書ける．

$$F_A(V) + r_A \Delta V - F_A(V + \Delta V) = 0 \tag{6.30}$$

ここで，$F_A(V)$，$F_A(V + \Delta V)$ はそれぞれ，微小体積入口と出口におけるA成分流量 [mol·s^{-1}] である．

この式の両辺を ΔV で割り $\Delta V \to 0$ を考えると，次の微分方程式が得られる．

$$\frac{dF_A}{dV} = r_A \tag{6.31}$$

式（6.12）の定義を用いて反応率 X_A で表すと

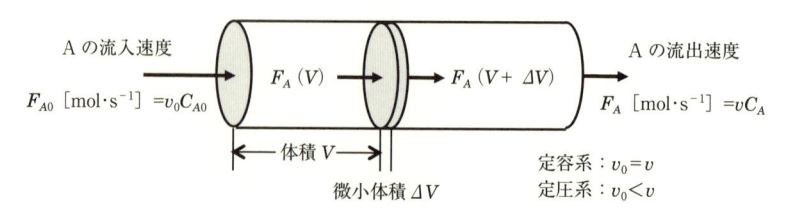

図 6.8 管型反応器（PFR）の物質収支

$$F_{A0}\frac{dX_A}{dV} = -r_A \tag{6.32}$$

$F_{A0} = v_0 C_{A0}$ の関係を適用すると，PFR の設計方程式が得られる．

$$\tau = \frac{V}{v_0} = C_{A0}\int_0^{X_A}\frac{dX_A}{-r_A} \tag{6.33}$$

〈例題 6.4〉 A→C の液相反応（定容系）を，3種の反応器（BR, CSTR, PFR）でそれぞれ行う．成分 A の反応速度 $-r_A = kC_A$ である．頻度因子 $A = 2.5\times 10^{12}$ s^{-1}，活性化エネルギー $E = 2.5\times 10^5$ J·mol^{-1}，反応温度 $T = 973$ K としたとき，次の問に答えよ．

(1) BR での反応時間 t に対する A 成分反応率 X_A の変化をグラフで示せ．ただし，t は 0.0 s から 50 s まで変化させるものとする．
(2) CSTR での空間時間 τ に対する A 成分反応率 X_A の変化をグラフで示せ．ただし，τ は 0.0 s から 50 s まで変化させるものとする．
(3) PFR での空間時間 τ に対する A 成分反応率 X_A の変化をグラフで示せ．ただし，τ は 0.0 s から 1.0 s まで変化させるものとする．

(解) まず，反応速度定数 k を算出する．

$k = A\cdot \exp(-E/RT) = (2.5\times 10^{10})\times \exp(-2.5\times 10^5/8.314/973) = 9.47\times 10^{-2}$ s^{-1}

なお，A 成分反応速度を反応率 X_A で表すと，$-r_A = kC_A = kC_{A0}(1-X_A)$ である．

(1) BR の設計方程式（6.25）より

$$t = C_{A0}\int_0^{X_A}\frac{dX_A}{-r_A} = C_{A0}\int_0^{X_A}\frac{dX_A}{kC_{A0}(1-X_A)} = \frac{1}{k}\int_0^{X_A}\frac{dX_A}{(1-X_A)} = \frac{1}{k}[-\ln(1-X_A)]$$

これを X_A について解くと，$1-X_A = \exp(-kt)$ となる．この式は定容系 BR の 1 次反応設計式である．この式を用いて，$t = 0.0$ から $t = 50$ まで 5.0 きざみで X_A を求め，グラフを作成すると図 6.9 となる．

(2) CSTR の設計方程式（6.28）より

$$\tau = \frac{V}{v_0} = \frac{C_{A0}X_A}{-r_A} = \frac{C_{A0}X_A}{kC_{A0}(1-X_A)} = \frac{X_A}{k(1-X_A)}$$

これを X_A について解くと，$1-X_A = 1/(1+k\tau)$ となる．この式は定容系 CSTR の 1 次反応設計式である．この式を用いて，$\tau = 0.0$ から $\tau = 50$ まで 5.0 きざみで X_A を求め，グラフを作成すると図 6.10 となる．

(3) PFR の設計方程式（6.33）より

$$\tau = C_{A0}\int_0^{X_A}\frac{dX_A}{-r_A} = C_{A0}\int_0^{X_A}\frac{dX_A}{kC_{A0}(1-X_A)} = \frac{1}{k}\int_0^{X_A}\frac{dX_A}{(1-X_A)} = \frac{1}{k}[-\ln(1-X_A)]$$

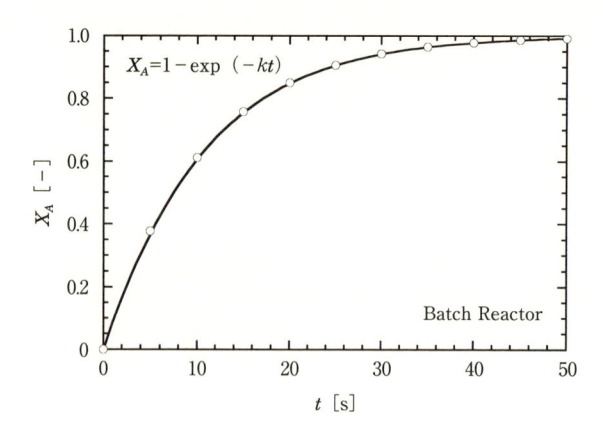

図 6.9 BR における定容 1 次反応の反応率変化

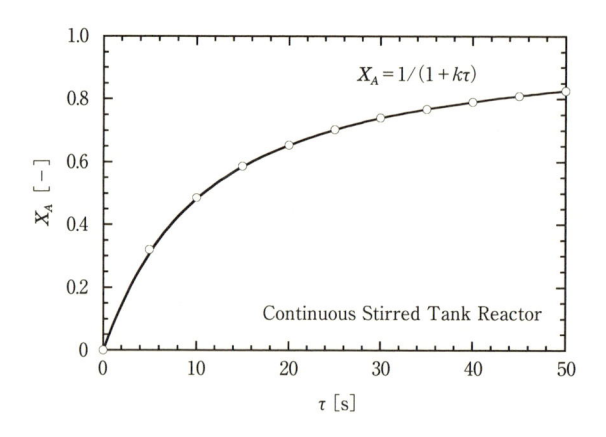

図 6.10 CSTR における定容 1 次反応の反応率変化

これを X_A について解くと，$1-X_A = \exp(-k\tau)$ となる．この式は定容系 PFR の 1 次反応設計式である．この式を用いて，$t = 0.0$ から $t = 50$ まで 5.0 きざみで X_A を求め，グラフを作成すると図 6.11 となる．

この例題で，3 種の反応器の性能を比較すると次のことがわかる．
・1 次反応のとき，初期濃度 C_{A0} は X_A に無関係である．
・同じ反応率を得るのに，BR の反応時間 t と PFR の空間時間 τ は等しくなる．

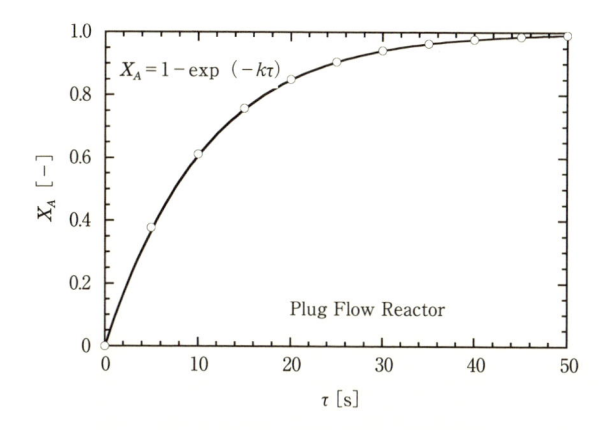

図 6.11 PFR における定容 1 次反応の反応率変化

・同じ反応率を得るのに，CSTR の τ は PFR の τ よりも大きくなる．

D. 定圧管型反応器（PFR）の設計式

均一気相反応を PFR で行う場合は定圧系であり，定容系 PFR とは設計式が異なってくる．定圧系では生成物の体積が増加するため，図 6.8 において流入体積流量 v_0 に対し流出体積流量 v は増加する．いま，原料成分 A が 100% 反応した（$X_A = 1.0$）ときの体積増加率を $\varepsilon_A\,[-]$ とおくと

$$\frac{v}{v_0} = 1 + \varepsilon_A X_A \tag{6.34}$$

で表される．式 (6.10) の反応を考えると，ε_A は次式で与えられる．

$$\varepsilon_A = \left(\frac{-a-b+c+d}{a}\right) y_{A0} = \delta_A y_{A0} \tag{6.35}$$

y_{A0} は流入成分 A のモル分率 $[-]$ である．

一方，図 6.8 に示したように，$F_{A0} = v_0 C_{A0}$，$C_A = F_A/v$ であるから

$$C_A = \frac{F_A}{v} = \frac{F_{A0}(1-X_A)}{v_0(1+\varepsilon_A X_A)} = \frac{v_0 C_{A0}(1-X_A)}{v_0(1+\varepsilon_A X_A)} = \frac{C_{A0}(1-X_A)}{1+\varepsilon_A X_A} \tag{6.36}$$

したがって，定圧管型反応器の 1 次反応の反応速度は，次式となる．

$$-r_A = kC_A = \frac{kC_{A0}(1-X_A)}{1+\varepsilon_A X_A} \tag{6.37}$$

これを式 PFR の設計方程式 (6.33) に代入すると，定圧系 PFR の 1 次反応設計式

が得られる．

$$\tau = \frac{1}{k}\int_0^{X_A} \frac{1+\varepsilon_A X_A}{1-X_A} dX_A = \frac{1}{k}\int_0^{X_A} \frac{-\varepsilon_A(1-X_A)+(1+X_A)}{1-X_A} dX_A$$

$$= \frac{1}{k}\int_0^{X_A}\left[-\varepsilon_A + \frac{1+\varepsilon_A}{1-X_A}\right]dX_A = \frac{1}{k}[-\varepsilon_A X_A - (1+\varepsilon_A)\ln(1-X_A)]$$

(6.38)

6.3 気固反応操作

6.3.1 気固反応の概要

気固反応操作は，表 6.1 に分類されているとおり，不均一相反応の一種である．典型的な気固反応は，石炭や廃棄物の燃焼反応であり，気相は酸化剤である空気中の酸素，固相は燃料である．その他，製鉄プロセスである高炉内で生じている鉄鉱石の還元反応，石炭のガス化反応，石灰石等の固体の熱分解，流動層石炭燃焼プロセスにおける石灰石による脱硫反応等がある．

多くの気固反応の反応式は，次式になる．式中の G_i および S_i はそれぞれガス成分および固体成分である．

$$S + G_1 \rightarrow G_2 \tag{6.39}$$

$$S_1 + G \rightarrow S_2 \tag{6.40}$$

$$S_1 \rightarrow G + S_2 \tag{6.41}$$

$$S_1 + G_1 \rightarrow S_2 + G_2 \tag{6.42}$$

各反応の典型例は，式 (6.39)：炭素の燃焼反応，式 (6.40)：固体の生石灰による二酸化炭素の吸収反応，式 (6.41)：石灰石の焼成反応ならびに 式 (6.42)：鉄鉱石の還元反応である．

気固反応の反応速度式については，通常，次式のような固体側の反応率で表す方が現象を理解しやすい．

$$r_S = \frac{1}{S_0}\frac{dX_S}{dt} = k_{S,X}(1-X_S)^n \tag{6.43}$$

これは n 次反応モデルと呼ばれている．式中の S_0 および X_S は，それぞれ反応初期の固体の比表面積 [m^2·kg^{-1}] および固体の反応率 [-] である．$k_{S,X}$ および n は，それぞれ粒子の初期比表面積あたりの反応率基準反応速度定数 [m^{-2}·s^{-1}] お

よび反応次数 [−] である．式中の $k_{S,X}$ は，一般に，式 (6.9) のアレニウス型の式で表す．

気固反応の場合，主要な反応は固体表面あるいはその内部で生じていることから，粒子温度が重要なパラメータになることに注意を要する．上式の $k_{S,X}$ の自然対数を縦軸にし $1/T_p$ を横軸にして実験結果をプロットしたグラフをアレニウスプロットと呼ぶ．このアレニウスプロットを用いれば，傾きから活性化エネルギー，y 切片から頻度因子を求めることができる．

6.3.2 気固反応の律速段階

気固反応の反応速度は，反応速度を決めている現象を理解した上で解析あるいは測定をする必要がある．反応速度を決めている現象を律速段階という．石炭の燃焼反応を例にして律速段階を説明すると，以下の3つに分類できる．

a. 化学反応律速
b. 灰層内拡散律速
c. 境界層内拡散律速

a. の化学反応律速の条件であれば，酸素と石炭の酸化反応速度が気固反応速度に等しいことを意味している．b. の灰層内拡散律速とは，石炭中に含有している灰分が粒子周りに灰層として形成され，周囲からの酸素の拡散がこの灰層によって影響を受ける状態を意味している．よって，この場合は，灰層内を酸素が拡散する速度が燃焼現象を律速している．最後の c. の場合は，さらに雰囲気温度が高温になった場合で，そのような条件では，粒子周りの境界層における酸素の拡散速度が反応速度を律速している場合である．このような3つの律速段階をアレニウスプロットで概念的に図示すると図 6.12 になる．境界層内拡散律速は気体分子の拡散係数に依存するので，一般的には温度依存性が小さくなり，アレニウスプロット上ではほぼ一定になる．よって，真の気固反応速度を測定するためには化学反応律速になる条件を選定する必要がある．

6.3.3 気固反応のモデル

気固反応のモデルにはさまざまあるが，固体粒子中で反応した部分と未反応の部分との関係で区別すれば，図 6.13 のように，3つに分類することができる．(1) の均一反応モデルは，粒子層内のあらゆる場所において反応速度一定で反応が進行するモデルである．気固反応速度が遅い場合や粒子の空隙率が高い場合にこのモデ

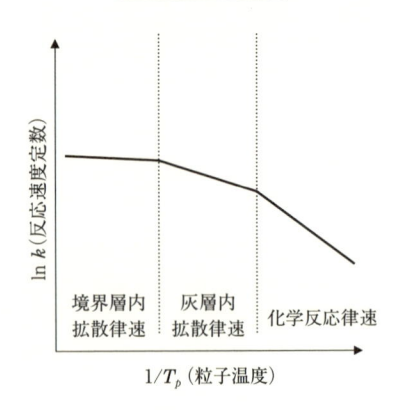

図6.12 反応の律速段階を示すアレニウスプロット

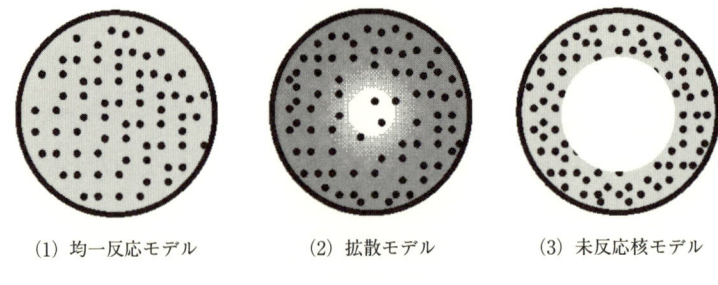

(1) 均一反応モデル　　(2) 拡散モデル　　(3) 未反応核モデル

図6.13 気固反応モデルの例

ルが適用可能である．それに対して (3) の未反応核モデルは，気固反応速度がある程度速く，また，空隙率が低い緻密な粒子の場合で，いわゆる灰層内拡散律速になる場合のモデルである．この場合は，反応が終了した殻（shell）と未反応の核（core）の部分に区別できる．(2) の拡散モデルは，(1) と (3) の中間的なモデルであり，現実的な気固反応はこの拡散モデル的に進行する．

ここでは，(3) の未反応核モデルを例にして，反応速度や反応完結時間を考える．球状粒子について，未反応核モデルは図 6.14 のように表すことができる．いま，粒子 1 個あたり単位時間あたりの境界層内における物質 A の移動量 $F_{A,b}[\mathrm{mol \cdot s^{-1}}]$ は，次式で与えられる．

$$F_{A,b} = 4\pi R^2 k_{A,b}(C_{A,b} - C_{A,s}) \tag{6.44}$$

ここで，$k_{A,b}[\mathrm{m^3\text{-}fluid \cdot s^{-1} \cdot m^{-1}\text{-}solid}]$ は境界層内における物質移動速度定数である．次に，灰層内の物質 A の拡散係数を D_A とすると，拡散量 $F_{A,s}[\mathrm{mol \cdot s^{-1}}]$ は次

6.3 気固反応操作

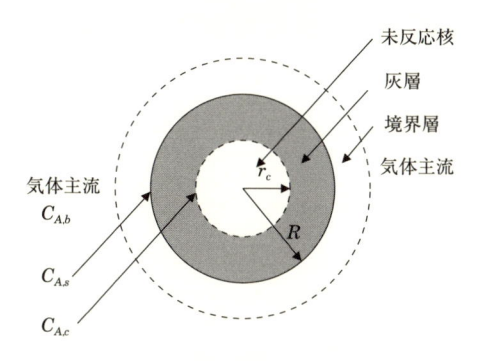

図 6.14 未反応核モデルの概要

式となる．

$$F_{A,s} = 4\pi r^2 D_A \frac{dC_A}{dr} \tag{6.45}$$

気固反応は未反応核の表面で生じるので，未反応核の反応速度 $F_{A,c}$ [mol·s^{-1}] は

$$F_{A,c} = 4\pi r_c^2 k_{S,V} C_{A,c} \tag{6.46}$$

式中の $k_{S,V}$ は未反応核単位界面積あたりの体積基準反応速度定数 [m^3–fluid·s^{-1}·m^{-2}–solid] である．

式 (6.45) を $r = r_c \sim R$，$C_A = C_{A,c} \sim C_{A,s}$ の間で積分すると

$$F_{A,s} = 4\pi D_A \frac{R r_c}{R - r_c}(C_{A,s} - C_{A,c}) \tag{6.47}$$

となる．実際の気固反応では，反応している未反応核の界面は粒子の中心方向へ移動するので定常状態とはいえないが，未反応核の移動速度が相対的に速くない場合には定常状態と工学的には仮定できる．このような仮定を擬定常状態と呼ぶ．この擬定常状態における粒子1個あたりの反応速度 R_p [mol·s^{-1}·particle^{-1}] は

$$R_p = F_{A,b} = F_{A,s} = F_{A,c} \tag{6.48}$$

と考えることができる．よって

$$R_p = \frac{C_{A,b} - C_{A,s}}{1/(4\pi R^2 k_{A,b})} = \frac{C_{A,s} - C_{A,c}}{\dfrac{R - r_c}{4\pi D_A R r_c}} = \frac{C_{A,c}}{1/(4\pi r_c^2 k_{S,V})} \tag{6.49}$$

となるので，加比の理より

$$R_p = 4\pi R^2 k_0 C_{A,b} \tag{6.50}$$

が得られる．ただし

$$\frac{1}{k_0} = \frac{1}{k_{A,b}} + \frac{R-r_c}{(r_c/R)D_A} + \frac{1}{(r_c/R)^2 k_{S,V}} \tag{6.51}$$

上式の各項は，いわゆる気固反応を律速する抵抗を意味しており，次式に書き換えることができる．

$$R_0 = R_b + R_s + R_c$$

ここで，R_0 は総括反応抵抗，R_b は境界層内物質移動抵抗，R_s は灰層内拡散抵抗ならびに R_c は界面反応抵抗である．

未反応核の半径と時間の関係は，A 成分 1 mol あたりに反応する固体の体積を v とすると

$$vR_p = -4\pi r_c^2 \frac{dr_c}{dt} \tag{6.52}$$

となるので，これを式 (6.50) に代入し，$t = 0 \sim t$，$r_c = R \sim r_c$ の範囲で積分すると

$$t = \frac{R}{vC_{A,b}}\left[\frac{1}{3}\left(\frac{1}{k_{A,b}} - \frac{R}{D_A}\right)\left(1 - \frac{r_c^3}{R^3}\right) + \frac{R}{2D_A}\left(1 - \frac{r_c^2}{R^2}\right) + \frac{1}{k_{S,V}}\left(1 - \frac{r_c}{R}\right)\right] \tag{6.53}$$

となる．上式は，未反応核の半径が r_c になるまでの反応時間を示している．よって，$r_c = 0$ になる時間，すなわち反応完結時間 t_c は次式となる．

$$t_c = \frac{R}{vC_{A,b}}\left(\frac{1}{3k_{A,b}} + \frac{R}{6D_A} + \frac{1}{k_{S,V}}\right) \tag{6.54}$$

ここで，境界層内物質移動の過程が気固反応を律速する場合は，$k_{A,b} \ll D_A, k_{S,V}$ になるので

$$t = \frac{R}{vC_{A,b}}\left[\frac{1}{3k_{A,b}}\left(1 - \frac{r_c^3}{R^3}\right)\right], \quad t_c = \frac{R}{vC_{A,b}}\left(\frac{1}{3k_{A,b}}\right) \tag{6.55}$$

固体の反応率を X とすると

$$\frac{t}{t_c} = 1 - \left(\frac{r_c}{R}\right)^3 = X \tag{6.56}$$

灰層内拡散律速の場合は，$D_A \ll k_{A,b} k_{S,V}$ になるので

$$t = \frac{R}{vC_{A,b}}\left[-\frac{R}{3D_A}\left(1 - \frac{r_c^3}{R^3}\right) + \frac{R}{2D_A}\left(1 - \frac{r_c^2}{R^2}\right)\right], \quad t_c = \frac{R}{vC_{A,b}}\left(\frac{R}{6D_A}\right) \tag{6.57}$$

$$\frac{t}{t_c} = 1 - 3\left(\frac{r_c}{R}\right)^2 + 2\left(\frac{r_c}{R}\right)^3 = 1 - 3(1-X)^{\frac{2}{3}} + 2(1-X) \tag{6.58}$$

化学反応律速の場合は，$k_{S,V} \ll k_{A,b}, D_A$ になるので

$$t = \frac{R}{vC_{A,b}}\left[\frac{1}{k_{S,V}}\left(1 - \frac{r_c}{R}\right)\right], \quad t_c = \frac{R}{vC_{A,b}}\left(\frac{1}{k_{S,V}}\right) \tag{6.59}$$

$$\frac{t}{t_c} = 1 - \frac{r_c}{R} = 1 - (1-X)^{\frac{1}{3}} \tag{6.60}$$

よって，実験で得られる時間と反応率の関係を図示して，実験結果が上述のどの関係式に近似しているかを考察すれば，対象にしている気固反応の律速段階が判別できる．

⟨**例題 6.5**⟩ 大気圧の二酸化炭素気流中で微小な炭素粒子のガス化反応（$C + CO_2 \rightarrow 2CO$）を行ったところ，以下のような質量変化データを得た．各温度における反応速度を求め，活性化エネルギー E [J·mol^{-1}] を求めよ．

873K (T_1)	t [min]	0	62	95	127	154	182	212	274
	W/W_0 [−]	1.00	0.778	0.735	0.690	0.658	0.621	0.550	0.503
1073K (T_2)	t [min]	0	46	59	90	119	151	179	210
	W/W_0 [−]	1.00	0.555	0.515	0.473	0.400	0.315	0.250	0.199

t：反応時間，W_0：初期質量，W：測定時質量

(**解**) 上表の測定値を図示すると図 6.15 になる．反応開始直後の試料予熱期間のデータを除けば直線となる．炭素（成分 B）の反応速度を次式と定義すると

$$-r_B = \frac{d\left(\dfrac{W}{W_0}\right)}{dt} \tag{6.61}$$

$(-r_A)_{873} = 2.25 \times 10^{-5}\,\text{s}^{-1}$ および $(-r_A)_{1073} = 3.69 \times 10^{-5}\,\text{s}^{-1}$ となる．炭素の二酸化炭素によるガス化反応は，二酸化炭素（A 成分）濃度に関し 1 次反応になるので，単位質量あたりの反応速度定数を k とすると次式となる．

$$-r_A = -r_B = kC_A = k_0 \exp\left(-\frac{E}{RT}\right)\frac{p_A}{RT}$$

よって

$$E = \frac{RT_1T_2}{T_2 - T_1}\ln\frac{T_2(-r_B)_{1073}}{T_1(-r_B)_{873}} = \frac{(8.314)(873)(1073)}{(1073)-(873)}\ln\frac{(1073)(3.69\times10^{-5})}{(873)(2.25\times10^{-5})}$$

$$= 2.73\ \text{kJ·mol}^{-1}$$

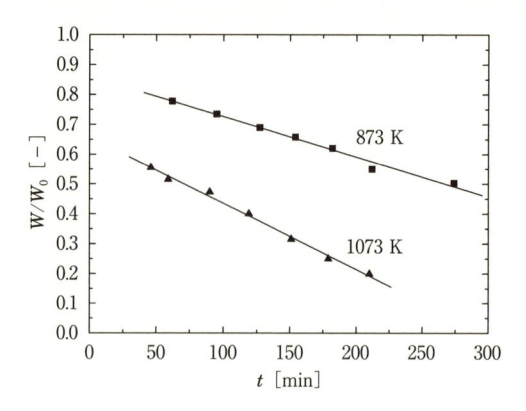

図 6.15 二酸化炭素による炭素のガス化反応速度

6.4 固体触媒反応操作

6.4.1 固体触媒と流体間の物質移動

固体触媒は一般に多孔質であり，反応物質はまず触媒外表面の流体境膜を拡散し，触媒外表面に到達する．その後，触媒細孔内を拡散し，細孔壁面の活性点付近に吸着することにより活性化されて反応し，反応生成物を生成する．反応生成物は活性点より脱着し，細孔内，流体境膜を拡散して流体本体に出る．この際，固体触媒と流体間における反応物の濃度分布は図 6.16 のように示される．

流体境膜を拡散する反応物 A の物質移動速度 N_A [mol·m^{-2}·s^{-1}] は，モル濃度差を推進力として次式のように表される．

$$N_A = k_C(C_{Ab} - C_{As}) \tag{6.62}$$

ここで，C_{Ab} は流体本体での A の濃度 [mol·m^{-3}]，C_{As} は触媒粒子外表面での A の濃度，k_C は濃度基準の境膜物質移動係数 [m·s^{-1}] である．ただし，固体触媒反応では一般に体積よりも質量基準で考える方が便利なことが多い．質量基準の物質移動速度 N_{Aw} [mol·kg^{-1}·s^{-1}] は，触媒の単位質量あたりの粒子の外表面積を a_W [m^2/kg-触媒] とすると

$$N_{AW} = k_C a_W (C_{Ab} - C_{As}) \tag{6.63}$$

と表される．反応が定常状態であると仮定すると，反応物 A の移動速度と反応物 A の見かけの反応速度は等しくなる．

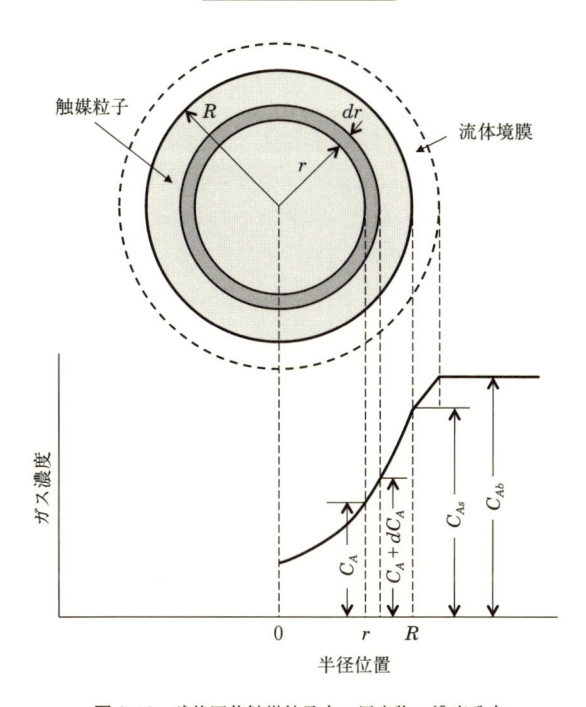

図 6.16 球状固体触媒粒子内の反応物の濃度分布

6.4.2 総括反応速度

固体触媒内で反応が進行するためには，(1) 反応物のガス境膜内の移動，(2) 反応物の細孔内の拡散，(3) 反応物の細孔内活性点への化学吸着，(4) 吸着した反応物の反応，(5) 生成物の脱着，(6) 生成物の細孔内の拡散，(7) 生成物のガス境膜内の移動，といった諸過程を経て進行する．特に，(3)〜(5) の速度過程を表式化し，律速段階の近似により触媒反応の総括反応速度式を導くことができる．

⟨**例題 6.6**⟩　$A \rightleftharpoons C$ で表される触媒反応で，(1) 表面反応が律速，(2) A の吸着が律速の場合の総括反応速度式を導け．

（**解**）　反応物 A が活性点 σ に吸着して $A\sigma$ になり，それが反応して $C\sigma$ になり，さらに脱着して C と σ になると考えると

$$A+\sigma \rightleftharpoons A\sigma, \quad r_{ad} = k_A p_A \theta_V - k'_A \theta_A \qquad (6.64)$$

$$A\sigma \rightleftharpoons C\sigma, \quad r_r = k_r \theta_A - k'_r \theta_C \qquad (6.65)$$

$$C\sigma \rightleftharpoons C+\sigma, \quad r_{de} = k'_C \theta_C - k_C p_C \theta_V \qquad (6.66)$$

となる.ここで,θ_V は空席となっている活性点 σ の割合,θ_A は A によって占有されている活性点の割合,θ_C は C によって占有されている活性点の割合であり,以下の関係が成立する.

$$\theta_V + \theta_A + \theta_C = 1 \qquad (6.67)$$

(1) 表面反応律速

表面反応律速の場合,式 (6.64) および (6.66) は平衡にあるから,$r_{ad} = 0$,$-r_{de} = 0$ であり

$$\theta_A = \left(\frac{k_A}{k'_A}\right) p_A \theta_V = K_A p_A \theta_V \qquad (6.68)$$

$$\theta_C = \left(\frac{k_C}{k'_C}\right) p_C \theta_V = K_C p_C \theta_V \qquad (6.69)$$

ただし,$K_A = k_A/k'_A$,$K_C = k_C/k'_C$ であり,K_A および K_C は A と C の吸着平衡定数である.

式 (6.67)〜(6.69) より,θ_V は

$$\theta_V = 1/(1 + K_A p_A + K_C p_C) \qquad (6.70)$$

式 (6.65) および (6.68)〜(6.70) より,表面反応速度 r_r は

$$r_r = \frac{k_r K_A p_A - k'_r K_C p_C}{1 + K_A p_A + K_C p_C} = \frac{k_r K_A (p_A - p_C/K)}{1 + K_A p_A + K_C p_C} \qquad (6.71)$$

ここで,$K = k_r K_A/k'_r K_C = K_r K_A/K_C$ であり,$K_r (= k_r/k'_r)$ は表面反応の平衡定数,K は総括反応平衡定数である.いま,表面反応律速であるため,見かけの反応速度は表面反応速度と等しく,式 (6.71) が表面反応律速の場合の総括反応速度式となる.

(2) 反応物 A の吸着律速

A の吸着律速の場合,式 (6.65),(6.66) が平衡にあるから,$r_r = 0$,$-r_{de} = 0$ であり,式 (6.69) および次式が得られる.

$$\theta_A = \left(\frac{k'_r}{k_r}\right) \theta_C = \frac{\theta_C}{K_r} = (K_C/K_r) p_C \theta_V \qquad (6.72)$$

式 (6.67),(6.69) および (6.72) より

$$\theta_V = 1 \Big/ \left[\left(\frac{K_C}{K_r}\right) p_C + K_C p_C + 1\right] \qquad (6.73)$$

また,式 (6.72),(6.73) より

$$\theta_A = \frac{(K_C/K_r)p_C}{1+(K_C/K_r)p_C+K_C p_C} \tag{6.74}$$

が得られる．式 (6.73)，(6.74) を式 (6.64) に代入すると，A の吸着速度 r_{ad} が求まり，次式のとおりとなる．

$$r_{ad} = \frac{k_A p_A - (k'_A K_C/K_r)p_C}{1+(K_C/K_r)p_C+K_C p_C} = \frac{k_A(p_A - p_C/K)}{1+(K_C/K_r)p_C+K_C p_C} \tag{6.75}$$

A の吸着律速の場合，A の吸着速度は見かけの反応速度と等しく，式 (6.75) が A の吸着律速の場合の総括反応速度式となる．

本例題における，式 (6.71) および (6.75) をラングミュア-ヒンシェルウッド式と呼ぶ．ラングミュア-ヒンシェルウッド式は一般的には次式で表される．

$$反応速度 = \frac{(動力学項)(ポテンシャル項)}{(吸着項)^n} \tag{6.76}$$

6.4.3 触媒有効係数

反応物質は触媒細孔内を拡散しながら反応する．拡散速度と比べて反応速度が大きい場合，触媒粒子内部の反応成分濃度は一様ではなく，実際の反応速度は拡散の影響のない場合に比べて小さくなる．この比を触媒有効係数 η と呼ぶ．

η = (実際の反応速度)/(触媒内部がすべて外表面と同一条件としたときの反応速度)

図 6.16 で示した半径 R の球形多孔性固体触媒の中心からの距離 r 付近における物質収支から，反応を 1 次反応（$-r_A = k_W C_A$）と仮定すると以下の基礎式が得られる．

$$\frac{D_{eA}}{r^2} \cdot \frac{d}{dr}\left(r^2 \frac{dC_A}{dr}\right) - k_W \rho_p C_A = 0 \tag{6.77}$$

ここで，D_{eA} は有効拡散係数 [$m^2 \cdot s^{-1}$] であり，反応物 A が触媒細孔内を拡散する速さの目安となる．また，ρ_p は固体触媒の見かけの密度 [kg/m^3] である．

境界条件は次のように 2 つ存在する．

$$r = 0, \quad \frac{dC_A}{dr} = 0, \quad r = R, \quad C_A = C_{As} \tag{6.78}$$

この境界条件のもとで式 (6.77) を解くと，次の一般解が得られる．

$$\frac{C_A}{C_{As}} = \frac{\sinh\left(3\phi \frac{r}{R}\right)}{\frac{r}{R}\sinh(3\phi)} \tag{6.79}$$

ここで，ϕ はディーレモデュラスと呼ばれる無次元数であり，次式で定義する．

$$\phi = \frac{R}{3}\sqrt{\frac{k_W \rho_p}{D_{eA}}} \tag{6.80}$$

ϕ は固体触媒反応における重要なパラメータである．触媒粒子内の拡散係数に比べ，反応速度が大きくなると ϕ は大きくなり，式（6.79）は触媒粒子内における反応物の濃度は急激に減少することを表している．

さて，球状触媒で1次反応のときの実際の反応速度は，粒子外表面から粒子内に拡散する反応物 A の移動速度に等しく

$$4\pi R^2(-N_{As})_{r=R} = 4\pi R^2 D_{eA}\left(\frac{dC_A}{dr}\right)_{r=R} \tag{6.81}$$

で表される．一方，触媒粒子内の拡散が無視できるときの理想的な反応速度は

$$\frac{4}{3}\pi R^3 \rho_p k_W C_{As} \tag{6.82}$$

となる．したがって，触媒有効係数 η は次式で表される．

$$\eta = \frac{4\pi R^2 D_{eA}(dC_A/dr)_{r=R}}{\dfrac{4}{3}\pi R^3 \rho_p k_W C_{As}} \tag{6.83}$$

ここで，式（6.79）を微分し，$r = R$ とおき，式（6.83）に代入すると

$$\eta = \frac{1}{\phi}\left\{\frac{1}{\tanh 3\phi} - \frac{1}{3\phi}\right\} \tag{6.84}$$

が得られる．式（6.84）が球状粒子で1次反応の場合の触媒有効係数の解析解である．ディーレモデュラスと触媒有効係数の関係が図 6.17 に示されている．ϕ が 0.2 より小さな範囲では，有効係数は 1 に近く，この領域では拡散速度に比して反応速度が小さく，反応律速の状態にあることを示している．一方，ϕ が 5 より大きくなると触媒有効係数 η は ϕ に逆比例して減少する，いわゆる拡散律速状態であることを示している．

式（6.84）を任意の触媒形状ならびに n 次反応に対して，一般化されたディーレモデュラス m を式（6.85）のように定義し，ϕ の代わりに m を用いると式（6.84）を近似的に用いることができる．

$$m = \frac{V_p}{S_p}\sqrt{\frac{n+1}{2}\cdot\frac{\rho_p k_W C_{As}^{n-1}}{D_{eA}}} \tag{6.85}$$

ここで，V_p は触媒粒子 1 個の体積，S_p は触媒 1 個の外表面積であり，球形触媒，1 次反応であるとすると，式（6.85）は式（6.84）に一致する．

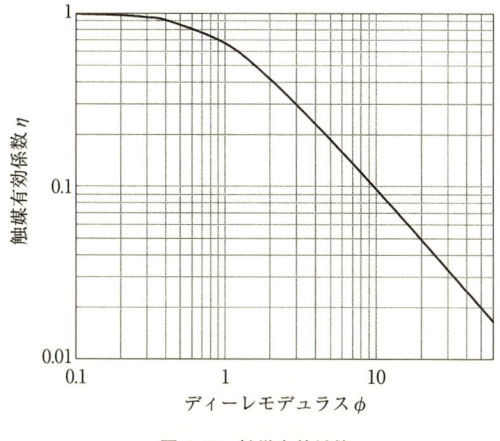

図 6.17 触媒有効係数

触媒有効係数は，粉砕等により粒径の異なる触媒を用いて，それぞれの反応速度を同一条件で測定することにより，実験的に求めることができる．

6.5 反応装置の分類

工業的に使用される反応装置は，均一系，不均一系により，その取り扱いが大きく異なる．ここでは，現実の反応器を単純化し，その分類と操作法を述べた後，代表的ないくつかの反応器に関して，それらの理想的な条件における設計法について取り扱う．

6.5.1 反応装置の操作法

図 6.18 に示すように，反応操作法には，(1) 回分式，(2) 連続式（流通式），(3) 半回分式に分類できる．回分式は，原料すべてをあらかじめ反応器に仕込んだ状態で反応を開始し，適当な時間が経過した後に，反応物および生成物すべてを取り出す操作法である．連続式は，原料を連続的に反応器入口に供給し，出口より反応物および生成物を連続的に取り出す操作法である．半回分式とは，回分式および連続式の中間に位置する操作法である．具体的には，複数の原料のうち，ある成分をあらかじめ反応器に仕込んでおき，そこに別の原料を連続的，もしくは，断続的に供給し，適当な時間が経過したのちに，反応器内の製品をすべて回収する方法である．

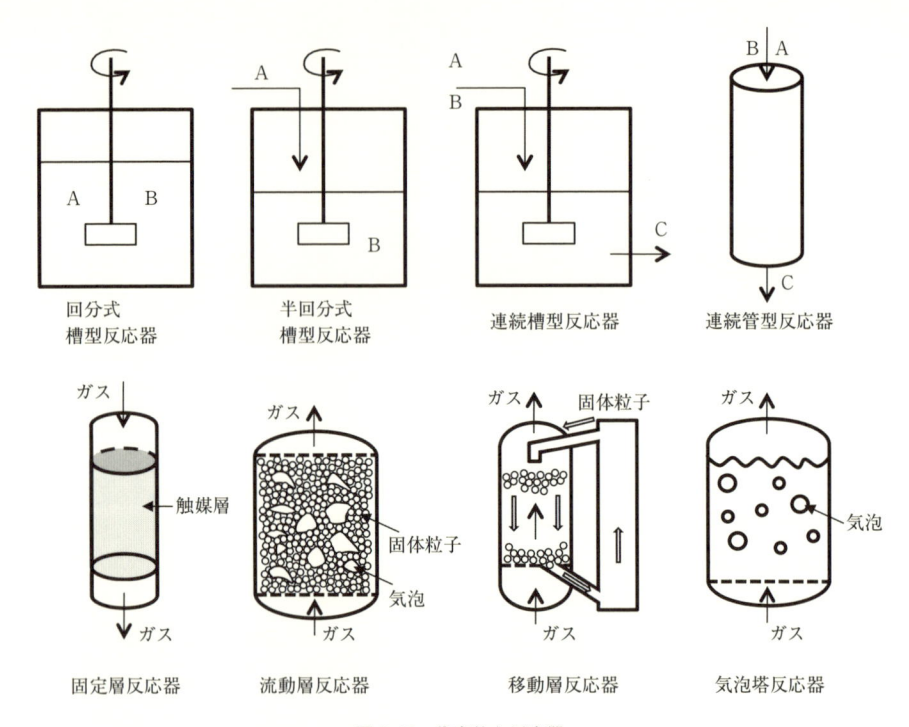

図中ラベル:
- 回分式槽型反応器
- 半回分式槽型反応器
- 連続槽型反応器
- 連続管型反応器
- 固定層反応器
- 流動層反応器
- 移動層反応器
- 気泡塔反応器

図6.18 代表的な反応器

6.5.2 反応装置の型式

均一反応における反応装置は図6.18に示すように，(1)槽型反応器および(2)管型反応器に大別することができる．また，不均一反応に用いられる反応装置の代表例として，(2)管型反応器に類似の，(3)固定層型反応器や，それ以外にも(4)流動層反応器，(5)移動層反応器，(6)気泡塔反応器などがある．

(1) 槽型反応器

槽型反応器は，均一液相系，気液反応，液液反応，気液固触媒反応など，幅広い反応系に適用できる反応器である．流体が高粘度でない限り，器内は撹拌翼により十分に混合されており，反応流体の濃度と温度は器内において均一とみなすことができる．操作法は，回分操作，連続操作，半回分操作のいずれも用いることができる．特に連続操作する場合は，連続槽型反応器と呼ばれ，CTSRと略する．

(2) 管型反応器

管型反応器は，反応流体を細い管内に連続的に流通される反応器である．器内の反応流体の濃度は連続的に変化している．また，管壁を通じての伝熱効率は良くなく，反応器内の温度は不均一となることが多い．

(3) 固定層反応器

管内に静置された固体触媒中に反応流体を連続的に供給する反応器である．流体の流れは押し出し流れと近似することができ，反応収率は高い．ただし，管型反応器同様，伝熱効率が低いことから固定層内の温度分布は不均一となることが多い．固定層反応器は充填層反応器とも呼ばれる．

(4) 流動層反応器

流動層反応器では，装置底部より反応流体を導入し，それにより器内の固体粒子を浮遊状態に保ち流体-固体間の反応を行わせる．流動層内では，粒子が激しく運動しており，層内の温度はほぼ均一に保持される，固体粒子の連続供給，抜き出しが可能であるなどの特徴がある．一方，気固反応系では，気相の吹き抜けが大きく，完全混合流れと比較して反応収率が低下する場合がある．

(5) 移動層反応器

移動層反応器は，反応器上部より固体粒子を連続的に供給し，固定層のように充填されたまま反応器底部から排出される．その間，反応流体は，向流あるいは並流で供給され反応が起きる．特徴として，固体，流体ともに押し出し流れに近く高収率が期待できる，固体触媒の連続再生が可能といった点が挙げられる．一方で，固定層反応器と同様に，伝熱効率が低く，器内の温度分布が不均一となりやすい．

(6) 気泡塔反応器

気泡塔反応器は，反応液を器内に満たし，反応器底部より反応ガスを供給する，気液反応装置である．器内は，反応液内の気泡上昇に伴う混合作用により完全混合に近く，温度分布は均一と見なせる場合が多い．また，反応液中に固体粒子を懸濁させて，気液固3相反応を行わせる場合は，懸濁気泡塔あるいは三相流動層反応器と呼ばれる．

6.5.3 単相理想反応器の設計

上記で述べた分類の中から，(1) 回分式槽型反応器，(2) 流通管型反応器および (3) 流通槽型反応器について，理想的な流れの場合の設計は6.2.4項で述べたとおりである．本項では，固体触媒反応器の設計について述べる．

A. 固体触媒反応器

固定層反応器のように管型反応器は固体触媒反応に用いられることが多い．固体触媒反応の場合は，体積基準ではなく，触媒質量基準をするのが一般的である．触媒質量基準の A の反応速度を $-r_{Aw}[\mathrm{mol/(s \cdot kg\text{-}触媒)}]$ とすると，微小区間 dW の物質収支より

$$\frac{dF}{dW} = r_{Aw} \tag{6.86}$$

式 (6.12) を用いて整理すると

$$F_{A0}\frac{dX_A}{dW} = -r_{Aw} \tag{6.87}$$

式 (6.87) を積分し，整理すると次式が得られる．

$$\frac{W}{F_{A0}} = \int_0^{X_A} \frac{dX_A}{-r_{Aw}} \tag{6.88}$$

ここで，W/F_{A0} を時間因子 $[\mathrm{kg\text{-}cat \cdot s/mol}]$ と呼び，空間時間同様，反応時間に比例する量である．

6.6 反応プロセス設計の概要

化学製品を生産するには，原料の貯蔵・輸送，製品を得るための反応操作，製品の純度を高める分離操作など，種々の単位操作を必要とする．これら一連の単位操作の結合をプロセスといい，その装置群をプラントという．プロセス全体は，いくつかのサブプロセス，たとえば原料前処理プロセス，反応プロセス，廃ガス処理プロセスなどから構成される．この中で反応プロセスは，生産プロセスの中心的な存在である．

プロセスは，目的とする製品を最も効率良く，また安全かつ安定的に得られるように設計される．プロセス設計では，物質収支と熱収支を基盤に，移動速度論，平衡論，反応速度論を駆使して，さまざまな物理化学的現象を定量化し，最終的には経済性も考慮した最適化が必要となる[1]．

ここでは，プロセス設計のごく一部分ではあるが，天然ガス（主成分 CH_4）から水素を製造するプロセスを例として反応プロセス設計の基礎を学ぶ．

6.6.1 水素製造プロセス

図 6.19 の水素製造プロセスは，脱硫工程，水蒸気改質工程，CO 転化工程，ガ

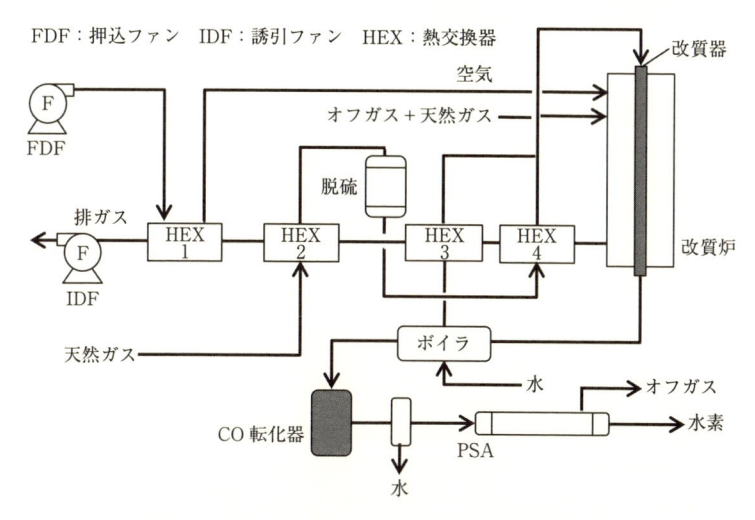

図 6.19 天然ガスの水蒸気改質による水素製造プロセス

ス精製工程および熱交換器やファンで構成されている．

脱硫工程では，天然ガスに含まれる微量の硫黄分が改質触媒や転化触媒を被毒しないよう，触媒を用いて硫黄分を除去する．

水蒸気改質工程および CO 転化工程では，次の反応により水素を生成する．工業的には，いずれの反応も触媒を用いる．

$$CH_4 + H_2O \rightarrow CO + 3H_2 + 206.2 \text{ kJ·mol}^{-1} \tag{6.89}$$

$$CO + H_2O \rightarrow CO_2 + H_2 - 41.2 \text{ kJ·mol}^{-1} \tag{6.90}$$

水蒸気改質反応式（6.89）は吸熱反応であるため，改質炉で燃料（天然ガスとオフガス）を燃焼し，改質器を加熱することで反応を進行させる．改質炉排ガスは高温であるため，その熱量を燃焼用空気（HEX1）や天然ガス（HEX2, HEX4），水蒸気（HEX3）の加熱に利用する．一方，改質器を出た改質ガスも高温であるため，原料である水蒸気を熱交換器（ボイラ）により発生させる．CO 転化工程では，式（6.90）のシフトリアクションにより水素生成量をさらに高めている．

ガス精製工程では，転化ガスを凝縮器で水分除去し，PSA 法で水素を分離し，99.999%以上の高純度水素を得る．水素以外のガス（オフガス：$CH_4/CO/CO_2/N_2/H_2O$）は，燃料として利用される．

6.6.2　反応プロセス設計の基礎

反応プロセスの設計は，設計基本といわれる前提条件（たとえば生産量）をもとに，まず物質収支を計算することから始め，次に熱収支により熱交換器を結合し，最適な反応温度や圧力を決定するという手順で行われる．最近は，充実した機能をもつプロセスシミュレータが市販されており，煩雑な計算をすることなくプロセス設計を進めることができる．なお，個々のユニット（たとえば改質器）の設計はプラント設計とも呼ばれ，プロセス設計で得た条件をもとに詳細設計が行われる．反応器の詳細設計では，種々の反応器モデル（均一反応モデルや固気反応モデルなど）が用いられる．

ここでは，水素製造プロセスのうち，改質器と転化器に関する物質収支を考え，反応器出口の平衡組成の計算を試みる[2]．

A．改質器出口の平衡組成

a．平衡定数

改質器では改質反応と転化反応が同時に起こるが，高温では発熱反応である転化反応の平衡定数は小さくなる．ここでは簡単のために，改質器では式 (6.89) の反応のみ起こるものと仮定する．

改質器出口の平衡組成を求めるには，まず式 (6.89) の平衡定数 K を算出する必要がある．しかし，改質反応温度 T はまだ決定されていないため，K を T の関数として表す必要がある．

さて，$a\mathrm{A} + b\mathrm{B} \rightleftarrows c\mathrm{C} + d\mathrm{D}$ で表される一般的な化学反応式において，この反応が定温・定圧下で平衡にある場合，化学反応に伴う標準ギブス自由エネルギー変化 $\Delta G°$ と平衡定数 K の間には，次のような関係がある．

$$\Delta G° = -RT \ln K \qquad (6.91)$$

ここで反応温度 T での自由エネルギー変化 $\Delta G_T°$ を用いて，温度 T のみに依存する平衡定数 K_T を次式で定義する．

$$\Delta G_T° = -RT \ln K_T \qquad (6.92)$$

ギブス-ヘルムホルツ式から，$\Delta G_T°$ と T におけるエンタルピー変化 $\Delta H_T°$ の間には式 (6.93) の関係が成り立つ．この式に式 (6.92) を代入すると，ファントホッフの定圧平衡式 (6.94) が得られる．

$$\frac{d}{dT}\left(\frac{\Delta G_T°}{T}\right) = -\frac{\Delta H_T°}{T^2} \qquad (6.93)$$

6.6 反応プロセス設計の概要

$$\frac{d(\ln K)}{dT} = \frac{\varDelta H_T^\circ}{RT^2} \tag{6.94}$$

一方，基準温度 298.15 K に対する任意温度 T の $\varDelta H_T^\circ$ は，標準エンタルピー変化 $\varDelta H^\circ$ と反応熱の和として次式で与えられる．

$$\varDelta H_T^\circ = \varDelta H^\circ + \int_{298}^{T} \varDelta c_p dT \tag{6.95}$$

ここで，定圧熱容量 c_p は定数 α, β, γ をもつ温度の関数式（6.96）で表現され，これを式（6.95）に代入し積分すると式（6.97）となる．

$$c_p = \alpha + \beta T + \gamma T^2 \tag{6.96}$$

$$\begin{aligned}
\varDelta H_T^\circ &= \varDelta H^\circ + \int_{298}^{T} (\varDelta\alpha + \varDelta\beta T + \varDelta\gamma T^2) dT \\
&= \varDelta H^\circ + \varDelta\alpha(T-298) + \frac{\varDelta\beta}{2}(T^2-298^2) + \frac{\varDelta\gamma}{3}(T^3-298^3) \\
&= \left[\varDelta H^\circ - \varDelta\alpha(298) - \frac{\varDelta\beta}{2}(298^2) - \frac{\varDelta\gamma}{3}(298^3)\right] + \left(\varDelta\alpha T + \frac{\varDelta\beta}{2}T^2 + \frac{\varDelta\gamma}{3}T^3\right)
\end{aligned} \tag{6.97}$$

式（6.97）の右辺第 1 項を $\varDelta H_0$ とおいて，式（6.94）に代入し積分すれば，温度 T を関数とする平衡定数 K_T の算出式（6.99）が得られる（C は積分定数）．

$$\varDelta H_0 = \left[\varDelta H^\circ - \varDelta\alpha(298) - \frac{\varDelta\beta}{2}(298^2) - \frac{\varDelta\gamma}{3}(298^3)\right] \tag{6.98}$$

$$\ln K_T = \frac{1}{R}\left(-\frac{\varDelta H_0}{T} + \varDelta\alpha(\ln T) + \frac{\varDelta\beta}{2}T + \frac{\varDelta\gamma}{6}T^2\right) + C \tag{6.99}$$

〈例題 6.7〉 メタンの水蒸気改質反応式（6.89）の平衡定数 K_T を温度 T の関数で示せ．また，T を 600℃～900℃ まで 50℃ きざみで変化させて T に対する $\ln K_T$ の変化をグラフで示せ．

（解）
① 物性の調査
反応物 CH_4, H_2O および生成物 CO, H_2 の標準生成エンタルピー変化 $\varDelta H_f^\circ$，標準生成ギブス自由エネルギー変化 $\varDelta G^\circ$ および定圧比熱推算式の係数 α, β, γ を熱力学データベースで調べる．主要な物質の物性を表 6.2 にまとめた．

② $\varDelta H_0$ の算出
式（6.98）中の $\varDelta H^\circ$ を計算し，次に $\varDelta\alpha$, $\varDelta\beta$, $\varDelta\gamma$ から $\varDelta H_0$ を求める．

218　　　　　　　　　　　　第 6 章　化 学 反 応

表 6.2　熱力学データ表（すべて気体の状態）

物質名	化学式	$\Delta H°$ kJ·mol^{-1}	$\Delta G°$ kJ·mol^{-1}	α J·mol^{-1}·K^{-1}	$\beta \times 10^3$ J·mol^{-1}·K^{-1}	$\gamma \times 10^6$ J·mol^{-1}·K^{-1}
メタン	CH_4	-74.81	-50.72	14.1504	75.4994	-17.9915
エタン	C_2H_6	-84.68	-32.82	9.4031	159.8367	-46.2342
エチレン	C_2H_4	$+52.26$	$+68.15$	11.8391	119.6717	-36.5151
プロパン	C_3H_8	-103.85	-23.49	10.0849	239.3185	-73.3627
プロピレン	C_3H_6	$+20.42$	$+62.78$	13.61	188.7777	-57.4913
メタノール	CH_3OH	-200.66	-161.96	18.3823	101.5638	-28.683
エタノール	C_2H_5OH	-235.10	-168.49	29.2487	166.2883	-49.9006
一酸化炭素	CO	-110.53	-137.17	28.0681	4.6309	0
二酸化炭素	CO_2	-393.51	-394.36	45.3695	8.6881	0
水素	H_2	0	0	27.0122	3.5085	0
窒素	N_2	0	0	27.270	4.9302	0
一酸化窒素	NO	$+90.25$	$+86.55$	28.1595	5.2295	0
二酸化窒素	NO_2	$+33.18$	$+51.31$	41.4203	9.9352	0
酸素	O_2	0	0	30.2546	4.2069	0
水蒸気	H_2O	-241.82	-228.57	28.850	12.055	0
二酸化硫黄	SO_2	-296.83	-300.19	47.3815	6.6595	0

$$\Delta H° = \sum \Delta H°(\text{生成物}) - \sum \Delta H°(\text{反応物})$$
$$= \{(1)-(110.53)+(3)(0)\} - \{(1)(-74.81)+(1)(-241.82)\}$$
$$= 206.10 \text{ kJ·mol}^{-1} = 206.10 \times 10^3 \text{ J·mol}^{-1}$$

$$\Delta \alpha = \sum \Delta \alpha(\text{生成物}) - \sum \Delta \alpha(\text{反応物}) = (28.0681+3\times27.0122)-(14.1504+28.850)$$
$$= 66.104$$

同様に，$\Delta\beta = -7.2398\times10^{-2}$，$\Delta\gamma = 1.7992\times10^{-5}$ J·mol^{-1}·K^{-1}

式（6.98）にこれらを代入し，$\Delta H_0 = 1.894\times10^5$ J·mol^{-1}

③　積分定数 C の決定

求めるべき式（6.99）には，積分定数 C が含まれている．標準状態（298 K，101.3 kPa）での $\Delta G°$ と K_{298} から C を決定する．

$$\Delta G° = \sum \Delta G_f°(\text{生成物}) - \sum \Delta G_f°(\text{反応物})$$
$$= \{(1)-(137.17)+(3)(0)\} - \{(1)(-50.72)+(1)(-228.57)\}$$
$$= 142.12 \text{ kJ·mol}^{-1} = 142.12\times10^3 \text{ J·mol}^{-1}$$

$\ln K_{298} = -\Delta G°/RT = (-142.12\times10^3)/\{(8.314)(273.15+25)\} = 57.334$ J·mol^{-1}

この値と②で求めた値を式（6.99）に標準状態として代入し C を求めると，$C = -24.942$．したがって，$\ln K_T$ を T の関数で表した式は

6.6 反応プロセス設計の概要

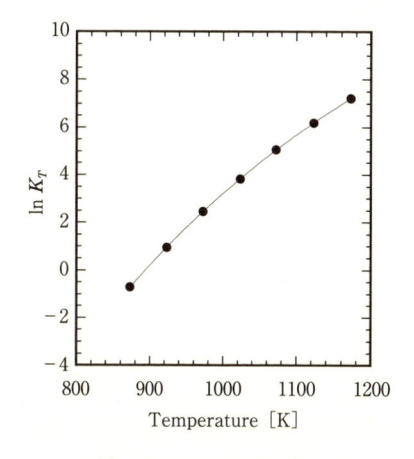

図 6.20 T-$\ln K_T$（改質反応）

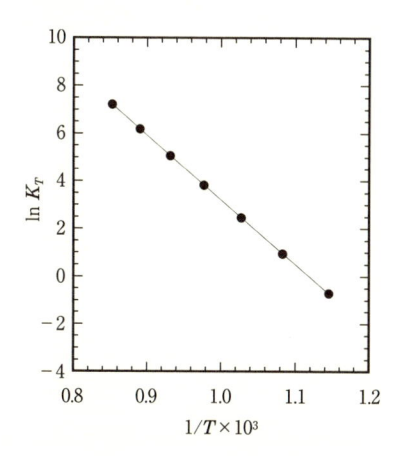

図 6.21 $1/T$-$\ln K_T$（改質反応）

$$\ln K_T = \frac{1}{R}\left(-\frac{1.894\times 10^5}{T}+66.10(\ln T)-\frac{7.240\times 10^{-2}}{2}T+\frac{1.799\times 10^{-5}}{6}T^2\right)-24.94 \tag{6.100}$$

④ 温度と $\ln K_T$ の関係

式（6.100）に $T=873\,\mathrm{K}$ から $50\,\mathrm{K}$ きざみで $1173\,\mathrm{K}$ まで代入して $\ln K_T$ の変化をプロットすると，図6.20のような関係となる．

ところで，式（6.92）より，$\ln K_T = -\Delta G_T^\circ/RT$ である．また，$\Delta G_T^\circ = \Delta H_T^\circ - T\Delta S_T^\circ$ であるから，両式より次式が導かれる．（ΔS_T° は温度 T でのエントロピー変化）

$$\ln K_T = -\frac{\Delta H_T^\circ}{RT}+\frac{\Delta S_T^\circ}{R} \tag{6.101}$$

これより，温度の逆数 $1/T$ に対し $\ln K_T$ の変化をプロットすると（図6.21），傾きが $-\Delta H_T^\circ/R$，切片が $\Delta S_T^\circ/R$ となることがわかる．

b. 平衡組成

反応物および生成物の混合気体は，圧力が低く理想気体とみなせる場合，平衡定数は分圧のみの関数として式（6.102）のように与えられる．この平衡定数は，特に圧平衡定数 K_p と表す．

$$K = \frac{p_C^c \cdot p_D^d}{p_A^a \cdot p_B^b} = K_p \tag{6.102}$$

〈例題 6.8〉 水蒸気／メタンモル比＝5/1 の原料ガスで，温度 973 K，圧力 1.0 MPa にて水蒸気改質反応を行う．混合気体が理想気体としてみなせる場合，メタンの反応率はいくらか．また改質器出口の平衡組成を求めよ．

（解） 式 (6.100) に，$T = 973.15$ を代入すると，$\ln K_T = 2.454$．ゆえに $K_T = K_p = 11.63$．

次に，メタン 1 mol を基準に原料組成を考え，平衡時 CO の mol 数を x mol として平衡組成を考えると，表 6.3 のようにまとめることができる．これを式 (6.102) に適用して

$$K_p = \frac{\left(\frac{x}{6+2x}\times 1\right)\left(\frac{3x}{6+2x}\times 1\right)^3}{\left(\frac{1-x}{6+2x}\times 1\right)\left(\frac{5-x}{6+2x}\times 1\right)} = 11.64$$

この場合，x は解析解で求めることはできず，試行錯誤法あるいは表計算ソフトウェアのゴールシーク機能により求めると，$x = 0.9912$ を得る．したがって，メタンの反応率は 99.1% である．

平衡組成：$CH_4 = 1-x = 0.00877$ mol．同様に，$H_2O = 4.01$, $CO = 0.991$, $H_2 = 2.974$ mol.

表 6.3 メタンの水蒸気改質反応における原料組成と平衡組成

物質	原料組成 [mol]	平衡組成 [mol]
CH_4	1	$1-x$
H_2O	5	$5-x$
CO	0	x
H_2	0	$3x$
合計	6	$6+2x$

B．CO 転化器出口の組成

改質器を出た高温の改質ガスは，水蒸気発生ボイラで熱交換され，冷却されて転化器に入る．転化器出口組成もまた前項と同様の手法により求めることができる．

ここで，例題 6.11 の改質器出口ガスが 300℃で転化器に入ったときの出口平衡組成を計算してみる．各変数は前項の手順に従うと以下のように計算される．

$$\Delta H° = -41.16 \times 10^3 \text{ J·mol}^{-1}, \quad \Delta G° = -28.62 \times 10^3 \text{ J·mol}^{-1}$$

$$\Delta H_0 = -4.557 \times 10^4 \text{ J·mol}^{-1}, \quad \ln K_{298} = 11.546 \text{ J·mol}^{-1}, \quad C = -17.355$$

したがって

表6.6.3 CO転化反応における原料組成と平衡組成

物質	原料組成 [mol]	平衡組成 [mol]
CH_4	0.00877	0.00877（不変）
CO	0.991	$0.991-y$
H_2O	4.01	$4.01-y$
CO_2	0	y
H_2	2.974	$2.974+y$
合計	7.982	7.982

$$\ln K_T = \frac{1}{R}\left(-\frac{-4.557\times10^4}{T}+15.46(\ln T)-\frac{4.489\times10^{-3}}{2}T\right)-17.355$$

$$K_{573} = 47.77 \text{ J·mol}^{-1} \tag{6.103}$$

573 K で平衡のとき，CO が反応した mol 数を y mol として平衡組成を考えると，表6.4のように表せる．

式 (6.102) にこれらを適用すると，y の2次式となり，$y=0.965$ の解析解を得る．したがって平衡組成は $CH_4=0.009$, $CO=0.026$, $H_2O=3.939$, $CO_2=0.965$, $H_2=3.939$ mol．改質器での水素量は 2.974 mol であったが，転化反応によって 3.939 mol に増加したことがわかる．また，CO の平衡転化率 X_{CO} は

$$X_{CO} = (0.991-0.026)/(0.991)\times100 = 97.4\%$$

式 (6.89) と式 (6.90) は，CH_4 1 mol から H_2 4 mol が生成することを示している．ここでは，CH_4 1 mol から H_2 3.939 mol 生成したのだから，水素収率 Y_H は

$$Y_H = (3.939)/(4.0)\times100 = 98.5\%$$

図 6.22 に温度と $\ln K_T$ の関係を示す．シフトリアクションは発熱反応であるため，吸熱反応である水蒸気改質反応（図 6.20）とは逆の特性となる．

C．ケーススタディー

改質器出口および転化器出口の平衡組成に影響を及ぼす因子には，温度，圧力，H_2O/CH_4 モル比がある．これらの因子を変数として，転化器出口の平衡組成をケーススタディーし，適切な温度，圧力，H_2O/CH_4 モル比を決定する．図 6.23 に，$H_2O/CH_4=5.0$，転化器温度 573 K として，改質器反応温度を変化させたときの転化器出口の水素生成量の変化を示した．1073 K～1173 K の間では水素生成量の変化は少なく，材料の耐熱温度や改質触媒の適用温度の観点からも，この温度範囲を改

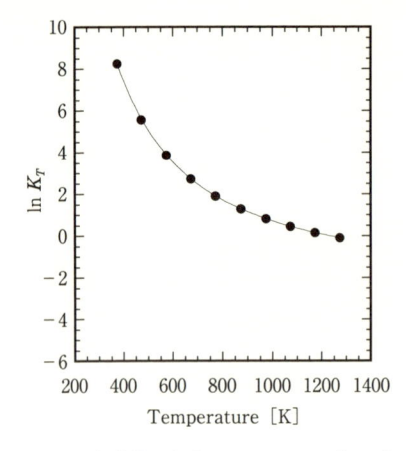

図 6.22 CO 転化器における $T-\ln K_T$ のプロット

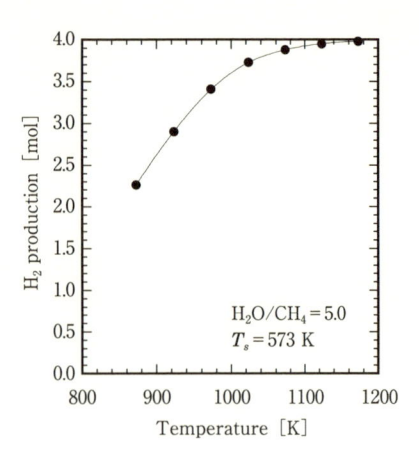

図 6.23 H_2 生成量に及ぼす温度の影響

質反応温度とすればよいことがわかる．

さて，ここまで進めてきた反応器出口の平衡組成計算であるが，プロセス設計全体からみると，反応器まわりの物質収支計算の準備をしたにすぎない．次の手順としては，脱硫装置と分離装置を結合して物質収支を完成させ，さらに熱収支を組み込む必要がある．熱収支では，改質器出口温度の計算から始め，脱硫触媒の温度範囲やボイラでの水蒸気発生量といった熱的制約を満足するように熱交換器を配置・設計する．最終的には，物質収支と熱収支から設計基本を満足する条件を決定する．ここではすべての手順を述べないが，次項では熱収支計算の準備として熱プロセス設計を行う．

6.6.3 熱プロセス設計の基礎

改質炉では，燃料（天然ガスおよび PSA のオフガス）を燃焼し，改質器を 800～900℃に加熱する．このとき，必要な燃料流量を設計するには，燃焼温度を予測する必要がある．また，前項まででは，転化炉の反応温度は入口ガス温度に等しいとして平衡組成を求めたが，CO 転化反応は発熱反応であるから実際は反応温度が上昇し，それに伴い平衡組成も変化する．ここでは，熱プロセス設計の基礎として，理論火炎温度および断熱反応における平衡組成の計算法を学ぶ．

A．理論火炎温度

断熱系においては，燃焼（反応）熱のすべてが生成物の温度上昇に費やされるこ

6.6 反応プロセス設計の概要

とになるため,エンタルピー変化 $\Delta H = 0$ となる.このときの温度は理論的に得られる最高温度であり,理論火炎温度あるいは理論最高温度という.

いま,炉の入口温度を T,燃焼後の温度を T' とすると,式 (6.95) から燃焼反応系について次の関係が得られる.

$$\Delta H = \Delta H_f^\circ + \int_{298}^{T'} \Sigma c_p(生成物)dT - \int_{298}^{T} \Sigma c_p(反応物)dT \quad (6.104)$$

ここで,$\Delta H = 0$ を適用すれば,理論火炎温度 T' を計算できる.

実際には $\Delta H = 0$ ではなく,改質炉の場合は燃焼炉からの放熱量(熱損失量)と反応への供給熱量があるが,これらを見積ることによって,改質炉出口の温度を計算できる.

〈例題 6.9〉 断熱条件でメタンを 10% の過剰空気で完全燃焼したときの理論火炎温度を求めよ.なお,原料のメタンと空気は 25°C で供給される.

(解) 燃焼反応式は,$CH_4(g) + 2O_2(g) \rightarrow CO_2(g) + 2H_2O(g)$
まず,表 6.2 を参照して,ΔH° を求める.

$$\Delta H^\circ = \{-393.51 + 2 \times (-241.82)\} - \{-74.81 + 2 \times (0)\} = -802.34 \text{ kJ} \cdot \text{mol}^{-1}$$

次に,$T = 298$ K であるから,式 (6.104) 右辺第 3 項

$$\int_{298}^{T} \Sigma c_p(反応物)dT = 0$$

である.

また,断熱条件では式 (6.104) において $\Delta H = 0$ であるから

$$-\Delta H^\circ = \int_{298}^{T'} \Sigma c_p(生成物)dT$$

と整理できる.

ここで,燃焼後の生成物組成を考える.10% の過剰空気であるから,メタン 1 mol を基準とすると,必要酸素量 2 mol に対して 2.2 mol の酸素が供給されていることになり,生成物には 0.2 mol の未反応の酸素が含まれる.また,このとき,窒素は,$2.2 \times (79/21) = 8.28$ mol 存在する.したがって,生成物組成は

$$CO_2(g) + 2H_2O(g) + 0.2 \cdot O_2(g) + 8.28 \cdot N_2(g)$$

このガス組成の Σc_p は,式 (6.96) と表 6.2 を参照して,次のように計算できる.

$$\Sigma c_p = (45.3695 + 2 \times 28.850 + 0.2 \times 30.2546 + 8.28 \times 27.270)$$
$$+ (8.6881 + 2 \times 12.055 + 0.2 \times 4.2069 + 8.28 \times 4.9302) \times 10^{-3} T$$
$$= 334.8 + 74.44 \times 10^{-3} T \text{ J} \cdot \text{mol}^{-1} \cdot \text{K}^{-1}$$

これを上式に代入し

$$802.34 \times 10^3 = \int_{298}^{T'} (334.8 + 74.44 \times 10^{-3} T) dT$$

2次方程式の解として,理論火炎温度 $T' = 2177$ K が得られる.

B. 断熱反応の平衡組成

CO 転化反応式 (6.90) における断熱条件での到達温度は,CO 反応率によって変化する.一方で反応温度によって CO 反応率も変化するので,両者がバランスする温度と反応率を見つけなければならない.すなわち,平衡組成における温度と反応率の関係と熱収支における温度と反応率の関係をおのおの求め,両者を満足する温度と反応率を決定する.

a. 平衡組成からみる温度に対する反応量の変化

CO 転化器の入口ガス温度 $T = 573$ K,ガス組成 $CH_4 = 0.146$,$CO = 0.854$,$H_2O = 4.146$,$H_2 = 2.561$ mol である.このときの反応量 y(CO が反応した mol 数)とその平衡組成はすでに求めた(表 6.4).まったく同様の手法で,温度を種々変化させて y を計算すると,平衡組成からみた温度と反応量の関係を得ることができる.$T = 573$ K〜773 K の範囲で,平衡定数と反応量を計算すると,表 6.5 のようになる.

b. 熱収支からみる温度に対する反応量の変化

理論火炎温度の計算で用いた式 (6.104) で熱収支をとると,断熱条件での到達温度と平衡反応率の関係を得ることができる.

平衡時,CO が y mol 反応すると考えると,標準エンタルピー変化は $y \Delta H°$ であるから

$$y \Delta H° = y \times \{(-393.51 + 0) - (-110.53 - 241.82)\} = -41160 \cdot y \text{ J·mol}^{-1}$$

次に,式 (6.104) 右辺第 3 項を考える.式 (6.96) を代入して

表 6.5 平衡組成から求めた温度と反応量の関係

温度 T [K]	圧平衡定数 K_p	反応量 y [mol]
573	47.77	0.849
623	25.56	0.845
673	15.15	0.840
723	9.72	0.832
773	6.65	0.823

6.6 反応プロセス設計の概要

表6.6 熱収支から求めた温度と反応量の関係

到達温度 T' [K]	反応量 y [mol]
673	0.589
698	0.733
723	0.880
733	0.940

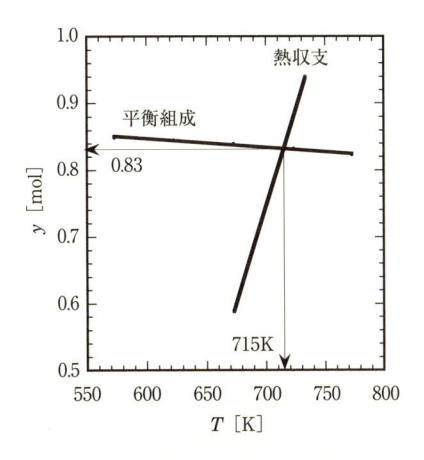

図6.24 断熱反応における到達温度と平衡反応量

$$\int_{298}^{T} \sum c_p(反応物)dT = \int_{298}^{573}(c_{p(CO)}+c_{p(H_2O)})dT$$

$$= \int_{298}^{573}\{(0.854)(\alpha_{CO}+\beta_{CO}T)+(4.146)(\alpha_{H_2O}+\beta_{H_2O}T)\}dT$$

$$= \int_{298}^{573}(143.6+0.0539T)dT = 46742$$

また,式(6.104)右辺第2項は,ガス組成を考慮して次のように表すことができる.

$$\int_{298}^{T'}\sum c_p(生成物)dT = \int_{298}^{T'}\{(0.854-y)c_{p(CO)}+(4.146-y)c_{p(H_2O)}+yc_{p(CO_2)}+(2.561+y)yc_{p(H_2)}\}dT$$

ここで,到達温度 $T'=673$ K として,仮計算すると次式が得られる.

$$\int_{298}^{T'}\sum c_p(反応物)dT = \int_{298}^{673}(12.44y+179.9)dT = 4666y+67456$$

最終的に,式(6.104)で $\Delta H=0$ を適用すれば

$$-41160y+(4666y+67456)-46742 = 0$$

よって,$y=0.589$ を得る.

T' をいくつか仮定して計算すると,表6.6の結果が得られる.

表6.5と表6.6のデータを図6.24にプロットすると,両線の交点が平衡組成と熱収支(断熱反応温度)がバランスする点であり,その温度 $T'=715$ K と反応量

$y = 0.832$ が得られる．したがって，断熱反応を考慮した CO 転化器出口の平衡組成は，表 6.4 にならい $CH_4 = 0.146$, $CO = 0.021$, $H_2O = 3.314$, $CO_2 = 0.832$, $H_2 = 3.393$ mol となる．

6.7 バイオ反応操作

(1) 生物反応プロセス

生物反応プロセスは，細胞から取り出して精製した酵素で物質生産を行う酵素利用プロセスと微生物を培養して物質生産を行う微生物利用プロセスに大別される．

(2) 酵素反応速度

酵素はタンパク質を主成分とする高分子化合物で，生体内には，酸化還元酵素をはじめとして多種多様な酵素が存在し，代謝の進行に深く関与している．酵素は，① 触媒として働く，② 基質特異性を有する，③ 反応特異性を有する，④ 温度や pH の影響が大きい，⑤ 阻害を受ける等の一般的特徴がある．一基質の酵素反応として，次式のような酵素基質複合体を経由する素反応を考える．なお，E を酵素，S を基質，P を生産物および ES を酵素基質複合体で表す．

$$\mathrm{E+S} \underset{k_{-1}}{\overset{k_1}{\rightleftarrows}} \mathrm{ES} \overset{k_2}{\longrightarrow} \mathrm{E+P} \tag{6.105}$$

酵素基質複合体の正味の反応速度は，それが反応性に富んで直ちに消費され，他の成分に比べてきわめて濃度が小さいと見なせれば，擬定常状態の近似が成立するので次式となる．

$$\frac{dC_{ES}}{dt} = k_1 C_E C_S - (k_{-1} + k_2) C_{ES} = 0 \tag{6.106}$$

系内の全酵素濃度 C_{E0} は酵素の収支から $C_{E0} = C_E + C_{ES}$ となるので

$$C_{ES} = \frac{C_{E0} C_S}{K_m + C_S} \quad \text{ただし，} K_m = (k_{-1} + k_2)/k_1 \tag{6.107}$$

となる．K_m はミカエリス定数と呼ばれている．このとき，生産物 P の生成速度 V は，$C_S \gg K_m$ において $k_2 C_{E0}$ へ漸近していくので，これを最大反応速度 $V_{\max}$ と表して，式 (6.108) のミカエリス・メンテン式が得られる．

$$V = \frac{dC_P}{dt} = k_2 C_{ES} = \frac{k_2 C_{E0} C_S}{K_m + C_S} = \frac{V_{\max} C_S}{K_m + C_S} \tag{6.108}$$

この両辺の逆数をとって整理すると，ラインウィーバー・バークプロットと呼ばれる式 (6.109) となる．これを用いると図 6.25 に示したように，$1/C_S$ に対して

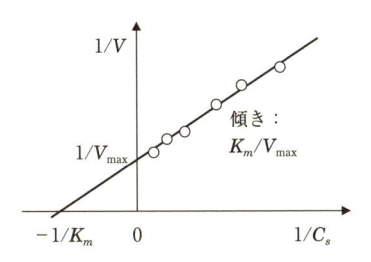

図 6.25 Lineweaver-Burk プロット

$1/V$ をプロットしたときの直線の x 軸切片と y 軸切片から，K_m や $V_{\max}$ の値を定めることができる．

$$\frac{1}{V} = \frac{K_m}{V_{\max}} \cdot \frac{1}{C_S} + \frac{1}{V_{\max}} \tag{6.109}$$

酵素の特定の部位に結合などして目的の酵素反応速度を低下させる物質を阻害剤という．一基質反応の場合，阻害を考慮した反応速度式は一般に式 (6.110) で表せる．ここで，C_{I} は阻害剤 I の濃度，K_{II} と K_{IS} はそれぞれ阻害係数を表す．$K_{\mathrm{II}} \to \infty$ の場合を拮抗阻害，$K_{\mathrm{II}} = K_{\mathrm{IS}}$ の場合を非拮抗阻害，$K_{\mathrm{IS}} \to \infty$ の場合を不拮抗阻害という．なお，阻害形式も両辺の逆数のプロットから定めることができる．

$$V = \frac{V_{\max} C_S}{\{K_m(1 + C_{\mathrm{I}}/K_{\mathrm{IS}}) + C_S(1 + C_{\mathrm{I}}/K_{\mathrm{II}})\}} \tag{6.110}$$

(3) 微生物の増殖と基質消費速度

微生物とは，人の肉眼で直接認識できないほど微小であるが生命を維持して増殖する生物の総称であり，細菌，藻類，菌類，原生動物および後生動物等がある．この中で細菌，藻類，原生動物および一部の菌類は単細胞である．微生物は自然界における炭素や窒素といった元素の循環や水環境での自浄作用に深く関与している．

酒類，味噌やしょう油などの伝統的な発酵製品をはじめとして，微生物が産業利用されている．また，食品産業ばかりでなく，抗生物質，生理活性物質や抗がん剤といった医薬品製造分野においても，微生物の培養や発酵操作を利用して生産されているものもある．有用微生物の工業的利用で施設設計や運転管理を効果的に行うための基礎として，微生物反応速度論が非常に重要である．製造分野のみならず微生物作用を利用した排水処理施設においても同様なことがいえる．

微生物は，表 6.7 のように代謝におけるエネルギー源と炭素源の相違で大きく 4

表6.7 代謝形態による微生物の分類

エネルギー源	炭素源	分類名	例
化学合成	CO_2	化学合成独立栄養	硝化細菌, 鉄酸化細菌
	有機物	化学合成従属栄養	多種の好気性細菌, メタン生成古細菌
光合成	CO_2	光合成独立栄養	藻類, 硫黄細菌
	有機物	光合成従属栄養	紅色非硫黄細菌, 緑色非硫黄細菌

つに分類される．また，遊離酸素の要求性に基づいて，生存にそれを必要とする「好気性」，まったく必要としない「嫌気性」ならびに，存在すれば利用するがなければ硝酸塩のような他を利用可能な「通性」に分類されている．微生物は，基質を分解してエネルギーを獲得（異化）しながら，その一部から細胞構成成分を合成（同化）し分裂して増殖する．回分培養した場合の菌体量の変化は，一般に図6.26のようになり，Ⅰ：誘導期，Ⅱ：対数増殖期（または指数増殖期），Ⅲ：減速期，Ⅳ：静止期およびⅤ：死滅期に分類される．

対数増殖期では，菌体量（菌体濃度）X の対数が時間 t に比例して増大するので，微分形式の記述は式（6.111）になる．比例定数 μ は，比増殖速度と呼ばれ，時間の逆数の単位（たとえば h^{-1}）をもつ．

$$\frac{1}{X}\frac{dX}{dt} = \mu \quad \text{または} \quad \frac{dX}{dt} = \mu X \tag{6.111}$$

1回の分裂に要する時間を倍加時間といい，これを t_d と表すと，$t_d = \ln 2/\mu$ となる．なお，倍加時間は微生物によって異なり，10分程度から数日以上を要するものも知られている．

比増殖速度は一般に，微生物が存在する場の温度，pH，化学組成，濃度等によっ

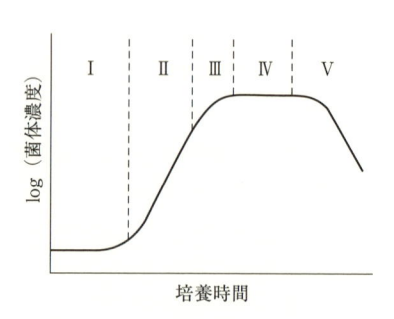

図6.26 回分培養における増殖曲線

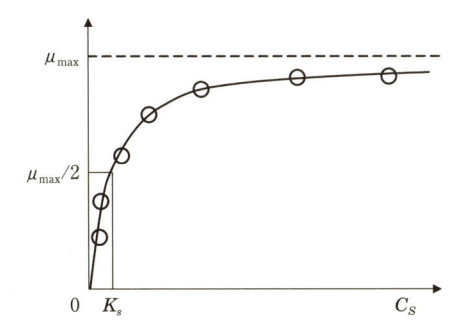

図 6.27 Monod 式での基質濃度と比増殖速度の関係

て変化する．このうち，基質濃度への依存性を与える代表的な式として，直角双曲線型の経験式であるモノー式がよく知られている．この式は，微生物の増殖に必須な多数の成分の中で最も影響の大きな1種類以外は，増殖に影響のない程度に常に存在していることを仮定している．この成分を（増殖）制限基質という．

$$\mu = \frac{\mu_m C_S}{K_S + C_S} \tag{6.112}$$

ここで，μ_m は最大比増殖速度，C_S は制限基質濃度，K_S は飽和定数を表す．基質濃度と比増殖速度には，図 6.27 のような関係があり，K_S は $\mu = \mu_m/2$ となる基質濃度に一致する．同じ微生物でも基質によって K_S は異なる．糖類，無機イオン類，ガス態基質では概ね $1 \sim 10\,\mu\text{M}$ のオーダーをもつことが多いが，アミノ酸やビタミン類ではそれよりさらに小さくなる傾向がある．小さな K_S をもつということは，その微生物のその基質に対する親和性が高いことを意味している．

真の増殖速度 r_g は式（6.111）と式（6.112）から

$$r_g = \frac{dX}{dt} = \mu_m \frac{C_S X}{K_S + C_S} \tag{6.113}$$

となる．増殖に伴う基質消費の速度は，基質の消費量に対して増殖した菌体量の比（$= \Delta X/(-\Delta C_S)$）で定義される菌体収率 Y を利用して表現される．このとき，単位菌体量あたりの基質消費速度である比消費速度 q_S は

$$q_S = \frac{1}{X} \cdot \frac{dC_S}{dt} = \frac{1}{Y} \cdot \frac{1}{X} \frac{dX}{dt} = \frac{\mu_m}{Y} \cdot \frac{C_S}{K_S + C_S} = q_{S,m} \frac{C_S}{K_S + C_S} \tag{6.114}$$

ここで，$q_{S,m}$ は最大比消費速度を表す．$K_S \gg C_S$ の場合には，基質濃度の1次反応であると見なせる．一方，$K_S \ll C_S$ である場合には0次反応に近似され，基質濃

度への依存性がないものとして扱える．

　微生物は自身を最低限維持するエネルギーを獲得するための基質消費が必要である．また，系内の基質が欠乏すると細胞内貯蔵物質の消費（内生呼吸）や自己酸化等も生じる．これらのことを総括的に考慮した見かけの比増殖速度 μ' は，自己酸化係数（または死滅係数）k_d を導入して，次のように表されることがある．

$$\mu' = \mu - k_d = \mu_m \frac{C_S}{K_S + C_S} - k_d \tag{6.115}$$

(4) 培養操作

　工業的な微生物の培養は，回分または半回分操作であることが多い．連続操作が避けられる傾向にあるのは，培養の長期化で遺伝的変異が起こり目的物質の生産効率に影響が生じる危険性および雑菌やファージの汚染を受けやすくなる等が理由として挙げられる．なお，生物学的排水処理プロセスでは，非常に多種多様な微生物からなる汚泥と呼ばれる複合微生物系が形成されているため，変異や汚染等の外乱の影響を受けにくく，連続操作がよく用いられる．

(5) 活性汚泥プロセス

　バイオ反応操作の応用例として，生物学的排水処理プロセスを取り上げる．活性汚泥は好気性細菌等の微生物に加え，有機および無機性物質で構成される茶褐色から黒褐色を呈していることが多いゼラチン状の微細な凝集体または集塊（ブロック）のことである．この中には主要な構成生物である細菌や菌類に加え，原生動物や小形の後生動物も共存する複合微生物生態系が形成されている．しかしながら，その詳細はまだ不明なことが多い．

　活性汚泥を用いる水処理方法を総称して活性汚泥法と呼んでいる．代表的な処理フローとして，図 6.28 の構成が知られている．排水中の有機性汚濁物質は，反応

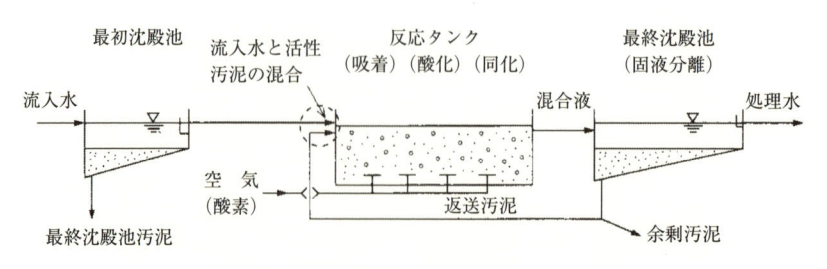

図 6.28　活性汚泥法による排水処理プロセスの概要
（出典：下水道施設計画・設計指針と解説　後編，日本下水道協会）

タンク内で浮遊する活性汚泥により摂取・分解される．活性汚泥は最終沈殿池で固液分離後，増加分は系外へ排出（余剰汚泥）され，残りは反応タンクへ返送（返送汚泥）される．

活性汚泥法の浄化の機構や動力学は非常に複雑で不明な点も多いが，① 汚濁成分は溶解性の単一物質とみなせる，② 反応タンク内は完全混合状態，③ 微生物反応は反応タンク内のみで生じる，④ 処理系内の活性汚泥量は反応タンク内のみで代表できる，および⑤ 定常状態を仮定したごく簡易なモデルから処理操作の基本的特性の概略が推定できる．図 6.29 に示した記号を用いると，系全体の活性汚泥収支は

$$QX_0 - [(Q-Q_W)X_G + Q_W X_R] + V \cdot r'_g = 0 \tag{6.116}$$

となる．ここで，r'_g は死滅係数を導入した見かけの比増殖速度 μ' を用いた式 (6.117) で表される見かけの増殖速度である．

$$r'_g = \mu' X = \mu_m \frac{C_S \cdot X}{K_S + C_S} - k_d X \tag{6.117}$$

固形物滞留時間（SRT）は，水処理系内に存在する活性汚泥量 [kg] を 1 日あたりに系外へ排出される活性汚泥量 [kg/d] で除した値と定義されるが，仮定④を踏まえると次式で与えられる．

$$\text{SRT} = \frac{V \cdot X}{(Q-Q_W)X_G + Q_W X_R} \tag{6.118}$$

これらに加えて，流入水（初沈越流水）中の汚泥濃度は一般に反応タンク内の汚泥混合液濃度に比べて十分に小さく無視できる（$X_0 \approx 0$）ことを考慮すれば，最終的に次式が得られる．

$$C_S = \frac{K_S(1+k_d \cdot \text{SRT})}{\text{SRT}(Y \cdot q_{S,m} - k_d) - 1} \tag{6.119}$$

一方，系全体での汚濁成分の収支は仮定③を考慮して

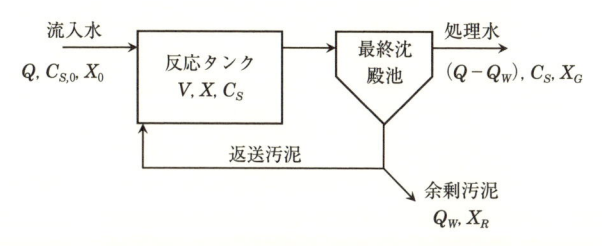

図 6.29 プロセス構成と簡易モデルでの記号

$$QC_{S,0} - QC_S - V \cdot r_u = 0 \tag{6.120}$$

となる．ここで，r_u は基質消費速度（$= r'_g/Y$）を表す．これを X について整理すると最終的に式（6.121）となる．なお，τ は水理学的滞留時間（$= V/Q$）を表す．都市下水を処理する活性汚泥の反応速度定数は表 6.8 に示した範囲にあるといわれている．

$$X = \frac{\mathrm{SRT}}{\tau} \cdot \frac{Y(C_{S,0} - C_S)}{1 + k_d \cdot \mathrm{SRT}} \tag{6.121}$$

図 6.30 は計算例で，SRT と処理水の汚濁成分濃度の関係を示している．処理水

表 6.8　下水処理での活性汚泥の動力学定数の例

係数	単位	報告されている値（20℃）	
		範囲	典型値
$q_{S,m}$	d^{-1}	2〜10	5.0
K_S	$\mathrm{mg\text{-}BOD \cdot L^{-1}}$	25〜100	60
Y	$\mathrm{mg\text{-}VSS \cdot mg^{-1}\text{-}BOD}$	0.4〜0.8	0.6
k_d	d^{-1}	0.025〜0.075	0.06

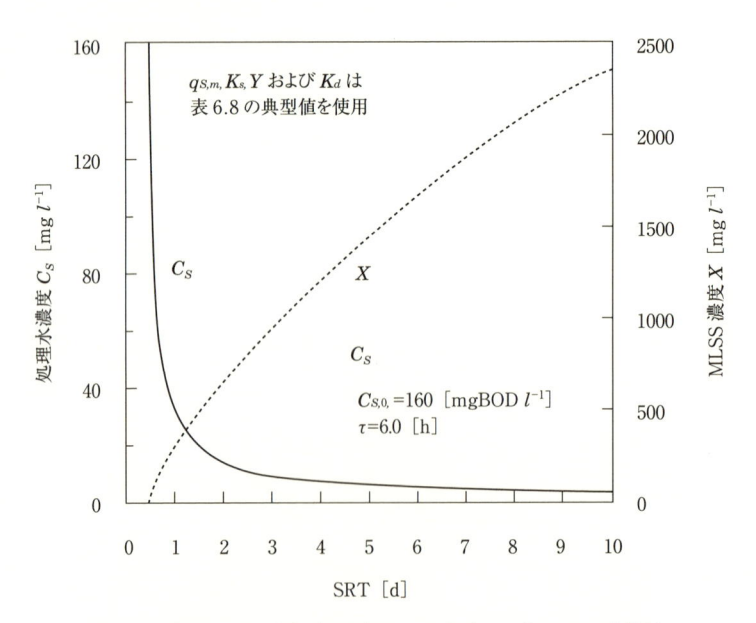

図 6.30　簡易モデル（式（6.119）および式（6.121））による計算例
（出典：下水道施設計画・設計指針と解説　後編，日本下水道協会）

質はSRTに依存して変化することがわかる．

反応タンクまわりの活性汚泥の収支は，タンク内での増殖量が相対的に小さく無視できるとすれば

$$QX_0 + Q_R X_R - (Q + Q_R)X = 0 \tag{6.122}$$

となる．さらに $X_0 \fallingdotseq 0$ であることを考慮し，汚泥返送比 $R_R \equiv Q_R/Q$ について整理すると次式になり，R_R でおおむね X が制御されることがわかる．

$$R_R = \frac{X}{X_R - X} \tag{6.123}$$

反応タンクの活性汚泥微生物による汚濁成分の分解や同化を支配する主要因子は，反応時間，微生物量および汚濁成分量であるが，これらを一括して経験的に有機物量と微生物量の比（F/M比）で扱っている．実用上は汚濁成分をBOD，微生物量は反応タンク内の混合液浮遊物質濃度（MLSS）で代表させた次式のBOD-SS負荷 L_X が設計や運転管理の指標に用いられている．

$$L_X = \frac{Q \cdot C_{S,0}}{X \cdot V} = \frac{C_{S,0}}{X \cdot \tau} \quad [\text{kg-BOD} \cdot \text{kg}^{-1}\text{-MLSS} \cdot \text{d}^{-1}] \tag{6.124}$$

これに式（6.121）を代入して整理すれば

$$L_X = \frac{1 + k_d \cdot \text{SRT}}{\text{SRT}} \cdot \frac{C_{S,0}}{Y \cdot (C_{S,0} - C_S)} \tag{6.125}$$

となるが，除去率が非常に高く（$\fallingdotseq 1$），汚泥の k_d が非常に小さな値である場合には，さらに次のように簡略化できる．これから，SRTとBOD-SS負荷は近似的に反比例関係にあるといえる．

$$L_X = \frac{1}{Y \cdot \text{SRT}} \tag{6.126}$$

活性汚泥法は，有機性汚濁物質の除去のみでなく，窒素やりん成分除去も可能であり，嫌気－無酸素－好気法，嫌気－好気法といった活性汚泥変法が高度処理法として実用されている．

〈演習問題〉

6.1 （各成分の反応速度）メタンを酸素で完全燃焼する反応を考える．量論式に対する反応速度 $r = 20.0 \text{ mol} \cdot \text{m}^{-3} \cdot \text{s}^{-1}$ のとき，原料成分と生成成分おのおのの反応速度の値を求めよ．

6.2 （複合反応の反応速度）次式の逐次並列反応がある．

$$\text{A} + \text{B} \rightarrow 2\text{C} \tag{1}$$

$$2A + 2C \rightarrow D \tag{2}$$

量論式（1）に対する反応速度を r_1，量論式（2）に対する反応速度を r_2 としたとき，各反応成分の反応速度を r_1 と r_2 で表せ．

6.3（回分槽型反応器の設計） 量論式 A→2R の反応を，等温の均一相定容系回分槽型反応器で行う．反応速度は $-r_A = kC_A$ であり，頻度因子 $A = 4.8 \times 10^{21}\,\mathrm{s}^{-1}$，活性化エネルギー $E = 2.5 \times 10^5\,\mathrm{J \cdot mol^{-1}}$ である．反応操作を 6.0 時間行ったとき，反応率が 90% に到達するために必要な反応温度［℃］を求めよ．

6.4（半回分槽型反応器と直列槽型反応器の特性） 図 6.4 に示したような半回分槽型反応器および直列槽型反応器で A+B→C の反応操作を行ったとき，原料成分濃度 C_A, C_B および生成成分濃度 C_C の変化を，図 6.5 にならって書け．ただし，直列槽型反応器は体積 $V/4$ の CSTR を 4 槽直列につないだものとする．

6.5（直列槽型反応器の設計式） 以下の問に答え，図 6.4 に示したような直列槽型反応器で定容系 1 次反応（$-r_A = kC_A$）を行った場合の設計式を導け．
(1) 反応器体積が V［m³］，A 成分の体積流量 v_0［m³·s⁻¹］の単一連続槽型反応器で 1 次反応を行うとき，A 成分流入濃度と流出濃度の比 C_{A1}/C_{A0} を k と τ で表せ．
(2) 2 つの槽を直列につないだ直列槽型反応器では，1 槽目では濃度 C_{A0} で流入し濃度 C_{A1} で流出する．2 槽目には濃度 C_{A1} で流入し濃度 C_{A2} で流出する．このとき，槽全体の $1 - X_A$ を濃度で表せ．
(3) N 個の槽を直列につないだ直列槽型反応器の設計式を書け．

6.6（気固反応） 一酸化炭素（CO）によって Fe_3O_4（A 成分）を還元する実験を行ったところ，下表のような還元率（X_A）の実験結果を得た．この反応の律速段階を判定せよ．

t [min]		0	5	10	15	20	25
X_A [−]	583 K	0	0.16	0.19	0.25	0.28	0.30
	673 K	0	0.40	0.59	0.72	0.81	0.87
	823 K	0	0.63	0.84	0.90	0.96	

6.7（平衡定数） エチレンの気相水和反応 $C_2H_4(g) + H_2O(g) \rightleftarrows C_2H_5OH(g)$ の平衡定数を反応温度 T の関数として表せ．

6.8（酵素反応） ミカエリス・メンテン式に従って進行する酵素反応を利用して回分操作で基質 S から生成物 P が生成している．基質の初期濃度が 10［mM］であるとき，その濃度が 1/10 となるまでに必要な時間を求めよ．ただし，K_m が 2［mM］，$V_{\max}$ が 1［mM·min⁻¹］であるとする．

6.9（微生物の増殖） 倍加時間 t_d と比増殖速度 μ には，$t_d = \ln 2/\mu$ という関係があ

ることを式 (6.111) から計算せよ．

6.10 (微生物の増殖)　完全混合槽で単槽連続培養を行い定常状態に達している．微生物増殖はモノー式が適用でき，死滅係数は無視できる．また，流入基質中には微生物は含まれていない．以下の問に答えよ．

(1)　平均滞留時間 τ の逆数を希釈率 D と表し，これと比増殖速度の関係を求めよ．

(2)　培養槽内の微生物濃度と流入基質濃度の関係を求めよ．

(3)　濃度が $1200\ mg\cdot l^{-1}$ の基質を $28\ L$ の培養槽へ $2.3\ l\cdot h^{-1}$ で連続供給した場合の槽内の微生物濃度を求めよ．ただし，菌体収率 Y が $0.52\ g\text{-}菌体\cdot g^{-1}基質$，飽和定数 K_S が $60\ mg\cdot l^{-1}$，最大比増殖速度が $3.2\ d^{-1}$ であるとする．

6.11 (活性汚泥プロセス)　BOD 濃度 $180\ mg\cdot l^{-1}$ の下水を水理学的滞留時間が $7.9\ h$ となるように通水しながら活性汚泥法で連続処理をしている．反応タンクの活性汚泥濃度は，$1700\ mg\cdot l^{-1}$ となるように維持されている．このとき，BOD-SS 負荷 $L_X[kg\text{-}BOD\cdot kg^{-1}\text{-}MLSS\cdot d^{-1}]$ を求めよ．

6.12 (活性汚泥プロセス)　BOD 濃度 $160\ mg\cdot l^{-1}$ の下水を BOD-SS 負荷 $0.32\ [kg\text{-}BOD\cdot kg^{-1}\text{-}MLSS\cdot d^{-1}]$ で水理学的滞留時間が $7.5\ h$ となるように操作しながら活性汚泥法で連続処理を行い，BOD 濃度 $15\ mg\cdot l^{-1}$ の処理水を得ている．この処理施設の活性汚泥は，収率 Y が $0.6\ [g\text{-}SS\cdot g^{-1}\text{-}BOD]$，飽和定数 K_S が $80\ mg\cdot l^{-1}$，死滅係数 k_d は $0.04\ d^{-1}$ であると見なせることがわかっている．以下の問に答えよ．

(1)　BOD 除去率を求めよ．

(2)　SRT を求めよ．

(3)　反応タンク内の活性汚泥濃度を求めよ．

(4)　返送汚泥濃度が $6000\ mg\cdot l^{-1}$ であるとき，汚泥返送比 R_R を求めよ．

(5)　この活性汚泥の最大比消費速度を求めよ．

[**参考文献**]

1)　松本道明，薄井洋基，三浦孝一，加藤滋雄，福田秀樹：標準化学工学，化学同人，2006

2)　橋本健治：改訂版　反応工学，培風館，1993

3)　東稔節治，世古洋康，平田雅巳：プロセス設計学入門，裳華房，1998

4)　斉藤正三郎，小島和夫，荒井康彦：例解演習化学工学熱力学，日刊工業新聞社，2005

5)　化学工学会監修，多田豊編：化学工学—解説と演習，改訂第 3 版，朝倉書店，

2008
6) 山根恒夫:生物反応工学(第2版),産業図書,1991
7) 松尾友矩編:大学土木水環境工学,改訂2版,オーム社,2005
8) 下水道施設計画・設計指針と解説,2001年版後編,(社)日本下水道協会
9) Metcalf & Eddy : Wastewater Engineering—Treatment and reuse, 4th ed., McGraw-Hill, 2003
10) Bruce E. Rittmann and Perry L. McCarty : Environmental Biotechnology, Principles and Applications, International Edition, McGraw-Hill, 2001

7 プロセス制御

 システムとは，多数の構成要素が有機的に組み合わされ，全体としてある目的に向かって行動するものである．そのなかでプロセスシステムは，原料に化学的または物理的な変化を加えて高付加価値製品を生産するシステムであり，石油，化学，鉄鋼，食品，医薬などのプロセス産業によく現れる．プロセス制御は，そのようなプロセスシステムを対象とした制御の分野である．この章では，プロセス制御の基礎を学ぶ．

7.1 プロセス制御とは

 「制御とは，ある目的に適合するように，対象となっているものに所要の操作を加えること」と定められている．たとえば，部屋（対象）の室温を一定に保つ（目的）ために，設定温度より暑ければエアコンを稼動させて室内に冷気を送ること（操作）により室温を下げることは，身近な制御の一例である．制御の対象は一般に機械や設備などのシステムであるが，プロセス制御の対象はプロセスシステムであり，温度，流量，圧力，濃度などのプロセス変量を扱う．
 図7.1に示す貯留タンクを考えてみよう．タンクには上部の2ヶ所から流体が流入し，底部から流出している．いま，液面を一定の高さに維持したいとする．もし，流入量が一定ならば，たとえば出側に流量を調節するバルブを設け流出量が流入量に一致するように設定すれば，その目的を達成することができる．しかし，これは実際のシステムではうまくいかないことが多い．設定した流出量が流入量と少しでも異なれば徐々に液面の高さが変わってくるだろうし，そもそも流入量が時間とともに変動する場合にはうまくいかない．このとき人間ならば次のように制御するだ

238   第7章　プロセス制御

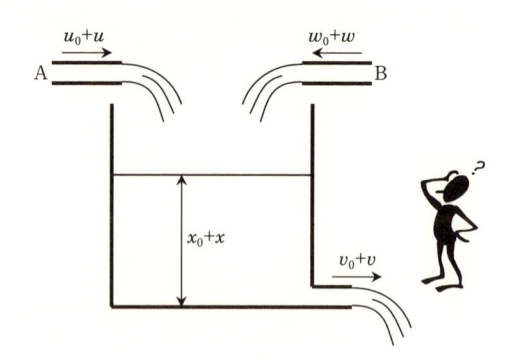

図7.1 貯留タンク

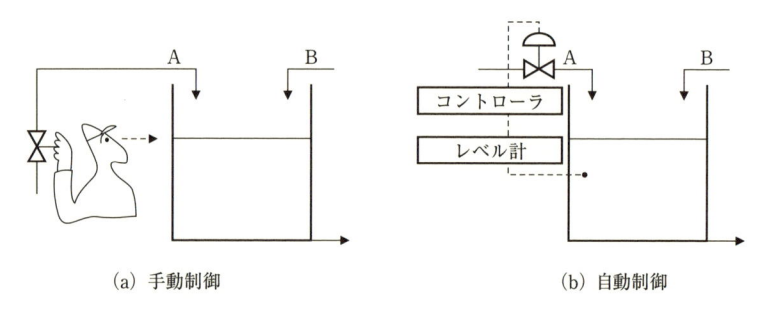

(a) 手動制御　　　(b) 自動制御

図7.2 フィードバック制御

ろう．図7.2 (a) のようにA側の入口に流量を調節するバルブを設け，液面の高さを随時見ながら目標の高さより上昇したならばバルブを閉めて流入量を減らし，下降したならばバルブを開けて流入量を増やす．また，この例とは逆に出側にバルブを設けて流出量を調節してもよいだろう．このように，現在の液面の高さ（制御量）を観測し，目標の液面の高さ（目標値）と比べて，その差（偏差）に応じてバルブの開度を変えて流入量（操作量）を操作し，液面の高さを目標値に一致させようとする制御をフィードバック制御という．フィードバック制御はプロセス制御の基本的な制御方法であり，図7.2 (b) のように，これを人間の代わりに機器が自動的に行っている．図7.3にフィードバック制御系の要素と信号の流れを表した模式図を示す．一般に，制御対象に対して，制御したい量を制御量といい，制御を行うために操作する量を操作量という．また，操作量と同様に制御量に影響を与えるが，人為的に調節できないものを外乱といい，図7.2 の例ではB側の流入量に相

7.2 システムの表現

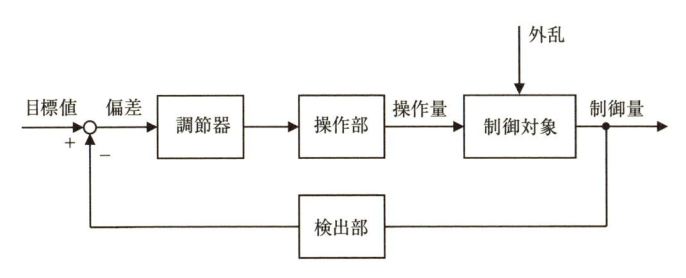

図 7.3 フィードバック制御の構造

当する．調節器（コントローラ）は，検出部（センサ）を通して得られた制御量と目標値の偏差に応じて，その偏差をなくすように操作部（アクチュエータ）に働きかけて操作量を操作する．

7.2 システムの表現

7.2.1 状態方程式

制御系の解析・設計を行うにあたっては，制御対象への入力（操作量，外乱）が変化したとき，出力（制御量）がどう変化するか，すなわち対象システムの動特性を数式で表現すること（モデリング）が必要である．対象システムのモデルは，入力変数 u と出力変数 y 以外にシステムの内部の様子を表す状態変数 x を用いて

$$\frac{dx}{dt} = f(x, u) \tag{7.1}$$

$$y = g(x, u) \tag{7.2}$$

と記述できる．ここで，一般に，u, x, y はベクトルであり，f は非線形関数となることが多い．状態が時間とともに変化していく様子を表す式（7.1）を状態方程式という．一方，出力変数が入力変数および状態変数とどのような関係にあるかを表す式（7.2）を出力方程式という．また，これらを合わせてシステム方程式という．n 階の常微分方程式は n 個の変数をもつ n 元連立 1 階微分方程式に変換することができる．よって，一般に，状態方程式といえば n 元連立 1 階微分方程式を指すことが多い．

時間が経過しても状態が変化しないとき，すなわち $dx/dt = 0$ を満たす平衡点 x を定常状態という．化学プロセスでは，定常状態に保つように運転されることが

多く,その場合定常状態付近のシステムの動特性は線形近似したモデルを用いて精度よく表現できる.線形システムモデルを用いることによって,制御系の解析・設計が容易になる.以下では,線形システムのみを対象とする.

〈例題 7.1〉 図 7.1 に示す貯留タンクにおいて,流入流量 u_0, w_0 [m^3·s^{-1}] および流出流量 v_0 [m^3·s^{-1}] のとき,液位 x_0 [m] で定常状態にあるとする.u_0, w_0, v_0, x_0 からの変化量をそれぞれ u, w, v, x とし,流出流量は定常状態付近で液位に比例するとして $v_0+v=(x_0+x)/R$ とする.R [s·m^{-2}] は流出抵抗を表す.u, w を入力変数,x を状態変数として,このシステムの状態方程式を導出せよ.

(解) 物質収支より

$$A\frac{d(x_0+x)}{dt} = (u_0+u)+(w_0+w)-(v_0+v)$$

となる.定常状態では $u_0+w_0-x_0/R=0$ であるから

$$\frac{dx}{dt} = \frac{1}{A}u + \frac{1}{A}w - \frac{1}{AR}x \tag{7.3}$$

となり,線形システムモデルを得る.

7.2.2 伝達関数

システム方程式はシステムを記述する有力な方法であるが,微分項を含むため次数が高くなるとその扱いが難しくなる.これに対して,ラプラス変換を利用すると,微分および積分を積の演算などの代数演算に変換することができる.このことから,ラプラス変換は制御系の解析・設計を簡便に行うための強力な数学的道具となる.以下,任意の関数 $f(t)$ のラプラス変換をその大文字を使って $F(s)=\mathcal{L}[f(t)]$ で表すこととする.ここで,s は複素変数を表し,$\mathcal{L}$ はラプラス変換を表す.表 7.1 に基本的な関数のラプラス変換を,表 7.2 にラプラス変換の基本性質を示す.

1 つの入力 u と 1 つの出力 y をもつ線形システムの挙動は,n 階の線形微分方程

表 7.1 基本的な関数のラプラス変換

$f(t)$[1]	$\delta(t)$[2]	1	$e^{\sigma t}$	$\cos\omega t$	$\sin\omega t$	$t^n\,(n=1,2,\cdots)$
$F(s)$	1	$\dfrac{1}{s}$	$\dfrac{1}{s-\sigma}$	$\dfrac{s}{s^2+\omega^2}$	$\dfrac{\omega}{s^2+\omega^2}$	$\dfrac{n!}{s^{n+1}}$

[1] $f(t)=0\ (t<0)$ とする
[2] $\delta(t)$ は $\int_{-\infty}^{\infty}\delta(t)dt=1, \delta(t)=0\ (t\neq 0)$ を満たす関数

7.2 システムの表現

表 7.2 ラプラス変換の基本性質

線形性: $\mathcal{L}[k_1 f_1(t) + k_2 f_2(t)] = k_1 F_1(s) + k_2 F_2(s)$

微分: $\mathcal{L}[f^{(n)}(t)] = s^n F(s) - s^{n-1} f(0) - s^{n-2} f^1(0) - \cdots - f^{(n-1)}(0)$

積分: $\mathcal{L}[\int \cdots \int f(t)(dt)^n] = \dfrac{F(s)}{s^n} + \dfrac{f^{(-1)}(0)}{s^n} + \dfrac{f^{(-2)}(0)}{s^{n-1}} + \cdots + \dfrac{f^{(-n)}(0)}{s}$

ただし, $f^{(-k)} = \int \cdots \int f(t)(dt)^k$

推移定理(t 領域): $\mathcal{L}[f(t-L)] = e^{-sL} F(s) \quad (L > 0)$

推移定理(s 領域): $\mathcal{L}[e^{\sigma t} f(t)] = F(s-\sigma)$

合成積: $\mathcal{L}\left[\int_0^t f_1(t-\tau) f_2(\tau) d\tau\right] = F_1(s) F_2(s)$

最終値の定理: $\lim_{t \to \infty} f(t) = \lim_{s \to 0} s F(s)$

初期値の定理: $\lim_{t \to +0} f(t) = \lim_{s \to \infty} s F(s)$

式

$$a_n \frac{d^n y(t)}{dt^n} + a_{n-1} \frac{d^{n-1} y(t)}{dt^{n-1}} + \cdots + a_1 \frac{dy(t)}{dt} + a_0 y(t)$$
$$= b_m \frac{d^m u(t)}{dt^m} + b_{m-1} \frac{d^{m-1} u(t)}{dt^{m-1}} + \cdots + b_1 \frac{du(t)}{dt} + b_0 u(t) \tag{7.4}$$

で表される.ただし, $n > m$ とする.システムの初期状態は定常状態であり,かつ各変数は定常値からの変化量で表されているものとすると,初期条件は

$$u(0) = \frac{du(0)}{dt} = \cdots = \frac{d^{m-1} u(0)}{dt^{m-1}} = 0, \quad y(0) = \frac{dy(0)}{dt} = \cdots = \frac{d^{n-1} y(0)}{dt^{n-1}} = 0$$

となる.式 (7.4) をラプラス変換すると

$$G(s) = \frac{Y(s)}{U(s)} = \frac{b_m s^m + b_{m-1} s^{m-1} + \cdots + b_1 s + b_0}{a_n s^n + a_{n-1} s^{n-1} + \cdots + a_1 s + a_0} \tag{7.5}$$

を得る.$G(s)$ は入力 u から出力 y への伝達関数と呼ばれる.このようにラプラス変換を用いると,出力は伝達関数と入力の積で表されることになり,扱いやすくなることがわかる.

〈例題 7.2〉 図 7.1 に示す貯留タンクの u から x への伝達関数を求めよ.

(解) 式 (7.3) を $w = 0$ とし,ラプラス変換すると

$$sX - x(0) = \frac{U}{A} - \frac{X}{AR}$$

となる.よって,伝達関数 $G(s)$ は

$$G(s) = \frac{X}{U} = \frac{R}{ARs + 1} \tag{7.6}$$

となる.

7.2.3 ブロック線図

伝達関数で表されるシステムの構造は表 7.3 に示す要素からなるブロック線図を用いて図示できる．ブロック線図において，矢印は信号の流れを，ブロックは伝達要素を表す．システムがいくつかの要素から構成されているとき，表 7.4 に示す等価変換を用いてブロック線図を簡略化することができる．

〈例題 7.3〉 表 7.4 のフィードバック結合について $E(s) = U(s) - V(s)$ の場合（負のフィードバック結合という）の等価変換を導出せよ．

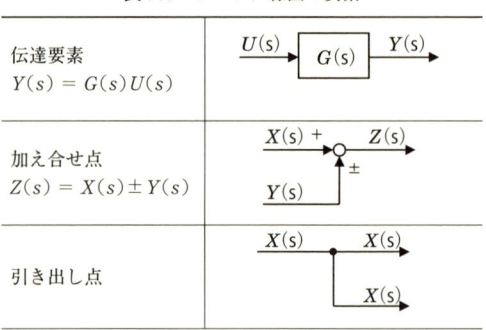

表 7.3 ブロック線図の要素

伝達要素 $Y(s) = G(s)U(s)$	$U(s) \to \boxed{G(s)} \to Y(s)$
加え合せ点 $Z(s) = X(s) \pm Y(s)$	$X(s) \xrightarrow{+} \bigcirc \xrightarrow{} Z(s)$ 、$Y(s) \uparrow \pm$
引き出し点	$X(s) \to \cdot \to X(s)$、$\downarrow X(s)$

表 7.4 ブロック線図の等価変換

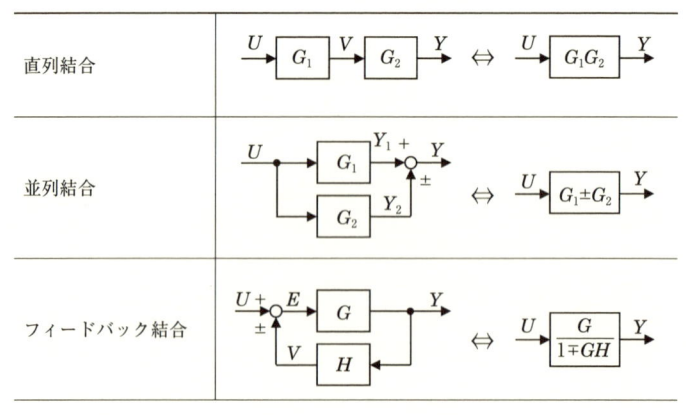

直列結合	$U \to \boxed{G_1} \xrightarrow{V} \boxed{G_2} \to Y$	$\Leftrightarrow$ $U \to \boxed{G_1 G_2} \to Y$
並列結合	$U \to \boxed{G_1} \to Y_1 \xrightarrow{+} Y$ ，$\to \boxed{G_2} \to Y_2 \pm$	$\Leftrightarrow$ $U \to \boxed{G_1 \pm G_2} \to Y$
フィードバック結合	$U \xrightarrow{+} \bigcirc \xrightarrow{E} \boxed{G} \to Y$，$V \leftarrow \boxed{H} \leftarrow$	$\Leftrightarrow$ $U \to \boxed{\dfrac{G}{1 \mp GH}} \to Y$

(**解**) 表 7.4 のフィードバック結合の左側の図より，各変数の関係は
$$Y(s) = G(s)E(s), \quad V(s) = H(s)Y(s)$$
である．これと $E(s) = U(s) - V(s)$ より，$E(s)$, $V(s)$ を消去し，$U(s)$ と $Y(s)$ の関係を求めると
$$Y(s) = \frac{G(s)}{1 + G(s)H(s)} U(s)$$
を得る．

7.3 システムの応答特性

7.3.1 過渡応答

入力の変化に対する出力の時間的変化を過渡応答という．特に，入力がインパルス状に変化する場合をインパルス応答といい，ステップ状に変化する場合をステップ応答という．過渡応答は，式 (7.5) より
$$y(t) = \mathcal{L}^{-1}[Y(s)] = \mathcal{L}^{-1}[G(s)U(s)] \tag{7.7}$$
のように求めることができる．ここで，$\mathcal{L}^{-1}$ はラプラス逆変換を表す．たとえば，入力 $u(t) = \delta(t)$ のとき $U(s) = 1$ であるから，インパルス応答は $y(t) = \mathcal{L}^{-1}[G(s)]$ となる．

〈**例題 7.4**〉 図 7.1 の貯留タンクにおいて，A 側の流入流量が大きさ a のステップ状に変化したときの液位の時間的変化を求めよ．

(**解**) 式 (7.6) より，
$$x(t) = \mathcal{L}^{-1}\Big[G(s)\frac{a}{s}\Big] = \mathcal{L}^{-1}\Big[\frac{aR}{s} - \frac{aR}{s + 1/AR}\Big] = aR\big(1 - e^{-t/AR}\big)$$
を得る．

7.3.2 周波数応答

入力として正弦波を加え十分時間が経過すると，出力もまた正弦波となる．ただし，その振幅と位相は入力と異なり，その度合いは周波数に依存する．このような伝達要素の特性を周波数特性という．伝達関数 $G(s)$ で表されるシステムに振幅 A，周波数 ω の正弦波入力
$$u(t) = A\sin\omega t \tag{7.8}$$
を加えたときの出力 $y(t)$ は，時間が十分経過したのち

$$y(t) = A|G(j\omega)|\sin\{\omega t + \angle G(j\omega)\} \tag{7.9}$$

となる．ここで，j は虚数単位を表し，$j^2 = -1$ である．式 (7.9) を周波数応答といい，$|G(j\omega)|$ をゲイン，$\angle G(j\omega)$ を位相角という．また，$G(s)$ の s を $j\omega$ で置き換えた $G(j\omega)$ を，任意の周波数での伝達特性を表すことから周波数伝達関数という．ゲインと位相角を図に表す方法として，次の表現法がある．

(1) ベクトル軌跡

ω を連続的に変化させていくとき，$G(j\omega)$ が複素平面上に描く軌跡をベクトル軌跡という．ベクトル軌跡では，ゲインは $G(j\omega)$ の大きさで，位相はその偏角で表される．

(2) ボード線図

横軸に ω をとり，縦軸にゲインのデシベル値 $20\log_{10}|G(j\omega)|$ [dB] と位相角 $\angle G(j\omega)$ [度] を描いたものをボード線図という．このうち，ゲイン曲線を表したものをゲイン線図，位相曲線を表したものを位相線図という．

〈例題 7.5〉 式 (7.6) で表されるシステムのゲインおよび位相角を求めよ．

（解） ゲインと位相角は次式で与えられる．

$$|G(j\omega)| = \frac{R}{\sqrt{1+(AR\omega)^2}}, \quad \angle G(j\omega) = -\tan^{-1}(AR\omega)$$

なお，このシステムのベクトル軌跡とボード線図をそれぞれ図 7.4 と 7.5 に示す．

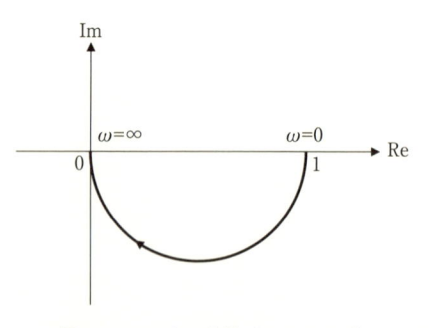

図 7.4 ベクトル軌跡 ($A = R = 1$)

7.3.3 基本要素の応答特性

ボード線図では次の性質が成り立つ．

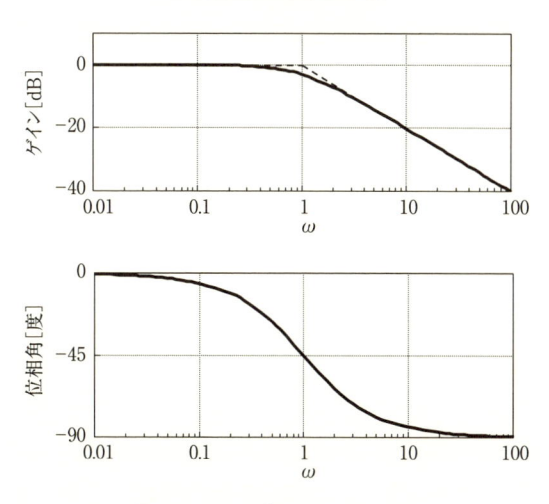

図 7.5 ボード線図 $(A = R = 1)$

$G(s) = G_1(s)G_2(s)$ ならば

$$20\log_{10}|G(j\omega)| = 20\log_{10}|G_1(j\omega)| + 20\log_{10}|G_2(j\omega)|$$

$$\angle G(j\omega) = \angle G_1(j\omega) + \angle G_2(j\omega)$$

$G(s) = 1/H(s)$ ならば

$$20\log_{10}|G(j\omega)| = -20\log_{10}|H(j\omega)|, \quad \angle G(j\omega) = -\angle G_1(j\omega)$$

これらの性質より，基本要素のボード線図さえ知っていれば，複雑な伝達関数のボード線図は，それらの合成で容易に得ることができる．次に，代表的な基本要素を示す．

(1) 比例・積分要素

伝達関数

$$G(s) = K, \quad K > 0 \tag{7.10}$$

で表される伝達要素を比例要素という．比例要素からの出力は，あらゆる入力に対して大きさが K 倍に変化するのみである．よって，比例要素の周波数特性は次式のようになる．

$$|G(j\omega)| = K, \quad \angle G(j\omega) = 0° \tag{7.11}$$

また，伝達関数

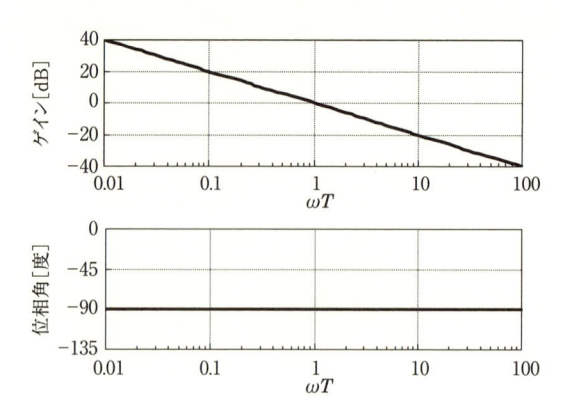

図 7.6 積分要素のボード線図

$$G(s) = \frac{1}{Ts}, \quad T > 0 \tag{7.12}$$

で表される伝達要素を積分要素という．積分要素のステップ応答は

$$y(t) = \mathcal{L}^{-1}\Big[\frac{1}{Ts}\cdot\frac{1}{s}\Big] = \frac{t}{T} \tag{7.13}$$

となる．これは傾き $1/T$ の直線を表す．周波数特性は

$$|G(j\omega)| = \frac{1}{\omega T}, \quad \angle G(j\omega) = -90° \tag{7.14}$$

となる．すなわち，積分要素のゲインは低周波領域で大きく，低周波領域で小さく，位相を 90° 遅らせる．積分要素のボード線図を図 7.6 に示す．

(2) 1次遅れ要素

式 (7.6) のように伝達関数

$$G(s) = \frac{1}{Ts+1} \tag{7.15}$$

で表される伝達要素を 1 次遅れ要素といい，T を時定数という．1 次遅れ要素のステップ応答は

$$y(t) = \mathcal{L}^{-1}\Big[\frac{1}{Ts+1}\cdot\frac{1}{s}\Big] = \mathcal{L}^{-1}\Big[\frac{1}{s}-\frac{1}{s+1/T}\Big] = 1-e^{-t/T} \tag{7.16}$$

となる．図 7.7 にステップ応答を示す．時定数 T に等しい時間が経過すると，出力は最終的な定常値の 63.2% に達する．すなわち，時定数は応答の速さを表す．一方，1 次遅れ要素の周波数特性は

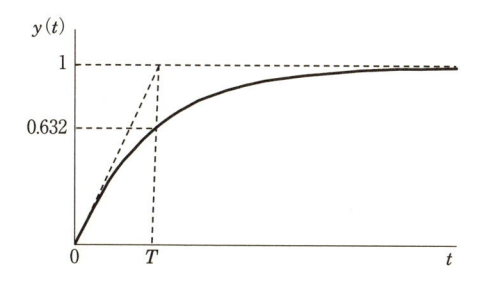

図7.7 1次遅れ要素のステップ応答

$$|G(j\omega)| = \frac{1}{\sqrt{1+\omega^2 T^2}}, \quad \angle G(j\omega) = -\tan^{-1}(\omega T) \qquad (7.17)$$

となる.ボード線図は図7.5を参照されたい.

(3) 2次遅れ要素

伝達関数

$$G(s) = \frac{\omega_n^2}{s^2 + 2\zeta\omega_n s + \omega_n^2}, \quad \zeta, \omega_n > 0 \qquad (7.18)$$

で表される伝達要素を2次遅れ要素という.図7.8にステップ応答を示す.$\zeta \geq 1$ ならば $G(s)$ は2つの1次遅れ要素を直列結合した場合となる.一方,$\zeta < 1$ の場合には $G(s)$ は一対の複素極をもち振動性の応答を示す.そのため,このときの2次遅れ要素を振動性2次遅れ要素といい,ζ を減衰係数,ω_n を固有角周波数という.$0 < \zeta < 1$ の場合の2次遅れ要素のステップ応答は次式で与えられる.

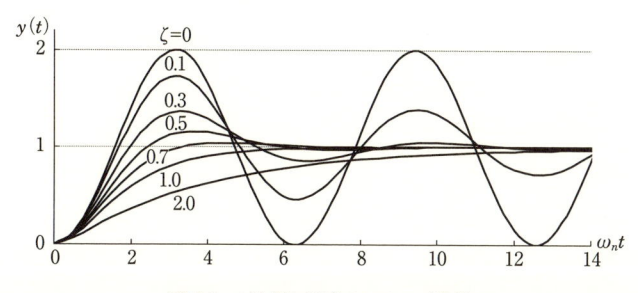

図7.8 2次遅れ要素のステップ応答

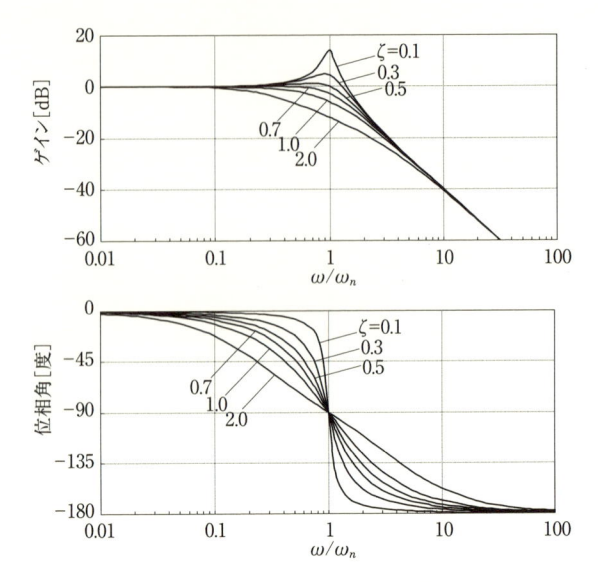

図 7.9 2次遅れ要素のボード線図

$$y(t) = 1 - \frac{1}{\sqrt{1-\zeta^2}} e^{-\zeta\omega_n t} \sin\left(\sqrt{1-\zeta^2}\,\omega_n t + \tan^{-1}\frac{\sqrt{1-\zeta^2}}{\zeta}\right) \quad (7.19)$$

ζ が小さいほど減衰性が悪く，ω_n が大きいほど応答が速い．周波数特性は次式で与えられる．

$$|G(j\omega)| = \frac{1}{\sqrt{(1-\Omega^2)^2 + (2\zeta\Omega)^2}}, \quad \angle G(j\omega) = -\tan^{-1}\left(\frac{2\zeta\Omega}{1-\Omega^2}\right) \quad (7.20)$$

ここで，$\Omega = \omega/\omega_n$ である．2次遅れ要素のボード線図を図 7.9 に示す．

(4) むだ時間要素

伝達関数

$$G(s) = e^{-Ls}, \quad L > 0 \quad (7.21)$$

で表される伝達要素をむだ時間要素といい，L をむだ時間という[*1]．むだ時間要素は任意の入力 $u(t)$ に対して

[*1] むだ時間要素は有理関数ではない．そこで，$e^{-Ls} \cong \dfrac{1-Ls/2}{1+Ls/2}$ により近似することがある．これを（1次の）パデ近似という．

7.3 システムの応答特性

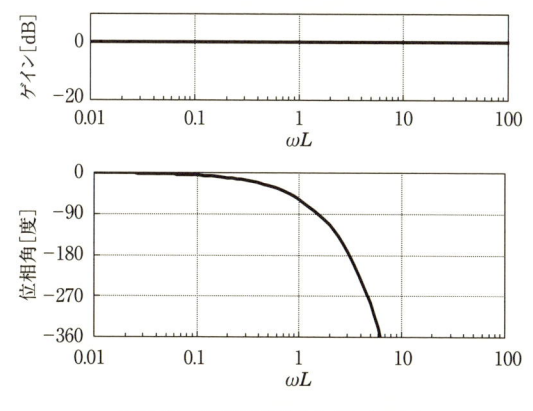

図 7.10 むだ時間要素のボード線図

$$y(t) = \mathcal{L}^{-1}\left[e^{-Ls}U(s)\right] = u(t-L) \tag{7.22}$$

となり，ちょうど L だけ遅れた応答となる．周波数特性は

$$|G(j\omega)| = 1, \quad \angle G(j\omega) = -L\omega \tag{7.23}$$

となる．むだ時間要素のボード線図を図 7.10 に示す．

〈**例題 7.6**〉 伝達関数

$$G(s) = \frac{5(s+1)}{(10s+1)(0.1s+1)}$$

のボード線図を描け．

(**解**) 図 7.11 に $G(s)$ のボード線図を示す．$s+1$ は 1 次遅れ要素 $1/(s+1)$ のゲイン曲線と位相曲線をそれぞれ $20\log_{10}|G(j\omega)| = 0$ と $\angle G(j\omega) = 0$ の軸に関して折り返せばよい．そして，伝達要素 $5, s+1, 1/(10s+1), 1/(0.1s+1)$ のゲイン曲線と位相曲線をそれぞれ加え合わせれば $G(s)$ のボード線図が得られる．

図 7.11 $\dfrac{5(s+1)}{(10s+1)(0.1s+1)}$ のボード線図

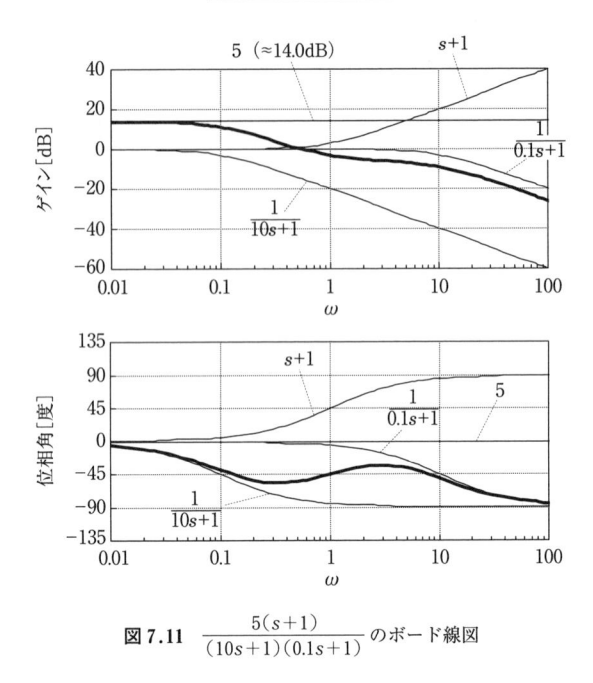

7.4 システムの安定性

　伝達関数 $G(s)$ についてもう少し考えてみよう．式（7.5）は，分子と分母をそれぞれ因数分解することにより

$$G(s) = \frac{b_m(s-z_1)(s-z_2)\cdots(s-z_m)}{a_n(s-p_1)(s-p_2)\cdots(s-p_n)} \tag{7.24}$$

と書き直すことができる．p_i, z_j は複素数であってもよい．$p_1, p_2,\cdots, p_n$ を極といい，$z_1, z_2, \cdots, z_m$ を零点という．いま，簡単のために，n 個の極がすべて相異なるものとすると，$n > m$ より式は部分分数に展開できて

$$G(s) = \frac{c_1}{s-p_1} + \frac{c_2}{s-p_2} + \cdots + \frac{c_n}{s-p_n} \tag{7.25}$$

となる．よって，たとえばインパルス状に変化する入力が加えられたとき，出力は式（7.25）の右辺の各項を逆ラプラス変換して得られる式の和で与えられる．p_i が実数である項に対しては

7.4 システムの安定性

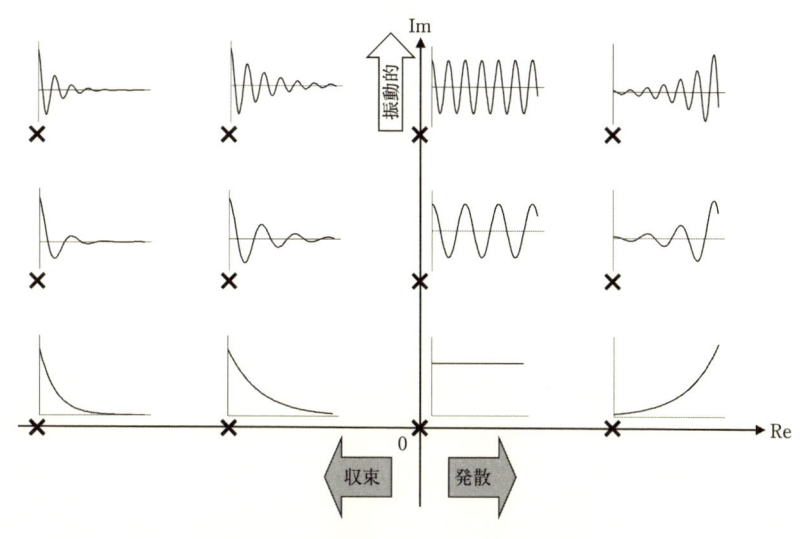

図 7.12 極の位置とインパルス応答との関係

$$\mathcal{L}^{-1}\left[\frac{c_i}{s-p_i}\right] = c_i e^{p_i t} \tag{7.26}$$

となる．また，p_i が複素数 $\sigma_i + jw_i$ の場合には，その共役複素数 $\sigma_i - jw_i$ が必ず $G(s)$ の極のなかに含まれている．それを $\sigma_i - jw_i = p_k$ とすると，c_k も c_i と共役であるから

$$\begin{aligned}
\mathcal{L}^{-1}\left[\frac{c_i}{s-p_i} + \frac{c_k}{s-p_k}\right] &= c_i e^{p_i t} + c_k e^{p_k t} \\
&= |c_i| e^{j\angle c_i} e^{(\sigma_i + j\omega_i)t} + |c_i| e^{-j\angle c_i} e^{(\sigma_i - j\omega_i)t} \\
&= |c_i| e^{\sigma_i t} \{e^{j(\omega_i t + \angle c_i)} + e^{-j(\omega_i t + \angle c_i)}\} \\
&= 2|c_i| e^{\sigma_i t} \cos\{\omega_i t + \angle c_i\}
\end{aligned} \tag{7.27}$$

となる．よって，極の実数部が負ならば，式 (7.26) および式 (7.27) は時間が経過するにつれて 0 に近づき，実数部の絶対値が大きくなるほどその収束は速い．また，虚数部が 0 ならば振動せず，虚数部の絶対値が大きくなるほどより振動的になる．一方，極の実数部が正ならば，システムは発散することになる．このように，極はシステムの過渡応答や安定性を解析する上できわめて重要な役割を果たす．図 7.12 に複素平面上の極（×で表す）の位置とインパルス応答との関係を示す．

システムにどのような有界な入力を加えても，出力もまた有界になるとき，そのシステムは安定であるという．システムの伝達関数が $G(s)$ で与えられるとき，システムの安定性に関して次が成り立つ．

「システムが安定であるための必要十分条件は，$G(s)$ のすべての極が負の実数部をもつことである．」[*1]

7.5 制御系の解析・設計

7.5.1 制御系の伝達関数

図 7.13 のブロック線図で表される線形フィードバック制御系を考えてみよう．$G(s) = G_{P2}(s)G_{P1}(s)G_C(s)$ とおく．このとき

$$Q(s) = G(s)H(s) \tag{7.28}$$

を制御系の開ループ伝達関数という．この制御系の入力 $R(s), W(s)$ と出力 $Y(s)$ との関係は

$$Y(s) = T(s)R(s) + T_d(s)W(s) \tag{7.29}$$

で与えられる．ここで

$$T(s) = \frac{G(s)}{1+Q(s)}, \quad T_d(s) = \frac{G_{P2}(s)}{1+Q(s)} \tag{7.30}$$

をそれぞれ目標値および外乱に関する閉ループ伝達関数という．

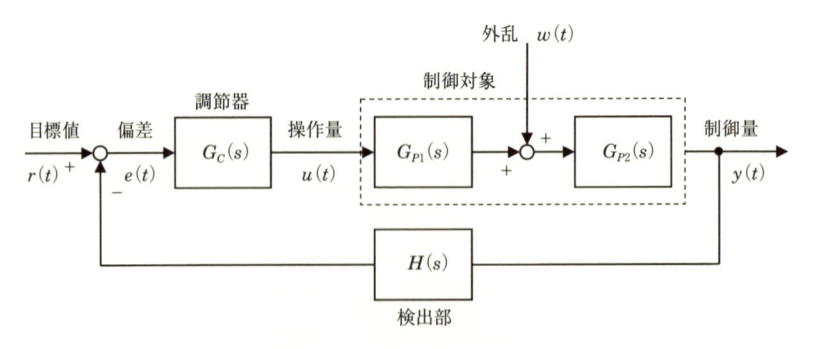

図 7.13 フィードバック制御系

[*1] $G(s)$ の極は式 (7.5) の「分母 = 0」の n 次方程式を解くことにより求められるが，この安定条件はその方程式を解くことなく，方程式の係数のみから調べること（ラウスの方法，フルビッツの方法）ができる．

7.5.2 制御系の安定性

制御系の設計においては，まず安定な制御系を設計することが前提であり，その安定性を確保した上で，制御性能（目標値追従：目標値の変更に制御量が速やかに追従すること，外乱抑制：外乱の影響を速やかに軽減すること）の向上を図る．

$T(s)$ および $T_d(s)$ の極はともに

$$1+Q(s) = 0 \tag{7.31}$$

の根で与えられる．式（7.31）をこのシステムの特性方程式という．7.4節で示したように，この制御系が安定であるかどうかを解析するためには，式（7.31）のすべての根が負の実数部をもつかどうかを調べればよい．しかしながら，フィードバック制御系では，式（7.31）の根を直接求めることなく，$Q(j\omega)$ のベクトル軌跡からも安定性を判別することができる．

ナイキストの安定別法：

「$Q(s)$ に正の実数部をもつ極がないものとする．ω を 0 から $+\infty$ に変化させたときに $Q(j\omega)$ が描くベクトル軌跡が，点 $-1+j0$ を左にみれば制御系は安定である．また，点 $-1+j0$ を右にみれば制御系は不安定であり，ちょうど点 $-1+j0$ を通れば安定限界である．」

ベクトル軌跡と安定性の関係を図7.14（a）に示す．ナイキストの安定判別法は，むだ時間を含むシステムにも適用可能である．また，このベクトル軌跡から安定さの程度も調べられる．図7.14（a）に示すように，$Q(j\omega)$ のベクトル軌跡が実軸を

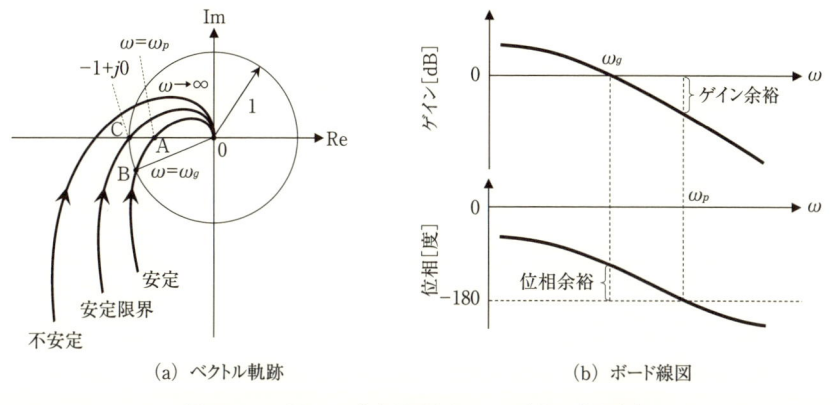

(a) ベクトル軌跡　　　　　　　　(b) ボード線図

図7.14 ナイキスト安定判別法とゲイン余裕・位相余裕

横切る点のうちで最も左端の点を A とすると，原点と A の距離が小さいほど制御系は安定である．また，原点を中心とする半径 1 の円を描き，この円を横切る点を B とすると，∠BOC が大きいほど制御系は安定である．そこで，安定度を表す尺度として次のものを用いる．

$$\text{ゲイン余裕} = 20\log_{10}\overline{\text{OC}} - 20\log_{10}\overline{\text{OA}} = -20\log_{10}|Q(j\omega_p)| \quad (7.32)$$

$$\text{位相余裕} = \angle \text{BOC} = 180° + \angle Q(j\omega_g) \quad (7.33)$$

ゲイン余裕および位相余裕は，ボード線図上では図 7.14 (b) のように表される．ω_p, ω_g をそれぞれ位相交点，ゲイン交点という．

〈例題 7.7〉 図 7.13 に示すフィードバック制御系において

$$G_C(s) = K > 0, \quad G_P(s) = G_{P1}(s)G_{P2}(s) = \frac{1}{(s^2+s+1)(s+3)}, \quad H(s) = 1$$

とするとき，この制御系の安定性について調べよ．また，$K = 1$ のときのゲイン余裕，位相交点を求めよ．

（解） 開ループ伝達関数は

$$Q(s) = \frac{K}{(s^2+s+1)(s+3)}$$

で与えられる．

$$Q(j\omega) = \frac{K}{(3-4\omega^2)+j\omega(4-\omega^2)}$$

であるから，虚数部が 0 となる ω が位相交点であり，$\omega > 0$ より，$\omega_p = 2$ と求まる．よって，$Q(j\omega)$ のベクトル軌跡が実軸を横切る点は $Q(j\omega_p) = -K/13$ である．ゆえに，$K < 13$ のとき安定，$K = 13$ のとき安定限界，$K > 13$ のとき不安定となる．また，$K = 1$ のときのゲイン余裕は

$$-20\log_{10}|Q(j\omega_p)| = -20\log_{10}\left|\frac{-1}{13}\right| \approx 22.3\text{dB}$$

となる．

7.5.3 定 常 特 性

プロセス制御の目的が目標値追従，外乱抑制であることから，時間の経過とともに偏差 $e(t)$ が十分 0 に近づくことが望まれる．図 7.13 に示すフィードバック制御系の偏差は

$$E(s) = \frac{1}{1+Q(s)}R(s) - \frac{H(s)G_{P2}(s)}{1+Q(s)}W(s) \quad (7.34)$$

で与えられる．目標値がステップ状に変化する場合を考えてみよう．$r(t) = 1 (t \geq 0)$ のもとで時間が十分経過したのちの偏差は，表 7.2 の最終値の定理から

$$e_p = \lim_{t \to \infty} e(t) = \lim_{s \to 0} s \frac{1}{1+Q(s)} \frac{1}{s} = \frac{1}{1+Q(0)} \quad (7.35)$$

となる．e_p を定常位置偏差（オフセット）という．e_p を 0 にするためには，$\lim_{s \to 0} Q(s) = \infty$ であればよいから，$Q(s)$ が $s = 0$ に極をもてばよい．よって，調節器に積分動作を含ませることが多い．一方，外乱がステップ状に変化する場合のオフセットは

$$e_p = \lim_{t \to 0} e(t) = \lim_{s \to 0} s \frac{-H(s)G_{P2}(s)}{1+Q(s)} \frac{1}{s} = \frac{-H(0)G_{P2}(0)}{1+Q(0)} \quad (7.36)$$

となり，$H(s)G_{P2}(s)$ が $s = 0$ に極をもたなければ，目標値変化の場合と同じことがいえる．

〈**例題 7.8**〉 例題 7.7 のフィードバック制御系において，目標値 r のステップ状の変化に対する定常位置偏差の大きさを，r の大きさの 20% 以下にするためには，K をどのように選べばよいか．

（**解**） r の大きさを a とすると

$$e_p = \lim_{t \to \infty} e(t) = \lim_{s \to 0} s \frac{1}{1+Q(s)} \frac{a}{s} = \frac{a}{1+Q(0)} = \frac{a}{1+K/3} \leq 0.2a$$

であるから，$K \geq 12$ でなければならない．（この例のように調節器のゲインを大きくすれば定常位置偏差は小さくできるが，例題 7.7 をみるように大きくし過ぎると不安定になってしまう．）

7.5.4 過渡特性

化学プロセスを対象としたフィードバック制御系のステップ応答は，図 7.15 に示すような形を示すことが多い．応答の良し悪しを特徴付ける指標として，行過ぎ量 (A/B)，振幅減衰比 (C/A)，立上り時間（応答が最終定常値の 10% から 90% まで変化するまでに要する時間，T_r），整定時間（応答が最終定常値のある許容範囲内に入り，再びその範囲外に出なくなるまでに要する時間，T_s），絶対値制御面積（応答曲線と目標値の間の面積の総和，IAE）などがある．速応性という観点からは，立上り時間や整定時間は小さいほどよいが，行過ぎ量や振幅減衰比は適度な値をとることが望ましい．

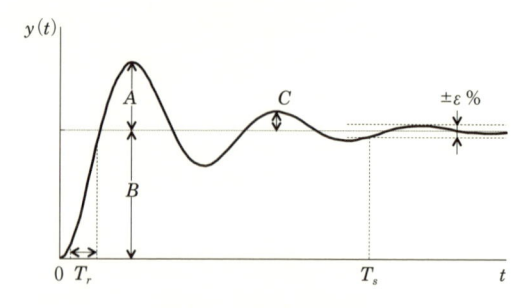

図 7.15 過渡特性の評価

　制御系の過渡特性は，図 7.12 に示すように，特性方程式の根の配置に支配される．制御系が安定であるならば，根はすべて負の実数部をもっていなければならないが，その絶対値の大きいものに関する成分は急速に 0 に近づくため，それらが過渡特性に及ぼす影響は少ない．すなわち，虚軸に最も近い 1 組の共役複素根に過渡応答は強く支配される．このような根を代表根という．代表根の影響のみを考えると制御系は振動性 2 次遅れ要素とみることができるから，図 7.8 に示すように，適度な安定度，行過ぎ量，振幅減衰比をもつことは，代表根の ζ が適当な大きさをもつことに相当する．プロセス制御では，$\zeta = 0.2 \sim 0.4$ に選ぶのがよいといわれている．一方，速応性の観点からは ω_n の値ができるだけ大きいことが望ましいが，あまり大きくし過ぎると高周波成分のゲインが大きくなるために高周波ノイズが目立つことになる．

　過渡特性を周波数特性の面から評価すると，ζ が適当な大きさをもつことは，$Q(s)$ のゲイン余裕および位相余裕が適当な値をもつことを意味する．プロセス制御では，経験的にゲイン余裕 = $3 \sim 10$ dB，位相余裕 = $16 \sim 80°$ がよいとされている．また，ω_n が大きいことは，$Q(s)$ のゲイン交点，位相交点が高いことに相当する．

〈**例題 7.9**〉　ゲイン余裕が 25 dB であるフィードバック制御系がある．調節器の伝達関数に定数 K を乗じてゲイン余裕を 10 dB にしたい．定数 K を求めよ．

（**解**）　$K = 10^{-\frac{10}{20}} / 10^{-\frac{25}{20}} \approx 5.62$

7.5.5　PID 制御系の設計

PID 制御は，プロセス制御の現場で，最も広く用いられている制御方式である．

PID 制御は，望ましい制御特性を比例・積分・微分の 3 動作に次のように分担させるものである．

　比例動作（P 動作）：適度な行過ぎ，振幅減衰，安定度を与える．
　積分動作（I 動作）：定常偏差を 0 にする．
　微分動作（D 動作）：速応性を与える．
PID 制御の制御則は次式で与えられる．

$$u(t) = K_P \left\{ e(t) + \frac{1}{T_I} \int_0^t e(t) dt + T_D \frac{de(t)}{dt} \right\} \tag{7.37}$$

ここで，K_P を比例ゲイン，T_I を積分時間，T_D を微分時間という．PID 制御器を用いる場合，制御系の設計はこれら 3 つの制御パラメータを決定することに集約される．なお，流量制御などのように遅れが小さい制御系では PI 動作で十分である．また，P 動作のみで十分な場合もある．

PID 制御パラメータの調整法として，ここではよく知られているものの 1 つであるジーグラ・ニコルスの限界感度法を紹介する．この他にも種々の方法が提案されているが，いずれにしてもこれらの方法で得られたパラメータをもとに，実際のプラントで試行錯誤的に微調整して用いている．

ジーグラ・ニコルスの限界感度法：

制御動作を P 動作のみとし，K_P を少しずつ大きくしながら初めて制御系内に一定振幅の振動が発生したときの K_P を K_{Pc}，その周期を P_c とする（安定限界に相当する）．このとき，各制御パラメータを次のように設定する．

　P 動作：$K_P = 0.5 K_{Pc}$
　PI 動作：$K_P = 0.45 K_{Pc}$, $T_I = P_c/1.2$
　PID 動作：$K_P = 0.6 K_{Pc}$, $T_I = P_c/2$, $T_D = P_c/8$

〈例題 7.10〉 例題 7.7 のフィードバック制御系において，比例制御に代えて PI 制御を行う．ジーグラ・ニコルスの限界感度法を用いて各制御パラメータを決定せよ．

（解）　例題 7.7 の結果より，$K_{Pc} = 13$, $P_c = \dfrac{2\pi}{\omega_p} = \pi$ である．よって，$K_P = 5.85$, $T_I \approx 2.62$.

〈**演習問題**〉

7.1　伝達関数 $G(s) = \dfrac{2e^{-5s}}{8s+1}$ で表される（1 次遅れ＋むだ時間）要素のステップ応

答を求め，その概形を描け．

7.2 式 (7.30) を導け．

7.3 例題 7.7 のフィードバック制御系において，$G_C(s) = K$ に代えて $G_C(s) = \dfrac{K}{s}(K > 0)$ とすると，目標値変化に対して定常位置偏差が生じないことを確かめよ．

7.4 図 7.13 に示すフィードバック制御系において

$$G_P(s) = G_{P1}(s)G_{P2}(s) = \frac{5e^{-s}}{10s+1}, \quad H(s) = 1$$

とする．次の問に答えよ．

(1) $G_C(s) = 1$ のときの開ループ伝達関数のゲインと位相角を求めよ．また，ゲイン余裕，位相交点を求めよ．

(2) $G_C(s)$ として PID 調節器を用いるとき，ジーグラ・ニコルスの限界感度法を用いて各制御パラメータを決定せよ．

[参考文献]

1) 松原正一：プロセス制御，養賢堂，1983
2) 橋本伊織，長谷部伸治，加納学：プロセス制御工学，朝倉書店，2002
3) 小野木克明，田川智彦，小林敬幸，二井晋：化学プロセス工学，裳華房，2007

付録A　数学基本公式集

(1) 代数方程式

2次方程式 $ax^2+bx+c=0$ の解は

$$x = \frac{-b \pm \sqrt{b^2-4ac}}{2a}$$

(2) 指数・対数

$$a^x \cdot a^y = a^{x+y}, \quad (a^x)^y = a^{xy}, \quad \frac{a^x}{a^y} = a^{x-y}, \quad (ab)^x = a^x \cdot b^x, \quad \left(\frac{a}{b}\right)^x = \frac{a^x}{b^x}$$

$$a^{-1} = \frac{1}{a}, \quad a^{-x} = \frac{1}{a^x}, \quad a^{x-y} = \frac{a^x}{a^y}, \quad a^{\frac{1}{2}} = \sqrt{a}, \quad a^{\frac{1}{x}} = \sqrt[x]{a}, \quad a^{\frac{x}{y}} = \sqrt[y]{a^x}, \quad a^0 = 1$$

$$y = \log_a x \iff x = a^y$$

$$\log_a xy = \log_a x + \log_a y, \quad \log_a \frac{x}{y} = \log_a x - \log_a y, \quad \log_a x^t = t \log_a x$$

$$\log_a x = \frac{\log_b x}{\log_b a}, \quad \log_a 1 = 0$$

(3) ベクトル

$$A \cdot (B \times C) = B \cdot (C \times A) = C \cdot (A \times B), \quad A \times (B \times C) = B(A \cdot C) - C(A \cdot B)$$

$$(A \times B) \cdot (C \times D) = (A \cdot C)(B \cdot D) - (A \cdot D)(B \cdot C)$$

$$\nabla = \frac{\partial}{\partial x}i + \frac{\partial}{\partial y}j + \frac{\partial}{\partial z}k$$

$$\nabla \cdot (\nabla \cdot A) = 0, \quad \nabla \times (\nabla \times A) = \nabla(\nabla \cdot A) - \nabla^2 A$$

(4) 級数展開

a. テーラー展開

$$f(b) = f(a) + \frac{f'(a)}{1!}(b-a) + \frac{f''(a)}{2!}(b-a)^2 + \cdots + \frac{f^{(n)}(a)}{n!}(b-a)^n + R_{n+1}$$

ただし，$R_{n+1} = \frac{(b-a)^{n+1}}{(n+1)!} f^{(n+1)}(a+\theta(b-a)), \quad (0 < \theta < 1)$

b. マクローリン展開

$$f(x) = f(0) + \frac{f'(0)}{1!}x + \frac{f''(0)}{2!}x^2 + \cdots + \frac{f^{(n)}(0)}{n!}x^n + R_{n+1}$$

ただし，$R_{n+1} = \dfrac{f^{(n+1)}(\theta x)}{(n+1)!} x^{n+1}$, $(0 < \theta < 1)$

c. 指数関数，対数関数および三角関数の級数展開

$$e^x = 1 + x + \dfrac{1}{2!}x^2 + \cdots + \dfrac{1}{n!}x^n + \cdots \quad (-\infty < x < \infty)$$

$$\sin x = x - \dfrac{1}{3!}x^3 + \dfrac{1}{5!}x^5 - \cdots + (-1)^{n-1}\dfrac{x^{2n-1}}{(2n-1)!} + \cdots \quad (-\infty < x < \infty)$$

$$\cos x = 1 - \dfrac{1}{2!}x^2 + \dfrac{1}{4!}x^4 - \cdots + (-1)^{n-1}\dfrac{x^{2n-2}}{(2n-2)!} + \cdots \quad (-\infty < x < \infty)$$

$$\ln(1+x) = x - \dfrac{x^2}{2} + \dfrac{x^3}{3} - \cdots + (-1)^{n-1}\dfrac{x^n}{n} + \cdots \quad (-1 < x \leq 1)$$

$$(1+x)^\alpha = 1 + \alpha x + \dfrac{\alpha(\alpha-1)}{2!}x^2 + \cdots + \dfrac{\alpha(\alpha-1)\cdots(\alpha-n+1)}{n!}x^n + \cdots \quad (-1 < x < 1)$$

(5) 微分積分

a. 導関数の定義

$$y = f(x) \text{ のとき } \quad y' = f'(x) = \dfrac{dy}{dx} = \lim_{h \to 0} \dfrac{f(x+h) - f(x)}{h}$$

b. 導関数の公式

$$(x^n)' = ax^{a-1}, \quad (\sin ax)' = a\cos ax, \quad (\cos ax)' = -a\sin ax,$$

$$(\tan ax)' = \dfrac{a}{\cos^2 ax}$$

$$(e^{ax})' = ae^{ax}, \quad (\log|x|)' = \dfrac{1}{x}, \quad (b^x)' = b^x \log b, \quad (\log_b |x|)' = \dfrac{1}{x \log b}$$

$$(f(x)g(x))' = f'(x)g(x) + f(x)g'(x), \quad \left[\dfrac{f(x)}{g(x)}\right]' = \dfrac{f'(x)g(x) - f(x)g'(x)}{(g(x))^2}$$

$$(f(g(x)))' = f'(g(x))g'(x)$$

c. 積分の公式

$$\int f(x)dx = \int f(g(t))g'(t)dt \quad (x = g(t))$$

$$\int f(g(x))g'(x)dx = \int f(t)dt \quad (g(x) = t)$$

$$\int f(x)g'(x)dx = f(x)g(x) - \int f'(x)g(x)dx$$

d. 積分表

$f(x)$	$\int f(x)dx$
$(x-a)^n \quad (n \neq -1)$	$\dfrac{1}{n+1}(x-a)^{n+1}$
$\dfrac{1}{x-a}$	$\ln|x-a|$
$\dfrac{f'(x)}{f(x)}$	$\ln|f(x)|$
e^x	e^x
$a^x \quad (a>0,\ a \neq 0)$	$\dfrac{1}{\ln x}a^x$
$\dfrac{1}{x^2+a^2} \quad (a \neq 0)$	$\dfrac{1}{a}\tan^{-1}\dfrac{x}{a}$
$\dfrac{x}{x^2+a^2}$	$\dfrac{1}{2}\ln(x^2+a^2)$
$\sin ax$	$-\dfrac{1}{a}\cos ax$
$\cos ax$	$\dfrac{1}{a}\sin ax$
$\tan ax$	$-\dfrac{1}{a}\ln|\cos ax|$
$\dfrac{1}{\sqrt{a^2-x^2}}$	$\sin^{-1}\dfrac{x}{a}$
$\dfrac{1}{\sqrt{x^2 \pm a^2}}$	$\ln(x+\sqrt{x^2 \pm a^2})$
$\sqrt{a^2-x^2}$	$\dfrac{1}{2}\left(x\sqrt{a^2-x^2}+a^2\sin^{-1}\dfrac{x}{a}\right)$
$\sqrt{x^2 \pm a^2}$	$\dfrac{1}{2}\left\{x\sqrt{x^2 \pm a^2} \pm a^2\ln\left(x+\sqrt{x^2 \pm a^2}\right)\right\}$

(6) フーリエ変換

a. フーリエ変換の定義

$$F(t) = \frac{1}{\sqrt{2\pi}}\int_{-\infty}^{\infty} f(x)e^{-ixt}dx$$

b. 逆フーリエ変換の定義

$$f(x) = \frac{1}{\sqrt{2\pi}}\int_{-\infty}^{\infty} F(t)e^{ixt}dt$$

(7) ラプラス変換

a. ラプラス変換の定義

$$F(s) = \mathcal{L}[f(t)] = \int_0^\infty f(t)e^{-st}dt$$

b. ラプラス変換表

$f(t)$	$F(s)$
$u(t) = \begin{cases} 1, & t > 0 \\ 0, & t < 0 \end{cases}$	$\dfrac{1}{s}$
$\delta(t) = \dfrac{du(t)}{dt}$	1
t	$\dfrac{1}{s^2}$
t^n	$\dfrac{n!}{s^{n+1}}$
e^{-at}	$\dfrac{1}{s+a}$
te^{-at}	$\dfrac{1}{(s+a)^2}$
$t^n e^{-at}$	$\dfrac{n!}{(s+a)^{n+1}}$
$\sin \omega t$	$\dfrac{\omega}{s^2+\omega^2}$
$\cos \omega t$	$\dfrac{s}{s^2+\omega^2}$
$\sinh at$	$\dfrac{a}{s^2-a^2}$
$\cosh at$	$\dfrac{s}{s^2-a^2}$
$e^{-at}\sin \omega t$	$\dfrac{\omega}{(s+a)^2+\omega^2}$
$e^{-at}\cos \omega t$	$\dfrac{s+a}{(s+a)^2+\omega^2}$

付録B 運動法則（ニュートン古典力学の基礎）

　化学工学は固体粒子の輸送，撹拌，沈降，流体の流動などをはじめとして物体の運動と密接な関わりがある．そこで，ここでは物体の運動法則，特にニュートン力学の基礎を概説する．

(1) 速度と加速度

　速度は単位時間あたりの物体の位置ベクトルの変化（変位ベクトル）を示すベクトル量（大きさと向きをもつ量）であり，式 (B.1) で定義される．速度の単位は [m/s] で表され，速度の大きさを速さと呼ぶ．

$$v = \lim_{\Delta t \to 0} \frac{\Delta r}{\Delta t} = \lim_{\Delta t \to 0} \frac{r(t+\Delta t) - r(t)}{\Delta t} = \frac{dr}{dt} \tag{B.1}$$

速度が x, y, z 方向の各成分 v_x, v_y, v_z をもつとき，速さ v は次式で表される．

$$v = \sqrt{v_x^2 + v_y^2 + v_z^2} \tag{B.2}$$

　加速度は単位時間あたりの速度ベクトルの変化を表す次式のベクトル量であり，単位は [m/s²] である．

$$a = \lim_{\Delta t \to 0} \frac{\Delta v}{\Delta t} = \lim_{\Delta t \to 0} \frac{v(t+\Delta t) - v(t)}{\Delta t} = \frac{dv}{dt} = \frac{d}{dt}\left(\frac{dr}{dt}\right) = \frac{d^2 r}{dt^2} \tag{B.3}$$

　なお，$v = $ 一定の運動は等速度運動あるいは等速直線運動，$a = $ 一定の運動は等加速度運動と呼ばれる．

(2) ニュートンの運動法則

　ニュートン力学では物体を質点として取り扱う．質点は大きさが無視できる，すなわち数学的には点としてみなせる質量をもった仮想的な点と定義される．質点を用いると，物体の運動は以下のニュートンの運動法則に従う．

　第1法則（慣性の法則）：物体に外力が働かなければ静止した物体は静止を続け，運動している物体は等速直線運動を続ける．

　第2法則（運動方程式）：物体に外力 F が作用すると，力の向きに加速度 a を生じる．加速度 a の大きさは外力に比例し，物体の質量 m に反比例する．これを式で表すと式 (B.4) となり，本式はニュートンの運動方程式と呼ばれる．

$$\boldsymbol{a} = \frac{\boldsymbol{F}}{m} \quad \text{より} \quad \boldsymbol{F} = m\boldsymbol{a} = m\frac{d\boldsymbol{v}}{dt} = m\frac{d^2\boldsymbol{r}}{dt^2} \qquad (\text{B.4})$$

式（B.4）から力の単位が決定できる．具体的には，質量 1 kg の物体に 1 m/s^2 の加速度を生じさせる力が 1 N（ニュートン）と定義されている．

なお，地球上では万有引力によりすべての物体は重力を受ける．重力は鉛直方向に働くため，物体は一定の加速度 g[m/s^2] で鉛直方向に落下する．このときの加速度は重力加速度 g と呼ばれる．重力加速度は場所により異なるため，標準重力加速度として $g_0 = 9.80665$ m/s^2 が定められている．

第 3 法則（作用・反作用の法則）：物体 1 から物体 2 に力 $\boldsymbol{F}_{12}$ を及ぼす場合，物体 2 は物体 1 に対して $\boldsymbol{F}_{12}$ と大きさが等しい逆向きの力を及ぼす．つまり，$\boldsymbol{F}_{12} = -\boldsymbol{F}_{21}$ が成立する．この際，$\boldsymbol{F}_{12}$ と $\boldsymbol{F}_{21}$ は同一作用線上にある．

(3) 仕事と仕事率

物体に力を加えたとき，物体が加えられた力により動く場合，力が物体に対して仕事をしたという．具体的に，図 B.1 のように大きさ F[N] の力を受けた物体が，力の向きと角度 θ をなす方向に距離 s だけ移動したとすると，力が物体に対して行った仕事 W は式（B.5）で表される．

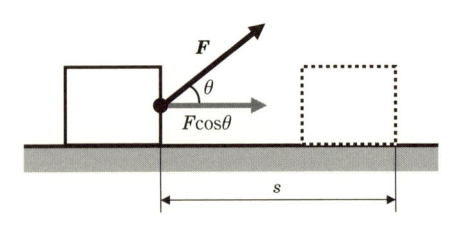

図 B.1 仕事の定義

$$W = F\cos\theta \cdot s \qquad (\text{B.5})$$

仕事の単位は J（ジュール）である．これは物体が 1 N の力を受けて，力の向きに 1 m 動かされたときの仕事に相当する．

なお，単位時間あたりにする仕事を仕事率 P と呼ぶ．大きさ F[N] の力を時間 t[s] の間加えて，力の向きに s[m] 移動したときの仕事率 P は次式で表される．

$$P = \frac{W}{t} = \frac{Fs}{t} = Fv \qquad (\text{B.6})$$

仕事率の単位は，1 秒間に 1 J の仕事をする場合，つまり 1 J/s を 1 W（ワット）として用いる．

(4) エネルギーとその保存則

物体が仕事をする能力をもつ場合，物体はエネルギーをもつといわれる．エネルギー

の代表的なものに，運動している物体がもつ運動エネルギーと物体がある基準位置から高さ h の位置にあるときに蓄えられる位置エネルギーがある．両エネルギーはそれぞれ次式で定義される．

$$運動エネルギー：K = \frac{1}{2}mv^2 \tag{B.7}$$

$$位置エネルギー：U = mgh \tag{B.8}$$

さらに，運動エネルギー K と位置エネルギー U の和 $E = K + U$ は力学的エネルギーと呼ばれる．特に保存力のみが働く系の中で物体が運動する場合，力学的エネルギーは保存される．ここで保存力とは，最初と最後の状態のみで決まる，すなわち途中の経路によらない力と定義される．具体的には重力が保存力であるのに対して，空気抵抗による抵抗力や摩擦力などは保存力でない．

(5) 運動量とその保存則

質量 m の物体が速度 $\boldsymbol{v}$ で運動しているとき，次式で運動量 $\boldsymbol{p}$ が定義される．

$$\boldsymbol{p} = m \cdot \boldsymbol{v} \tag{B.9}$$

運動量 $\boldsymbol{p}$ の単位は [kg m/s] で表される．運動量については，系に外力が働かない場合，あるいは働いてもその総和が 0 の場合，次の運動量保存則が成立する．なお，外力とは系の外部から作用する力であり，これに対して，物体どうしに働く力を内力と呼ぶ．

$$\sum_i m_i \boldsymbol{v}_i = 一定 \tag{B.10}$$

本関係により物体の衝突や散乱，分裂や付着などを簡単に取り扱える．たとえば質量 m_1, m_2 の 2 つの物体が衝突する場合，式 (B.10) は次式となる．

$$m_1\boldsymbol{v}_1 + m_2\boldsymbol{v}_2 = m_1\boldsymbol{v}_1' + m_2\boldsymbol{v}_2' \tag{B.11}$$

ここで $\boldsymbol{v}_1$, $\boldsymbol{v}_2$ は衝突前の速度，$\boldsymbol{v}_1'$, $\boldsymbol{v}_2'$ は衝突後の速度を表す．本式は衝突前後の全運動量が等しいことを示し，衝突後の運動を求める上で便利である．

また，運動量 $\boldsymbol{p}$ を用いると，式 (B.4) の運動方程式は次式のように書き表される．

$$\frac{d\boldsymbol{p}}{dt} = \boldsymbol{F} \tag{B.12}$$

上式は，運動量の時間微分が物体に働く力に等しいことを表している．本関係を用いると質量変化を伴う運動を取り扱うことができる．また，式 (B.12) を時間 t に関して積分すると次式となる．

$$\boldsymbol{p}_2 - \boldsymbol{p}_1 = \int_{t1}^{t2} \boldsymbol{F} dt \tag{B.13}$$

右辺の積分値は力積と呼ばれ，単位は [N s] である．大きな力が瞬間的に働く場

合（これを撃力という），作用した力を直接求めるのは難しいが，運動量の変化から力積を求めることができる．

(6) 等速円運動

物体が原点 O を中心として一定の速さで運動する場合を等速円運動という．等速円運動の場合，速さは一定であっても速度の方向が常に変化しているため，加速度運動となる．いま，図 B.2 のような半径 r の円周上を角速度 ω で運動する物体を考えると，時刻 t における物体の座標は次式になる．

$$x = r\cos\omega t, \quad y = r\sin\omega t \tag{B.14}$$

角速度 ω は単位時間あたりに回転する中心角を示し，単位は [rad/s] である．ここでは角度の単位として rad（ラジアン）を用いるが，これは中心角が θ ラジアンのとき，半径 1 の円の円弧の長さも θ となり，式が簡単になるためである．なお，度数法の度 [°] との関係は π rad $= 180°$ である．等速円運動の場合の速さ，加速度の大きさは次式で与えられる．

$$v = r\omega \quad (v = \sqrt{v_x^2 + v_y^2} = \sqrt{(-r\omega\sin\omega t)^2 + (r\omega\cos\omega t)^2}) \tag{B.15}$$

$$a = r\omega^2 = v\omega = \frac{v^2}{r} \quad (a = \sqrt{a_x^2 + a_y^2} = \sqrt{(-r\omega^2\cos\omega t)^2 + (-r\omega^2\sin\omega t)}) \tag{B.16}$$

式 (B.16) より，等速円運動をする物体が受ける力の大きさは次式となる．

$$F = ma = mv\omega = mr\omega^2 = m\frac{v^2}{r} \tag{B.17}$$

この力は向心力と呼ばれ，常に円の中心方向に向かって働く．

また，等速円運動で一周にかかる時間を周期 T[s]，その逆数である単位時間あたりの回転数を振動数 f[回/s] と呼び，それぞれ次式で表される．

$$T = \frac{2\pi}{\omega} \tag{B.18}$$

$$f = \frac{1}{T} = \frac{\omega}{2\pi} = \frac{\omega}{2\pi r} \tag{B.19}$$

なお，振動数の単位は，1 回/s を 1 Hz（ヘルツ）と表して用いる．

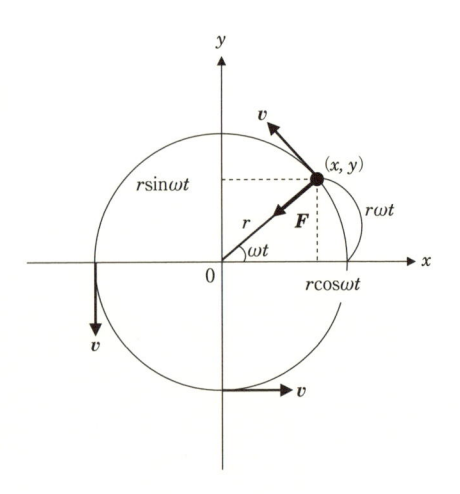

図 B.2 等速円運動

付録C 分子運動論
(気体分子運動, 熱伝導率, 拡散係数, 粘度)

　分子運動論は気体, 液体, 固体の各態について考えることができるが, 気体は分子間の相互作用が小さく取り扱いが容易であるとともに, 熱伝導率, 粘度, 拡散係数などの輸送物性の情報が得られることから, ここでは気体を対象とする. なお, 気体の分子運動論は物理化学の教科書では必ず取り上げられているので, 詳細な式の導出などは成書を参考にしていただきたい[1-6].

　以下では, 理想気体により生じる圧力, 平均速さ, 平均自由行程などの気体分子運動論の基礎を述べた後, 化学工学上重要な輸送物性について示す.

(1) 気体の圧力

　気体の圧力は気体分子が器壁に絶えず衝突することにより生じる力と考えられる. ここで図C.1のような一辺がLの立方体(体積: $V = L^3$)の中でN個の気体分子(質量: m)が乱雑な速度で運動している系を考える. いま, x方向のみの運動を考えた場合, 壁1に衝突した分子はL/v_x時間後に壁2に, $2L/v_x$後に再び壁1に衝突する. つまり単位時間あたりの壁1への分子の衝突回数は$v_x/2L$となる. このとき, 分子が壁1に弾性衝突した場合の運動量変化は$mv_x - m(-v_x) = 2mv_x$であるので, 気体分子1個が単位時間あたりに壁に及ぼす力は$2mv_x \dfrac{v_x}{2L} = \dfrac{mv_x^2}{L}$となる. さらに壁1の面積は$L^2$より, N個の分子による圧力Pは$P = \dfrac{Nmv_x^2}{L^3} = \dfrac{Nmv_x^2}{V}$と表される.

　しかし, 実際の分子は単一の速度でなくさまざまな速度で運動しているため, 式中のv_x^2はその平均値$\overline{v_x^2}$を用いるのが適当である. ここで, 気体分子の速度vについては, その軸方向成分v_x, v_y, v_zとの間に$v^2 = v_x^2 + v_y^2 + v_z^2$の関係が成立し, その二乗平均は$\overline{v^2} = \overline{v_x^2} + \overline{v_y^2} + \overline{v_z^2}$となる. さらに

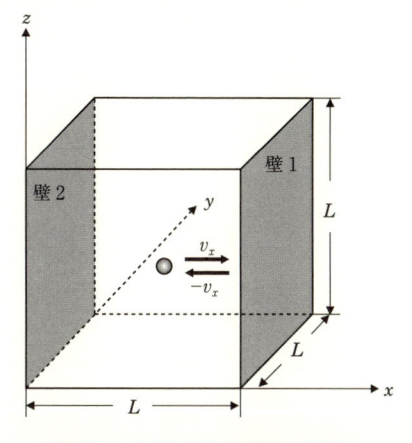

図C.1 気体分子の容器壁との衝突

気体の運動は等方的であるため$\overline{v_x^2} = \overline{v_y^2} = \overline{v_z^2}$が成立し，$\overline{v^2} = 3\overline{v_x^2}$が導かれ，最終的に理想気体の圧力は式（C.1）となる．

$$P = \frac{Nm\overline{v_x^2}}{L^3} = \frac{Nm\overline{v^2}}{3V} \tag{C.1}$$

(2) 根平均二乗速さ

前項で理想気体の圧力が示されたが，分子1個の平均並進運動エネルギー$\overline{E}_{\text{trans}}$は$1/2 m\overline{v^2}$として表されるので式（C.1）は式（C.2）のように変形され，気体の圧力が分子の平均並進運動エネルギーに比例することがわかる．

$$P = \frac{Nm\overline{v^2}}{3V} = \frac{2}{3}\frac{N}{V}\left(\frac{1}{2}m\overline{v^2}\right) = \frac{2}{3}\frac{N}{V}\overline{E}_{\text{trans}} \tag{C.2}$$

一方，理想気体では$PV = nRT = (N/N_A)RT$（N_A：アボガドロ数）の状態方程式が成立するので，これを式（C.2）に代入すると次式となる．

$$\overline{E}_{\text{trans}} = \frac{3}{2}\frac{R}{N_A}T = \frac{3}{2}k_B T \tag{C.3}$$

ここで$k_B = R/N_A$はボルツマン定数と呼ばれ，分子1つの平均エネルギーを規定する物理量で$k_B = 1.3806505 \times 10^{-23}$ J/K である．また，分子の平均並進運動エネルギーは分子の質量にはよらず絶対温度Tのみに比例することがわかる．

さらに，式（C.1）および状態方程式より理想気体の根平均二乗速さv_{rms}が導出される．

$$\sqrt{\overline{v^2}} = v_{rms} = \sqrt{\frac{3k_B T}{m}} = \sqrt{\frac{3RT}{M}} \tag{C.4}$$

(3) Boltzmannの速さ分布

式（C.4）により根平均二乗速さが定義されたが，実際の系において理想気体のすべてがこの速さで運動しているわけではない．実際には理想気体はある速度分布に従ったさまざまな速度で運動しているので，ここでは理想気体の速度成分の分布を示しておく．外部と熱平衡にある系について，速度成分が$v_x \sim v_x + dv_x$の間にある分子の割合$dN(v_x)/N$は分布関数$f(v_x)$を用いて式（C.5）で表される．なお，式中の$f(v_x)dv_x$は$v_x \sim v_x + dv_x$の速度成分をもつ分子の存在確率と考えることもできる．

$$\frac{dN(v_x)}{N} = f(v_x)dv_x \tag{C.5}$$

ここで，分布関数$f(v_x)$については次式で与えられることが知られている．

$$f(v_x) = \left(\frac{m}{2\pi k_B T}\right)^{1/2} \exp\left(-\frac{mv_x^2}{2k_B T}\right) \tag{C.6}$$

さらに $f(v_y)$, $f(v_z)$ についても同様の式が得られるので，これを3次元に拡張する．具体的には理想気体の運動方向を問題とせず，速度の大きさ，すなわち速さについての分布を求める．ある分子が $v_x \sim v_x + dv_x$, $v_y \sim v_y + dv_y$, $v_z \sim v_{z+dz}$ の速度成分を同時にもつ確率 $f(v)dv$ は，各速度成分 v_x, v_y, v_z が互いに独立であるため各確率の積となり，$f(v)dv = f(v_x)f(v_y)f(v_z)dv_x dv_y dv_z$ で表される．ここに式 (C.6)，$dv_x dv_y dv_z = 4\pi v^2 dv$ を代入して整理すると次式が得られる．

$$f(v) = 4\pi \left(\frac{m}{2\pi k_B T}\right)^{3/2} v^2 \exp\left(-\frac{mv^2}{2k_B T}\right) \tag{C.7}$$

本式は Maxwell の（速さ）分布，Maxwell-Boltzmann 分布と呼ばれる．

平均の速さは，分子の速さにその速さにおける分子の存在確率を乗じて総和を求めればよいので，$\bar{v} = \int_0^\infty v f(v) dv$ により算出される．

$$\bar{v} = \left(\frac{8k_B T}{\pi m}\right)^{1/2} = \left(\frac{8RT}{\pi M}\right)^{1/2} \tag{C.8}$$

さらに式 (C.7) を微分して極値をもつ速さを求めると，最も多くの分子がもつ速さ，つまり最確の速さ v_{mps} が求まる．

$$v_{mps} = \sqrt{\frac{2k_B T}{m}} = \sqrt{\frac{2RT}{M}} \tag{C.9}$$

(4) 理想気体の衝突と平均自由行程

分子運動論では個々の分子を剛体球として扱い，互いの分子が接触した場合に衝突が起きると考える．つまり直径 d の剛体球分子のみからなる単一成分系を想定すると，分子どうしの中心間距離が d になった場合に衝突が生じる．

この衝突頻度を求めるために，1つの分子 A のみが運動し他の分子はすべて静止していると仮定する（図 C.2）．平均の速さ $\bar{v}$ をもった分子 A が Δt 間で $\bar{v}\Delta t$ だけ移動する間に，分子 A はその中心からの距離が d より小さい位置に中心をもつ静止分子と衝突する．ここで直径 d を衝突直径，πd^2 を衝突断面積 σ_{AA} と呼ぶ．

いま，体積 V の容器の中に N 個の分子が存在する場合，Δt 間に分子 A と衝突する静止分子数は断面積 πd^2 に長さ $\bar{v}\Delta t$ を掛けた円筒体積内に単位体積あたりの分子数 N/V を乗じた $\pi d^2 \bar{v} \Delta t (N/V)$ となる．これより分子1個の単位時間あたりの衝突回数，つまり衝突頻度 z は $z = \pi d^2 \bar{v}(N/V) = \sigma_{AA} \bar{v}(N/V)$ [s^{-1}] で表される．

これまでは A 以外の分子は静止していると仮定したが，実際にはすべての分子が

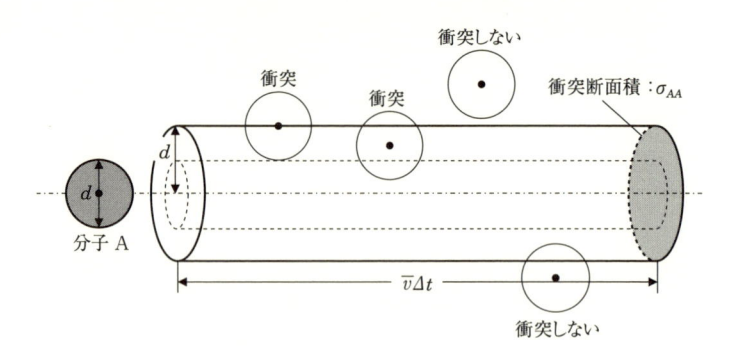

図中ラベル: 衝突, 衝突, 衝突しない, 衝突断面積：σ_{AA}, 分子 A, $\bar{v}\Delta t$, 衝突しない, d

図 C.2 気体分子どうしの衝突

乱雑に運動しているため，$\bar{v}$ の代わりに衝突する分子どうしの相対速さを用いる必要がある．詳細は省略するが，単一成分系の場合は相対速さ $\bar{v}_{rel} = \sqrt{2}\,\bar{v}$ であるので，分子 1 個あたりの衝突頻度は次式となる．

$$z = \sqrt{2}\,\pi d^2 \bar{v}\,\frac{N}{V} = \sqrt{2}\,\pi d^2 \bar{v}\,\frac{P}{k_B T} = \sqrt{2}\,\pi d^2 \bar{v}\,\frac{PN_A}{RT} \tag{C.10}$$

さらに単位体積あたりの全分子の衝突回数 $Z_{AA}\,[\mathrm{m^{-3}\,s^{-1}}]$ については，式 (C.10) に $\frac{1}{2}\frac{N}{V}$ を乗じることにより式 (C.11) を得る．

$$Z_{AA} = \frac{1}{2}\frac{N}{V}z = \frac{\sqrt{2}}{2}\sigma_{AA}\bar{v}\left(\frac{N}{V}\right)^2 = \sigma_{AA}\sqrt{\frac{4k_B T}{\pi m}}\left(\frac{N}{V}\right)^2 \quad \left(\because\ \bar{v} = \sqrt{\frac{8k_B T}{\pi m}}\right) \tag{C.11}$$

A，B 2 種類の分子の衝突では式 (C.11) は次式に書き改められる．

$$Z_{AB} = \sigma_{AB}\sqrt{\frac{8k_B T}{\pi m_{AB}}}\,\frac{N_A N_B}{V^2} \quad (N_A：分子 A の個数) \tag{C.12}$$

ここで m_{AB} は A と B の換算質量，σ_{AB} は衝突断面積であり，次式で与えられる．

$$m_{AB} = \frac{m_A m_B}{m_A + m_B},\quad \sigma_{AB} = \pi d^2 = \pi\left(\frac{d_A + d_B}{2}\right)^2 \tag{C.13}$$

以上の衝突頻度を用いると，分子が他の分子と衝突するまでに移動する平均的な距離，すなわち平均自由行程 λ が算出できる．いま，衝突頻度 z より衝突が起こるまでの平均的な移動時間は $1/z$ となるので，平均自由行程 λ は式 (C.14) となる．なお，式中の N_A はアボガドロ数を表す．

付録C　分子運動論（気体分子運動，熱伝導率，拡散係数，粘度）

$$\lambda = \frac{\bar{v}}{z} = \frac{k_B T}{\sqrt{2}\pi d^2 P} = \frac{RT}{\sqrt{2}\pi d^2 P N_A} = \frac{1}{\sqrt{2}\pi d^2 (N/V)} \quad (\because \quad PV = Nk_B T) \quad (\text{C.14})$$

以上，気体の分子運動論の基礎を解説してきたが，ここで得られた分子の平均速さ，平均自由行程などを用いて，化学工学分野で重要な輸送物性である拡散係数，熱伝導率，粘性係数の定式化を行う．

(5) 拡散係数

拡散は系に生じた濃度分布を解消して均一濃度となるように気体分子が移動する現象であり，4.1.1項のフィックの拡散法則により表される．

$$J = -D\frac{\partial c}{\partial x} \quad (\text{C.15})$$

拡散係数 D を分子運動論に基づいて算出するため，単一成分系について図C.3のような濃度勾配を仮定する．いま $x = 0$ の位置に単位面積の窓を考えると，この窓への単位時間あたりの分子の衝突回数は $Z = \frac{N}{V}\sqrt{\frac{k_B T}{2\pi m}} = \frac{1}{4}\frac{N}{V}\bar{v}$ となる．ここで，左から右に移動してきて窓を通過する分子はすでに平均自由行程分だけ移動しているため，その数は $x = -\lambda$ での単位体積あたりの分子数 $N'(-\lambda) = N(-\lambda)/V$ に比例し，近似的に次式で表される．

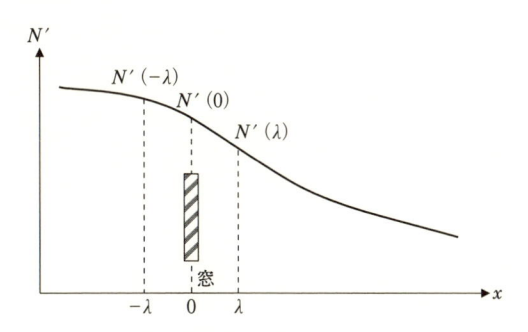

図C.3 気体の拡散速度のモデル図

$$N'(-\lambda) = N'(0) - \lambda\left(\frac{dN'}{dx}\right)_0 \quad (\text{C.16})$$

一方で，窓に対しては右側から左側に通過する分子もあるため，窓を通過する正味の流束は式（C.17）で与えられる．

$$J_x = \frac{1}{4}\bar{v}\left\{\left[N'(0) - \lambda\left(\frac{dN'}{dx}\right)_0\right] - \left[N'(0) + \lambda\left(\frac{dN'}{dx}\right)_0\right]\right\} = -\frac{1}{2}\bar{v}\lambda\left(\frac{dN'}{dx}\right)_0 \quad \text{(C.17)}$$

式（C.17）より，拡散係数 $D = 1/2\bar{v}\lambda$ となるが，実際には分子は窓に対して垂直に入射するとは限らず，窓への到達前に長い距離を移動する可能性も考慮しなくてはならない．この補正には式（C.17）に 2/3 を掛ければよいので，拡散係数 D は次式となり，拡散係数は圧力 P に反比例することがわかる．

$$D = \frac{1}{3}\bar{v}\lambda = \frac{2}{3}\frac{1}{\pi d^2 P}\sqrt{\frac{k_B^3 T^3}{\pi m}} \quad \text{(C.18)}$$

ここでは，分子移動である拡散を取り上げたが，同様の手法を熱エネルギー，運動量の移動に適用すると，熱伝導率 k，粘度 μ が以下として表される．

$$k = \frac{1}{3}\bar{v}\lambda C_V \frac{n}{V} = \frac{1}{3}\frac{\bar{v}C_V}{\sqrt{2}\,\sigma N_A} \quad \text{(C.19)}$$

$$\mu = \frac{1}{3}\bar{v}\lambda m\frac{N}{V} = \frac{1}{3}\bar{v}\lambda m N_A \frac{n}{V} = \frac{1}{3\sqrt{2}}\frac{m\bar{v}}{\sigma} \quad \text{(C.20)}$$

以上，気体分子運動論に基づいて輸送物性（拡散係数，熱伝導率，粘度）を定式化し，物性値に対する影響因子およびその寄与を明らかにした．しかし，これによる輸送物性の推算値は実測値との差が大きい場合も多い（表C.2）．この原因としては本論における仮定の厳密性や実在気体に存在する分子間力の問題などが挙げられる．

そこで輸送物性の実用的な推算においては，Chapman-Enskog や Eucken らによる推算式を利用すると比較的精度がよい．詳細は「化学工学便覧」[7] に示されているが，ここでは粘度と熱伝導率の推算式を示す．

低密度の純気体（圧力：10〜300 kPa）

粘度：$\mu[\text{Pa·s}] = 2.669 \times 10^{-6}\dfrac{\sqrt{T \cdot M_r}}{\sigma^2 \Omega_v}$ (C.21)

表C.1 Lennard-Jones (6-12) ポテンシャルモデルに基づいた分子間力定数

気体	$\sigma[10^{-10}\,\text{m}]$	$\varepsilon/k_B[\text{K}]$	気体	$\sigma[10^{-10}\,\text{m}]$	$\varepsilon/k_B[\text{K}]$
Ar	3.547	93.3	CH_4	3.758	148.6
H_2	2.827	59.7	C_2H_2	4.033	231.8
He	2.551	10.22	C_2H_4	4.163	224.7
N_2	3.798	71.4	C_2H_6	4.443	215.7
O_2	3.467	106.7	C_3H_8	5.118	237.1
空気	3.711	78.6	C_6H_6	5.349	412.3
CO_2	3.941	195.2	CH_3OH	3.626	481.8
H_2O	2.641	809.1	C_2H_5OH	4.530	362.6

付録C 分子運動論（気体分子運動，熱伝導率，拡散係数，粘度） 273

表C.2 気体の輸送物性の実測値と推算値（273 K）

		実測値	推算式	気体分子論
He	熱伝導率 [W/(m K)]	1.50×10^{-1}	1.48×10^{-1}	0.287×10^{-1}
	粘度 [Pa s]	1.86×10^{-5}	1.90×10^{-5}	0.921×10^{-5}
N_2	熱伝導率 [W/(m K)]	2.60×10^{-2}	2.33×10^{-2}	0.815×10^{-2}
	粘度 [Pa s]	1.67×10^{-5}	1.65×10^{-5}	1.10×10^{-5}

熱伝導率（単原子分子）： $k[\mathrm{W \cdot m^{-1} \cdot K^{-1}}] = 83.233 \times 10^{-3} \dfrac{\sqrt{T/M_r}}{\sigma^2 \Omega_v}$ (C.22)

熱伝導率（多原子分子）： $k[\mathrm{W \cdot m^{-1} \cdot K^{-1}}] = 10^3 \dfrac{\mu}{M_r}(C_{v,m} + 18.71)$ (C.23)

ここで $M_r[-]$ は相対質量（分子量），$\sigma[10^{-10}\,\mathrm{m}]$ は分子の衝突直径，Ω_v は還元衝突積分，$C_{v,m}[\mathrm{J \cdot mol^{-1} \cdot K^{-1}}]$ は定容モル熱容量である．Ω_v は規格化温度 $T_N = k_B T/\varepsilon$ $[-]$ の関数で，$0.3 \leq T_N \leq 100$ の範囲では次の近似式で求められる．

$$\Omega_v = (L-J) = \frac{1.16145}{T_N^{0.14874}} + \frac{0.52487}{\exp(0.77320 \cdot T_N)} + \frac{2.16178}{\exp(2.43787 \cdot T_N)}$$
$$- 6.435 \times 10^{-4} \cdot T_N^{0.14874} \cdot \sin(18.0323 \cdot T_N^{-0.76830} - 7.2731) \quad (C.24)$$

代表的な元素，化合物の σ, ε を表 C.1 に示すが，不明の気体については以下の Tee らの経験式から求めることもできる．

$$\sigma = (T_c[\mathrm{K}]/P_c[\mathrm{atm}])^{1/3}(2.3551 - 0.087\omega) \quad (C.25)$$

$$\varepsilon/k_B = T_c(0.7915 + 0.1693\omega) \quad (C.26)$$

表 C.2 に 273 K でのヘリウム，窒素についての粘度と熱伝導率の推算値を実測値とともに示しておく．

[参考文献]

1) 千原秀昭ら訳：アトキンス　物理化学（下）第4版，東京化学同人（1993）
2) 坪村宏：新物理化学（上），化学同人（1994）
3) 田中一義ら監訳：ボール　物理化学（下），化学同人（2005）
4) 岩澤康裕ら訳：化学・生命科学系のための物理化学，東京化学同人（2003）
5) 藤代亮一訳：ムーア　物理化学（上）（第4版），東京化学同人（1974）
6) 上野實ら監訳：ベムラパリ　物理化学Ⅲ，丸善（2000）
7) 化学工学会編：改訂六版　化学工学便覧，丸善（1999）

付録D 単位換算表

(1) 温 度

$t[°\mathrm{C}] = (t'[°\mathrm{F}] - 32)/1.8$

$t'[°\mathrm{F}] = 1.8\,t[°\mathrm{C}] + 32$

$T[\mathrm{K}] = t[°\mathrm{C}] + 273.15$

$T'[°\mathrm{R}] = t'[°\mathrm{F}] + 459.67 = 1.8\,T[\mathrm{K}]$

(2) 質 量

kg (SI)	lb	oz
1	2.2046×10^0	3.5274×10^1
4.5359×10^{-1}	1	1.6000×10^1
2.8350×10^{-2}	6.2500×10^{-2}	1

1 kg = 1000 g = 10^{-3} t

(3) 長 さ

m (SI)	ft	in	yd
1	3.2808×10^0	3.9370×10^1	1.0936×10^0
3.0480×10^{-1}	1	1.2000×10^1	3.3333×10^{-1}
2.5400×10^{-2}	8.3333×10^{-2}	1	2.7778×10^{-2}
9.1440×10^{-1}	3.0000×10^0	3.6000×10^1	1

1 km = 1,000 m, 1μm = 10^{-6} m, 1 mile = 5,280 ft = 1,760 yd = 1,609.344 m

(4) 面 積

m² (SI)	ft²	in²
1	1.0764×10^1	1.5500×10^3
9.2903×10^{-2}	1	1.4400×10^2
6.4516×10^{-4}	6.9444×10^{-3}	1

(5) 体 積

m³ (SI)	ft³	in³	US gal
1	3.5315×10^1	6.1024×10^4	2.6417×10^2
2.8317×10^{-2}	1	1.7280×10^3	7.4805×10^0
1.6387×10^{-5}	5.7871×10^{-4}	1	4.3290×10^{-3}
3.7854×10^{-3}	1.3368×10^{-1}	2.3100×10^2	1

1 UK gal = 1.2 US gal, 1 barrel = 35 UK gal = 42 US gal

(6) 密 度

kg/m³ (SI)	lb/ft³	lb/US gal
1	6.2428×10^{-2}	8.3454×10^{-3}
1.6019×10^1	1	1.3368×10^{-1}
1.1983×10^2	7.4805×10^0	1

(7) 圧 力

Pa (SI)	atm	kgf/cm²	lbf/in² (psi)
1	9.8692×10^{-6}	1.0197×10^{-5}	1.4504×10^{-4}
1.0133×10^5	1	1.0332×10^0	1.4696×10^1
9.8067×10^4	9.6784×10^{-1}	1	1.4223×10^1
6.8948×10^3	6.8046×10^{-2}	7.0307×10^{-2}	1
1.0000×10^5	9.8692×10^{-1}	1.0197×10^0	1.4504×10^1
1.3332×10^5	1.3158×10^0	1.3595×10^0	1.9337×10^1
9.8067×10^3	9.6784×10^{-2}	1.0000×10^{-1}	1.4223×10^0

bar	Hg (0℃) [m]	H₂O (15℃) [m]
1.0000×10^{-5}	7.5006×10^{-6}	1.0197×10^{-4}
1.0133×10^0	7.6000×10^{-1}	1.0332×10^1
9.8067×10^{-1}	7.3556×10^{-1}	1.0000×10^1
6.8948×10^{-2}	5.1715×10^{-2}	7.0307×10^{-1}
1	7.5006×10^{-1}	1.0197×10^1
1.3332×10^0	1	1.3595×10^1
9.8067×10^{-2}	7.3556×10^{-2}	1

1 bar = 10^6 dyn/cm² = 10^5 Pa, 1 Pa = 1 N/m², 1 mmHg = 1 torr

(8) 表面張力

N/m (SI)	dyn/cm = erg/cm^2	kgf/m	lbf/ft
1	1.0000×10^3	1.0197×10^{-1}	6.8522×10^{-2}
1.0000×10^{-3}	1	1.0197×10^{-4}	6.8522×10^{-5}
9.8067×10^0	9.8067×10^3	1	6.7197×10^{-1}
1.4594×10^1	1.4594×10^4	1.4882×10^0	1

(9) 粘度

Pa·s (SI) [kg/(m·s)]	poise [g/(cm·s)]	kgf·s/m^2	lb/(ft·s)	lbf·s/ft^2
1	1.0000×10^1	1.0197×10^{-1}	6.7197×10^{-1}	2.0885×10^{-2}
1.0000×10^{-1}	1	1.0197×10^{-2}	6.7197×10^{-2}	2.0885×10^{-3}
9.8067×10^0	9.8067×10^1	1	6.5898×10^0	2.0482×10^{-1}
1.4882×10^0	1.4882×10^1	1.5175×10^{-1}	1	3.1081×10^{-2}
4.7880×10^1	4.7880×10^2	4.8824×10^0	3.2174×10^1	1

(10) 動粘度

m^2/s (SI)	cm^2/s	m^2/hr	ft^2/hr	in^2/s
1	1.0000×10^4	3.6000×10^3	3.8750×10^4	1.5500×10^3
1.0000×10^{-4}	1	3.6000×10^{-1}	3.8750×10^0	1.5500×10^{-1}
2.7778×10^{-4}	2.7778×10^0	1	1.0764×10^1	4.3056×10^{-1}
2.5806×10^{-5}	2.5806×10^{-1}	9.2903×10^{-2}	1	4.0000×10^{-2}
6.4516×10^{-4}	6.4516×10^0	2.3226×10^0	2.5000×10^1	1

動粘度の場合には，cm^2/s = stokes

（11） エネルギー

J (SI)	kgf·m	lbf·ft	kW·hr	PS·hr	HP·hr	l·atm	cal_{th}	Btu_{th}
1	1.0197×10^{-1}	7.3756×10^{-1}	2.7778×10^{-7}	3.7767×10^{-7}	3.7251×10^{-7}	9.8692×10^{-3}	2.3901×10^{-1}	9.4845×10^{-4}
9.8067×10^{0}	1	7.2330×10^{0}	2.7241×10^{-6}	3.7037×10^{-6}	3.6530×10^{-6}	9.6784×10^{-2}	2.3439×10^{0}	9.3011×10^{-3}
1.3558×10^{0}	1.3825×10^{-1}	1	3.7662×10^{-7}	5.1206×10^{-7}	5.0505×10^{-7}	1.3380×10^{-2}	3.2403×10^{-1}	1.2859×10^{-3}
3.6000×10^{6}	3.6710×10^{5}	2.6553×10^{6}	1	1.3596×10^{0}	1.3410×10^{0}	3.5529×10^{4}	8.6042×10^{5}	3.4144×10^{3}
2.6478×10^{6}	2.7000×10^{5}	1.9530×10^{6}	7.3551×10^{-1}	1	9.8632×10^{-1}	2.6131×10^{4}	6.3284×10^{5}	2.5113×10^{3}
2.6845×10^{6}	2.7374×10^{5}	1.9801×10^{6}	7.4570×10^{-1}	1.0139×10^{0}	1	2.6494×10^{4}	6.4162×10^{5}	2.5461×10^{3}
1.0133×10^{2}	1.0332×10^{1}	7.4737×10^{1}	2.8146×10^{-5}	3.8268×10^{-5}	3.7744×10^{-5}	1	2.4217×10^{1}	9.6102×10^{-2}
4.1840×10^{0}	4.2665×10^{-1}	3.0861×10^{0}	1.1622×10^{-6}	1.5802×10^{-6}	1.5586×10^{-6}	4.1293×10^{-2}	1	3.9683×10^{-3}
1.0544×10^{3}	1.0751×10^{2}	7.7769×10^{2}	2.9287×10^{-4}	3.9820×10^{-4}	3.9275×10^{-4}	1.0406×10^{1}	2.5200×10^{2}	1

1 cal_{th} = 4.184 J, 1 cal_{IT} = 4.1868 J, 1 Btu_{th} = 1054.35 J, 1 Btu_{IT} = 1055.06 J, 1 erg = 10^{-7} J

(12) 動 力

W (SI)	kgf·m/s	lbf·ft/s	PS	HP	kcal$_{th}$/hr	Btu$_{th}$/hr
1	1.0197×10^{-1}	7.3756×10^{-1}	1.3596×10^{-3}	1.3410×10^{-3}	8.6042×10^{-1}	3.4144×10^{0}
9.8067×10^{0}	1	7.2330×10^{0}	1.3333×10^{-2}	1.3151×10^{-2}	8.4378×10^{0}	3.3484×10^{1}
1.3558×10^{0}	1.3826×10^{-1}	1	1.8434×10^{-3}	1.8182×10^{-3}	1.1666×10^{0}	4.6293×10^{0}
7.3550×10^{2}	7.5000×10^{1}	5.4248×10^{2}	1	9.8632×10^{-1}	6.3284×10^{2}	2.5113×10^{3}
7.4570×10^{2}	7.6040×10^{1}	5.5000×10^{2}	1.0139×10^{0}	1	6.4162×10^{2}	2.5461×10^{3}
1.1622×10^{0}	1.1851×10^{-1}	8.5721×10^{-1}	1.5802×10^{-3}	1.5586×10^{-3}	1	3.9683×10^{0}
2.9287×10^{-1}	2.9865×10^{-2}	2.1601×10^{-1}	3.9820×10^{-4}	3.9275×10^{-4}	2.5200×10^{-1}	1

(13) 熱伝導度

W/(m·K) (SI)	kcal$_{th}$/(m·hr·°C)	cal$_{th}$/(cm·s·°C)	Btu$_{IT}$/(ft·hr·°F)
1	8.6042×10^{-1}	2.3901×10^{-3}	5.7779×10^{-1}
1.1622×10^{0}	1	2.7778×10^{-3}	6.7152×10^{-1}
4.1840×10^{2}	3.6000×10^{2}	1	2.4175×10^{2}
1.7307×10^{0}	1.4892×10^{0}	4.1366×10^{-3}	1

(14) 比 熱

J/(kg·K) (SI)	cal$_{th}$/(g·°C)	Btu$_{IT}$/(lb·°F)
1	2.3901×10^{-4}	2.3901×10^{-4}
4.1840×10^{3}	1	1

(15) 熱伝達係数

W/(m^2·K) (SI)	kcal$_{IT}$/(m^2·hr·°C)	cal$_{th}$/(cm^2·s·°C)	Btu$_{IT}$/(ft^2·hr·°F)
1	8.5985×10^{-1}	2.3901×10^{-5}	1.7611×10^{-1}
1.1630×10^{0}	1	2.7796×10^{-5}	2.0482×10^{-1}
4.1840×10^{4}	3.5976×10^{4}	1	7.3684×10^{3}
5.6783×10^{0}	4.8824×10^{0}	1.3571×10^{-4}	1

［参考文献］

1) 架谷昌信 監修：最新 伝熱計測技術ハンドブック，㈱テクノシステム，2011

付録E 諸物性値

表 E.1 基礎的定数

定 数 名	記号	数値と単位
真空中の光速度	$c,\ c_0$	2.99792458×10^8 m/s
真空の透磁率	μ_0	$4\pi \times 10^{-7}$ H/m
重力加速度(標準)	g_0	9.80665 m/s^2
プランク定数	h	$6.6260693 \times 10^{-34}$ J·s
アボガドロ定数	N_A	6.0221415×10^{23} mol^{-1}
ファラデー定数	F	9.64853383×10^4 C/mol
気体定数	R	8.314472 J/(K·mol)
ボルツマン定数	k	$1.3806505 \times 10^{-23}$ J/K
ステファン・ボルツマン定数	σ	5.670400×10^{-8} W/(m^2·K^4)
氷点の絶対温度	T_0	273.15 K
標準大気圧	P_0	1.01325×10^5 Pa
理想気体のモル体積 (0°C, 1.01325×10^5 Pa)	V_0	22.413996×10^{-3} m^3/mol

出典:化学技術データ委員会CODATAによる2002年の推奨値

表 E.2 固体の性質

物質		温度 T[K]	密度 ρ[kg/m^3]	熱伝導率 λ[W/(m·K)]	比熱 c_p[kJ/(kg·K)]	熱拡散率 α[m^2/s] $\times 10^{-6}$
金属	アルミニウム	300	2688	237	0.905	96.8
	金	300	19300	315	0.129	128
	銀	300	10490	427	0.237	174
	鉄	300	7870	80.3	0.442	22.7
	銅	300	8880	398	0.386	117
	ニッケル	300	8899	90.5	0.447	22.9
	白金	300	21460	71.4	0.133	25.2
合金	ねずみ鋳鉄	300	7320	42.8	0.503	11.6
	中炭素鋼(0.4C)	300	7850	51.5	0.473	13.9
	1%Ni 鋼(0.4C-0.8Ni)	300	7850	51.2	0.47	13.9
	ステンレス鋼 SUS304	300	7920	16.0	0.499	4.07
	ステンレス鋼 SUS310S		7980	16.3 (373 K)	0.50 (0-373 K)	
	ステンレス鋼 SUS316		8000	16.3 (373 K)	0.50 (0-373 K)	
	インコロイ 800 (Ni-45Fe-21Cr-0.4Ti)	300	7950	11.5	0.502	2.88
	インコネル 600 (Ni-16Cr-6Fe)	300	8420	14.8	0.444	3.96
	ハステロイ C (Ni-16Mo-15Cr-4W-5Fe)	300	8940	11.1	0.385	3.22
	工業用純アルミニウム（展伸用） A1100(Al-0.12Cu)	300	2710	222	0.904	90.6
	超ジュラルミン（展伸用） A2024-T4(Al-4.5Cu-1.5Mg-0.6Mn)	300	2770	120	0.88	49.2
	アルミニウムダイカスト合金 ADC10(Al-8.5Si-3.5Cu)	300	2740	96.2	0.963	36.5
	7/3 黄銅(Cu-30Zn)	300	8530	121	0.396	35.8
	すず青銅鋳物 C90300 (Cu-8Sn-4Zn)	300	8800	74	0.376	22.4
	マグネシウム展材 AZ80A(Mg-8.5Al-0.5Zn-0.12Mn)	300	1800	78	1.05	41.3
レンガ	高アルミナレンガ	293	3470	25	0.84	8.5
	シャモットレンガ	293	1820	0.52	1.1	0.27
	カーボンレンガ	293	1580	17	1.4	7.8
	マグネシアレンガ	293	3370	31	1.0	8.8
土壌	耐火粘土	723	1800	1.03	1.09	0.53
	乾いた土		1500	0.14		
	湿った土		1700	0.66	2.0	0.19
	乾いた砂	293	1500	0.33	0.80	2.75
	湿った砂	293	1700	1.13	2.09	0.31
	大理石	293	2600	2.8	0.81	1.3
	雲母	323	1900-2300	0.50	0.88	0.27
	花崗岩	400	2650	4.3	1.1	1.5
	水晶　　　(C 軸に垂直)	300	2660	6.21	0.745	3.13
	(C 軸に平行)	300	2660	10.4		5.25
	サファイア	300	3970	46	0.779	14.9

付録E 諸物性値

表 E.2 固体の性質（つづき）

物質		温度 T [K]	密度 ρ [kg/m³]	熱伝導率 λ [W/(m·K)]	比熱 c_p [kJ/(kg·K)]	熱拡散率 α [m²/s] ×10⁻⁶
石炭	石炭	293	1200-1500	0.23-0.34	0.84-1.7	0.12-0.21
	木炭	293	191	0.07	1.0	0.38
コンクリート類	石灰岩コンクリート	293	2400	1.2	0.90	0.57
	珪岩質骨材コンクリート	293	2400	1.5	0.95	0.66
	アスファルト	293	2120	0.74	0.92	0.38
木材	粒状コルク	293	1300	0.038		
	板コルク	303	1900	0.042	1.9	0.12
	かし	293	650	0.26		
	まつ	300	380	0.072		
	すぎ	300	300	0.069	1.3	0.18
	ひのき	293	649	0.13		
プラスチックス	アクリル樹脂	293	1190	0.21	1.4	0.12
		400	1190	0.21	1.9	0.09
	塩化ビニル樹脂（硬質）	200	1420	0.15	0.72	0.14
		293	1400	0.16	0.95	0.12
	シリコン樹脂	300	2200	0.15-0.17	1.2-1.4	0.05-0.06
	フッ素樹脂(テフロン)	293	2170	0.24	0.96	0.12
		500	2170	0.36	1.7	0.095
	ポリエチレン樹脂（高圧）	300	920	0.34	2.3	0.16
	ポリエチレン樹脂（低圧）	920	950	0.41	2.1	0.21
	ポリプロピレン樹脂	273	910	1.7	0.20	0.13
		400	850	2.1	0.19	0.11
ガラス類	石英ガラス	300	2190	1.38	0.74	0.85
	ソーダガラス	300	2520	1.03	0.80	0.47
	ホウケイ酸ガラス（パイレックス7740）	300	2230	1.10	0.73	0.68
	ガラスセラミックス（コーニング9606）	300	2601	3.99	0.770	1.99
断熱材	ガラスウール	293	32	0.034	0.81	1.29
	パーライト	293	150	0.050	0.75	0.45
	フォームポリスチレン	300	24	0.039	2.1	0.79
	硬質ウレタンフォーム	273	30-35	0.018		
	塩化ビニルフォーム	300	55	0.031	1.0	0.55
その他	紙	293	900	0.06	1.3	0.053
	ゴム	293	911	0.13	1.9	0.078
	氷	273	917	2.2	2.0	1.2
	羊毛布地	300	380	0.040	1.4	0.08
	皮革	293	945	0.16		
	アルミナ	300	3890	36	0.779	11.89
	炭化ケイ素	300	3146	270	0.674	127
	磁器	300	2400-2900	1.1-1.5	-0.8	0.5-0.8

出典：日本機械学会：伝熱工学資料 改訂第4版，日本機械学会(1986) p.317-322

表 E.3 飽和水の性質

温度 [K]	温度 [°C]	密度 [kg/m³]	粘度 [Pa·s] ×10⁻⁶	動粘度 [m²/s] ×10⁻⁶	定圧比熱 [kJ/(kg·K)]	熱伝導率 [W/(m·K)]	プラントル数 [−]	熱拡散率 [m²/s] ×10⁻⁷	蒸発熱 [kJ/kg]
273.16	0.01	999.79	1,791	1.792	4.220	0.5620	13.45	1.332	2500.91
283.15	10	999.65	1,306	1.306	4.196	0.5819	9.417	1.387	2477.21
293.15	20	998.16	1,002	1.003	4.185	0.5995	6.993	1.435	2453.55
303.15	30	995.61	797.4	0.8009	4.180	0.6150	5.420	1.478	2429.84
313.15	40	992.18	653.0	0.6581	4.179	0.6286	4.341	1.516	2406.00
323.15	50	988.01	546.8	0.5535	4.180	0.6405	3.569	1.551	2381.97
333.15	60	983.18	466.4	0.4744	4.183	0.6508	2.998	1.582	2357.69
343.15	70	977.75	403.9	0.4131	4.188	0.6596	2.565	1.611	2333.08
353.15	80	971.78	354.3	0.3646	4.196	0.6670	2.229	1.636	2308.07
363.15	90	965.31	314.4	0.3257	4.205	0.6730	1.964	1.658	2282.56
373.15	100	958.35	281.7	0.2940	4.217	0.6778	1.753	1.677	2256.47
413.15	140	926.13	196.5	0.2122	4.286	0.6849	1.230	1.725	2144.24
453.15	180	887.00	150.1	0.1693	4.406	0.6746	0.981	1.726	2014.03
493.15	220	840.22	121.5	0.1446	4.611	0.6482	0.864	1.673	1857.41
533.15	260	783.62	101.7	0.1298	4.981	0.6056	0.836	1.552	1661.82

出典：日本機械学会：日本機械学会 蒸気表 1999, 丸善 (1999)

付録E 諸物性値

表 E.4 液体の性質 (圧力：101.325 kPa)

液体	温度 T[K]	密度 ρ[kg/m^3]	定圧比熱 c_p[kJ/(kg K)]	粘度 μ[mPa s]	動粘度 ν[m^2/s] ×10^{-6}	熱伝導率 λ[W/(m K)]	熱拡散率 α[m^2/s] ×10^{-6}	Pr [−]
塩化カルシウム水溶液 (29.9%)	230	1316	2.630			0.472	0.1348	
	250	1307	2.680	16.2	12.40	0.498	0.1422	87.2
	270	1298	2.730	6.37	4.91	0.524	0.1479	33.2
	290	1288	2.781	3.72	2.89	0.550	0.1535	18.8
潤滑油	280	895	1.821	2080	2330	0.147	0.0902	25800
	320	872	1.985	147	169	0.143	0.0825	2040
	360	848	2.160	24.8	29.3	0.139	0.0757	386
	400	824	2.336	9.14	11.1	0.134	0.0698	159
スピンドル油	300	867	1.880	10.2	11.80	0.144	0.0908	130
	320	854	1.964	5.68	6.65	0.143	0.0851	78.2
	340	841	2.047	3.62	4.30	0.142	0.0822	52.4
	360	828	2.131	2.49	3.01	0.140	0.0795	37.8
	380	815	2.215	1.81	2.22	0.139	0.0771	28.8
	400	802	2.299	1.44	1.79	0.138	0.0748	24.0
ケロシン	280	825	1.94	1.826	2.213	0.1181	0.0738	30.0
	320	803	2.13	0.992	1.235	0.1121	0.0655	18.9
	360	775	2.32	0.62	0.800	0.1061	0.0590	13.6
	400	746	2.52	0.433	0.580	0.1000	0.0532	10.9
	440	714	2.72	0.324	0.454	0.0939	0.0484	9.38
ガソリン	280	762	2.00	0.652	0.856	0.1190	0.0781	10.96
	300	746	2.09	0.488	0.654	0.1150	0.0738	8.86
	320	729	2.18	0.384	0.527	0.1110	0.0698	7.55
	340	711	2.28	0.308	0.433	0.1070	0.0660	6.56
	360	693	2.38	0.252	0.364	0.1031	0.0625	5.82
グリセリン	280	1267	2.272	5500	4340	0.285	0.0990	43800
	300	1257	2.385	782	622	0.288	0.0961	6480
	320	1246	2.497	180	144.5	0.291	0.0935	1550
	340	1234	2.608	55.3	44.8	0.293	0.0910	492
	360	1219	2.718	36.3	29.8	0.296	0.0893	333
	380	1202	2.827	11.2	9.32	0.299	0.0880	106
エチレングリコール	280	1126	2.326	39.3	34.9	0.255	0.0973	359
	300	1112	2.416	15.7	14.10	0.258	0.0959	147
	320	1098	2.505	7.79	7.09	0.260	0.0946	75.0
	340	1083	2.595	4.45	4.11	0.263	0.0936	43.9
	360	1069	2.684	2.92	2.73	0.266	0.0926	29.5
	380	1055	2.772	2.25	2.14	0.268	0.0918	23.3
エタノール	280	800.5	2.294	1.558	1.946	0.1719	0.0936	20.79
	300	783.5	2.451	1.045	1.334	0.1660	0.0864	15.43
	320	766.1	2.639	0.7312	0.954	0.1601	0.0792	12.05
	340	748.8	2.862	0.5307	0.709	0.1541	0.0719	9.86
	360	729.3	3.121	0.3958	0.543	0.1482	0.0651	8.34
ナトリウム (溶融金属)	700	849	1.32	0.274	0.323	70.8	63.2	0.0051
	800	826	1.30	0.232	0.281	66.1	61.6	0.0046
	900	802	1.29	0.199	0.248	61.2	59.2	0.0042
	1000	777	1.28	0.174	0.224	56.3	56.6	0.0040
	1100	753	1.28	0.157	0.208	51.4	53.3	0.0039
Na$_2$CO$_3$ (溶融炭酸塩)	1150	1963	1.83	3.7	1.88			
	1200	1941	1.85	2.32	1.20			
	1250	1919	1.87	1.48	0.77			

出典：日本機械学会：伝熱工学資料 改訂第4版，日本機械学会 (1986) p.323-327 のデータを抜粋して用語，単位等の修正を行って作成

表 E.5 飽和水蒸気の性質

温度 [K]	温度 [°C]	密度 [kg/m³]	粘度 [Pa·s] ×10⁻⁶	動粘度 [m²/s] ×10⁻⁶	定圧比熱 [kJ/(kg·K)]	熱伝導率 [W/(m·K)]	プラントル数 [-]	熱拡散率 [m²/s] ×10⁻⁷	比エンタルピー [kJ/kg]
333.15	60	0.130418	10.93	83.84	1.966	0.02110	1.019	822.9	2608.85
353.15	80	0.293663	11.59	39.48	2.012	0.02286	1.020	386.9	2643.01
373.15	100	0.598136	12.27	20.51	2.077	0.02479	1.028	199.5	2675.57
393.15	120	1.12195	12.96	11.55	2.174	0.02696	1.045	110.5	2705.93
413.15	140	1.96649	13.65	6.940	2.311	0.02942	1.072	64.74	2733.44
433.15	160	3.25926	14.34	4.399	2.492	0.03222	1.109	39.67	2757.43
453.15	180	5.15832	15.03	2.913	2.716	0.03542	1.152	25.28	2777.22
473.15	200	7.86026	15.71	1.999	2.990	0.03910	1.202	16.64	2792.06
498.15	225	12.7533	16.59	1.301	3.425	0.04451	1.276	10.19	2802.26
523.15	250	19.9654	17.49	0.8762	4.012	0.05116	1.372	6.387	2801.01
548.15	275	30.5183	18.48	0.6057	4.852	0.05974	1.502	4.034	2785.14
573.15	300	46.1615	19.65	0.4257	6.223	0.07175	1.704	2.498	2749.57
598.15	325	70.4785	21.21	0.3009	8.869	0.09127	2.061	1.460	2684.48
623.15	350	113.624	23.82	0.2096	16.64	0.1345	2.946	0.7114	2563.59
646.15	373	248.681	33.22	0.1336	401.1	0.5070	26.28	0.05083	2227.55

出典:日本機械学会:日本機械学会 蒸気表 1999, 丸善 (1999)

付録E 諸物性値　　　285

表 E.6　水蒸気の性質

(圧力：0.1 MPa)

温度 [K]	温度 [°C]	密度 [kg/m³]	粘度 [Pa·s] ×10⁻⁶	動粘度 [m²/s] ×10⁻⁶	定圧比熱 [kJ/(kg·K)]	熱伝導率 [W/(m·K)]	プラントル数 [—]	熱拡散率 [m²/s] ×10⁻⁴	比エンタルピー [kJ/kg]
373.15	100	0.58962	12.27	20.81	2.074	0.02478	1.027	0.2026	2675.77
393.15	120	0.55766	13.02	23.35	2.019	0.02629	1.000	0.2335	2716.61
413.15	140	0.52935	13.79	26.06	1.993	0.02794	0.9840	0.2648	2756.70
433.15	160	0.50401	14.58	28.92	1.980	0.02968	0.9726	0.2974	2796.42
453.15	180	0.48112	15.37	31.95	1.976	0.03149	0.9642	0.3312	2835.97
473.15	200	0.46030	16.18	35.14	1.976	0.03337	0.9578	0.3669	2875.48
493.15	220	0.44129	16.99	38.50	1.979	0.03530	0.9527	0.4042	2915.02
513.15	240	0.42380	17.81	42.02	1.985	0.03727	0.9486	0.4430	2954.66
533.15	260	0.40770	18.63	45.70	1.993	0.03930	0.9450	0.4837	2994.45
553.15	280	0.39279	19.46	49.54	2.002	0.04137	0.9417	0.5261	3034.40
573.15	300	0.37895	20.29	53.54	2.012	0.04349	0.9387	0.5704	3074.54
623.15	350	0.34831	22.37	64.23	2.040	0.04897	0.9317	0.6892	3175.82
673.15	400	0.32230	24.45	75.86	2.070	0.05471	0.9249	0.8200	3278.54
723.15	450	0.29992	26.52	88.43	2.101	0.06069	0.9183	0.9631	3382.81
773.15	500	0.28046	28.57	101.9	2.135	0.06690	0.9118	1.117	3488.71
823.15	550	0.26338	30.61	116.2	2.169	0.07330	0.9055	1.283	3596.28
873.15	600	0.24827	32.62	131.4	2.203	0.07990	0.8994	1.461	3705.57

出典：日本機械学会：日本機械学会　蒸気表 1999, 丸善 (1999)

表 E.7　温度基準飽和表

温度		圧力 [MPa]	比体積 [m³/kg]		比エンタルピー [kJ/kg]			比エントロピー [kJ/(kg K)]	
$t[°C]$	$T[K]$	p	v'	v''	h'	h''	$h''-h'$	s'	s''
*0	273.15	0.00061121	0.00100021	206.140	−0.04	2500.89	2500.93	−0.00015	9.15576
0.01	273.16	0.00061166	0.00100021	205.997	0.00	2500.91	2500.91	0.00000	9.15549
2	275.15	0.00070599	0.00100011	179.764	8.39	2504.57	2496.17	0.03061	9.10267
4	277.15	0.00081355	0.00100007	157.121	16.81	2508.24	2491.42	0.06110	9.05056
6	279.15	0.00093535	0.00100011	137.638	25.22	2511.91	2486.68	0.09134	8.99940
8	281.15	0.0010730	0.00100020	120.834	33.63	2515.57	2481.94	0.12133	8.94917
10	283.15	0.0012282	0.00100035	106.309	42.02	2519.23	2477.21	0.15109	8.89985
12	285.15	0.0014028	0.00100055	93.7243	50.41	2522.89	2472.48	0.18061	8.85141
14	287.15	0.0015989	0.00100080	82.7981	58.79	2526.54	2467.75	0.20990	8.80384
16	289.15	0.0018188	0.00100110	73.2915	67.17	2530.19	2463.01	0.23898	8.75712
18	291.15	0.0020647	0.00100145	65.0029	75.55	2533.83	2458.28	0.26785	8.71122
20	293.15	0.0023392	0.00100184	57.7615	83.92	2537.47	2453.55	0.29650	8.66612
22	295.15	0.0026452	0.00100228	51.4225	92.29	2541.10	2448.81	0.32495	8.62182
24	297.15	0.0029856	0.00100275	45.8626	100.66	2544.73	2444.08	0.35320	8.57828
26	299.15	0.0033637	0.00100327	40.9768	109.02	2548.35	2439.33	0.38126	8.53550
28	301.15	0.0037828	0.00100382	36.6754	117.38	2551.97	2434.59	0.40912	8.49345
30	303.15	0.0042467	0.00100441	32.8816	125.75	2555.58	2429.84	0.43679	8.45211
32	305.15	0.0047592	0.00100504	29.5295	134.11	2559.19	2425.08	0.46428	8.41148
34	307.15	0.0053247	0.00100570	26.5624	142.47	2562.79	2420.32	0.49158	8.37154
36	309.15	0.0059475	0.00100639	23.9318	150.82	2566.38	2415.56	0.51871	8.33226
38	311.15	0.0066324	0.00100712	21.5954	159.18	2569.96	2410.78	0.54566	8.29365
40	313.15	0.0073844	0.00100788	19.5170	167.54	2573.54	2406.00	0.57243	8.25567
42	315.15	0.0082090	0.00100867	17.6652	175.90	2577.11	2401.21	0.59903	8.21832
44	317.15	0.0091118	0.00100949	16.0126	184.26	2580.67	2396.42	0.62547	8.18158
46	319.15	0.010099	0.00101034	14.5355	192.62	2584.23	2391.61	0.65174	8.14544
48	321.15	0.011176	0.00101123	13.2132	200.98	2587.77	2386.80	0.67785	8.10989
50	323.15	0.012351	0.00101214	12.0279	209.34	2591.31	2381.97	0.70379	8.07491
55	328.15	0.015761	0.00101454	9.56492	230.24	2600.11	2369.87	0.76798	7.98989
60	333.15	0.019946	0.00101711	7.66766	251.15	2608.85	2357.69	0.83122	7.90817
65	338.15	0.025041	0.00101985	6.19383	272.08	2617.51	2345.43	0.89354	7.82960
70	343.15	0.031201	0.00102276	5.03973	293.02	2626.10	2333.08	0.95499	7.75399
75	348.15	0.038595	0.00102582	4.12908	313.97	2634.60	2320.63	1.01560	7.68118
80	353.15	0.047415	0.00102904	3.40527	334.95	2643.01	2308.07	1.07539	7.61102
85	358.15	0.057867	0.00103242	2.82593	355.95	2651.33	2295.38	1.13440	7.54336
90	363.15	0.070182	0.00103594	2.35915	376.97	2659.53	2282.56	1.19266	7.47807
95	368.15	0.084609	0.00103962	1.98065	398.02	2667.61	2269.60	1.25019	7.41502
99.974	373.124	0.101325	0.00104344	1.67330	418.99	2675.53	2256.54	1.30672	7.35439
100	373.15	0.10142	0.00104346	1.67186	419.10	2675.57	2256.47	1.30701	7.35408
110	383.15	0.14338	0.00105158	1.20939	461.36	2691.07	2229.70	1.41867	7.23805
120	393.15	0.19867	0.00106033	0.891304	503.78	2705.93	2202.15	1.52782	7.12909

付録E 諸物性値

表 E.7 温度基準飽和表（つづき）

温度		圧力 [MPa]	比体積 [m³/kg]		比エンタルピー [kJ/kg]			比エントロピー [kJ/(kg K)]	
$t[°C]$	$T[K]$	p	v'	v''	h'	h''	$h''-h'$	s'	s''
130	403.15	0.27026	0.00106971	0.668084	546.39	2720.09	2173.70	1.63463	7.02641
140	413.15	0.36150	0.00107976	0.508519	589.20	2733.44	2144.24	1.73929	6.92927
150	423.15	0.47610	0.00109050	0.392502	632.25	2745.92	2113.67	1.84195	6.83703
160	433.15	0.61814	0.00110199	0.306818	675.57	2757.43	2081.86	1.94278	6.74910
170	443.15	0.79205	0.00111426	0.242616	719.21	2767.89	2048.69	2.04192	6.66495
180	453.15	1.0026	0.00112739	0.193862	763.19	2777.22	2014.03	2.13954	6.58407
190	463.15	1.2550	0.00114144	0.156377	807.57	2785.31	1977.74	2.23578	6.50600
200	473.15	1.5547	0.00115651	0.127222	852.39	2792.06	1939.67	2.33080	6.43030
210	483.15	1.9074	0.00117271	0.104302	897.73	2797.35	1899.62	2.42476	6.35652
220	493.15	2.3193	0.00119016	0.0861007	943.64	2801.05	1857.41	2.51782	6.28425
230	503.15	2.7968	0.00120901	0.0715102	990.21	2803.01	1812.80	2.61015	6.21306
240	513.15	3.3467	0.00122946	0.0597101	1037.52	2803.06	1765.54	2.70194	6.14253
250	523.15	3.9759	0.00125174	0.0500866	1085.69	2801.01	1715.33	2.79339	6.07222
260	533.15	4.6921	0.00127613	0.0421755	1134.83	2796.64	1661.82	2.88472	6.00169
270	543.15	5.5028	0.00130301	0.0356224	1185.09	2789.69	1604.60	2.97618	5.93042
280	553.15	6.4165	0.00133285	0.0301540	1236.67	2779.82	1543.15	3.06807	5.85783
290	563.15	7.4416	0.00136629	0.0255568	1289.80	2766.63	1476.84	3.16077	5.78323
300	573.15	8.5877	0.00140422	0.0216631	1344.77	2749.57	1404.80	3.25474	5.70576
310	583.15	9.8647	0.00144788	0.0183389	1402.00	2727.92	1325.92	3.35058	5.62430
320	593.15	11.284	0.00149906	0.0154759	1462.05	2700.67	1238.62	3.44912	5.53732
330	603.15	12.858	0.00156060	0.0129840	1525.74	2666.25	1140.51	3.55156	5.44248
340	613.15	14.600	0.00163751	0.0107838	1594.45	2622.07	1027.62	3.65995	5.33591
350	623.15	16.529	0.00174007	0.00880093	1670.86	2563.59	892.73	3.77828	5.21089
360	633.15	18.666	0.00189451	0.00694494	1761.49	2480.99	719.50	3.91636	5.05273
370	643.15	21.043	0.00222209	0.00494620	1892.64	2333.50	440.86	4.11415	4.79962
373.946	647.096	22.064	0.00310559	0.00310559	2087.55	2087.55	0	4.41202	4.41202

（注）右肩記号（'），（"）は飽和水および飽和水蒸気の状態を表す
出典：日本機械学会：1999 蒸気表，丸善(1999)より作成

表 E.8 気体の性質 (圧力：101.325kPa)

物質	温度 $T[°C]$	温度 $T[K]$	密度 $\rho[kg/m^3]$	定圧比熱 $c_p[kJ/(kg\,K)]$	粘度 $\mu[Pa\,s]$ $\times 10^{-6}$	動粘度 $\nu[m^2/s]$ $\times 10^{-4}$	熱伝導率 $k[W/(m\,K)]$	Pr $[-]$
ヘリウム (He)	−100	173	0.28147	5.193	13.75	0.489	0.1069	0.668
	0	273	0.17848	5.193	18.69	1.047	0.1462	0.664
	100	373	0.13067	5.193	23.15	1.772	0.1790	0.672
	200	473	0.10306	5.193	27.29	2.648	0.2126	0.667
	300	573	0.08509	5.193	31.19	3.666	0.2441	0.663
水素 (H_2)	−100	173	0.14179	11.29	6.18	0.436	0.1152	0.605
	0	273	0.089880	14.19	8.41	0.936	0.1683	0.709
	100	373	0.065800	14.45	10.36	1.574	0.2144	0.698
	200	473	0.051898	14.51	12.13	2.338	0.2561	0.688
	300	573	0.042846	14.54	13.81	3.222	0.2946	0.682
窒素 (N_2)	−100	173	1.9789	1.045	11.39	0.0575	0.01659	0.717
	0	273	1.2504	1.041	16.65	0.1332	0.02423	0.716
	100	373	0.91470	1.043	21.10	0.2307	0.03075	0.716
	200	473	0.72125	1.053	25.04	0.3472	0.03672	0.718
	300	573	0.59539	1.070	28.62	0.4807	0.04247	0.721
酸素 (O_2)	−100	173	2.2629	0.917	13.02	0.0575	0.01613	0.740
	0	273	1.4290	0.917	19.20	0.1344	0.02425	0.726
	100	373	1.0452	0.935	24.94	0.2386	0.03125	0.746
	200	473	0.82405	0.964	29.15	0.3537	0.03876	0.725
	300	573	0.68021	0.995	33.31	0.4897	0.04653	0.712
二酸化炭素 (CO_2)	−50	223	2.4358	0.7872	11.34	0.0466	0.01127	0.792
	0	273	1.9769	0.8261	13.75	0.0695	0.01464	0.776
	100	373	1.4407	0.9193	18.58	0.1290	0.02223	0.768
	200	473	1.1346	0.9969	23.04	0.2030	0.03036	0.756
	300	573	0.93608	1.061	27.07	0.2892	0.03839	0.748
アンモニア (NH_3)	−30	243	0.8758	2.276	8.164	0.09322	0.02112	0.880
	0	273	0.7715	2.179	9.193	0.1192	0.02292	0.874
	100	373	0.5587	2.239	12.93	0.2314	0.03344	0.866
	200	473	0.4395	2.426	16.82	0.3827	0.04870	0.838
	300	573	0.3624	2.645	20.67	0.5704	0.06477	0.844
メタン (CH_4)	−100	173	1.13998	2.107	6.96	0.0611		
	0	273	0.71743	2.181	10.53	0.1468		
	100	373	0.52430	2.443	13.71	0.2615	0.04512	0.742
	200	473	0.41325	2.800	16.43	0.3977	0.06210	0.741
	300	573	0.34107	3.174	18.77	0.5503	0.08091	0.736

出典：日本機械学会編：機械工学便覧基礎編 α5 熱工学，日本機械学会 (2006) p.142-143 のデータを抜粋して用語，単位等の修正を行って作成

表 E.9 物質の射出率

物質名	表面状態・性状	放射率, ε [−]	温度, T [K]
金属とそれらの酸化面			
アルミニウム	高度研磨面（純度：98.3%）	0.039-0.057	498-848
	酸化面	0.20-0.31	421-777
黄銅	高度研磨面（82.9%Cu, 17.0%Zn）	0.03	550
	非光沢面	0.22	322-622
銅	研磨面	0.052	373
	酸化面	0.78	298
金	高度研磨面	0.018-0.035	500-900
鋼	研磨面	0.066	373
	酸化面	0.8	297
鉄	研磨面	0.14-0.38	700-1300
	酸化面	0.61	293
鉛	非酸化（純度：99.9%）	0.057-0.075	400-500
	灰色酸化面	0.28	297
モリブデン	フィラメント	0.096-0.202	1000-2866
	研磨面	0.071	373
ニッケル	研磨面	0.072	373
	酸化面	0.59-0.86	923-1528
ニクロム線	輝面	0.65-0.79	323-1273
	酸化面	0.95-0.98	323-773
白金	研磨面	0.054-0.104	498-898
銀	研磨面	0.020-0.032	498-898
ステンレス鋼	研磨面	0.074	373
その他の材料			
れんが	赤れんが、粗面	0.93	294
	耐火れんが	0.75	1273
炭素	フィラメント	0.526	1308-1673
	粗面	0.77	373-593
ガラス	滑面	0.94	295
	パイレックス、鉛ガラス	0.95-0.85	533-813
ラッカー	黒色・白色	0.80-0.95	311-366
	黒色（つや消し）	0.96-0.98	311-366
水		0.95-0.963	273-373

出典：J. P. Holman: Heat Transfer Seventh Edition in SI units, McGraw-Hill Book Inc.（1992）p. 664-665 より抜粋・翻訳（一部変更）して作成

表 E.10 配管サイズ

呼び径		外径	内径
B	A	[mm]	[mm]
1/8	6	10.5	6.5
1/4	8	13.8	9.2
3/8	10	17.3	12.7
1/2	15	21.7	16.1
3/4	20	27.2	21.6
1	25	34.0	27.6
1 1/4	32	42.7	35.7
1 1/2	40	48.6	41.6
2	50	60.5	52.9
2 1/2	65	76.3	67.9
3	80	89.1	80.7
4	100	114.3	105.3
5	125	139.8	130.8
6	150	165.2	155.2
8	200	216.3	204.7
10	250	267.4	254.2
12	300	318.5	304.7

[**参考文献**]

1) 架谷昌信 監修：最新 伝熱計測技術ハンドブック，㈱テクノシステム，2011

演習問題略解

1.1 (1) $M \cdot L \cdot \Theta^{-3} \cdot T^{-1}$
  (2) $M \cdot L^{-1} \cdot \Theta^{-1}$
  (3) $L^2 \cdot \Theta^{-2}$
  (4) $M \cdot L^2 \cdot \Theta^{-2} \cdot S^{-1} \cdot T^{-1}$
  (5) $M \cdot L^2 \cdot \Theta^{-3} \cdot A^{-1}$

1.2 998.3 kg·m^{-3}

1.3 980.5 kPa

1.4 1.00 kcal = 4.19 kJ = 1.16×10^{-3} kWh, 1.00 Btu = 1.06 kJ = 2.93×10^{-4} kWh

1.5 1.00 kgf = 9.81 N, 1.00 lbf = 4.45 N

1.6 8.0 MJ

1.7 (1) 5.60×10^3 atm^2
  (2) -48.3 kJ·mol^{-1}

1.8 125 W

1.9 23.2 kg·h^{-1}（留出液）
  26.9 kg·h^{-1}（缶出液）

1.10 0.085 kg

1.11 11.40×10^4 kJ·h^{-1}

2.1 a) $Re = 1.09 \times 10^4$ 乱流
  b) $Re = 1900$ 層流
  c) $\Delta P = 2.20 \times 10^{-3}$ Pa

2.2 $(2gH)^{1/2}$（流出速度），
  $\dfrac{1}{4}\pi d^2 (2gH)^{1/2}$（流量）

2.3 1.30×10^5 Pa

2.4 2.12×10^{-3} Pa·s

2.5 $u_s(r) = \dfrac{1}{4\mu}(R^2 - r^2)\left(\dfrac{\Delta P}{L} - \rho g \sin\theta\right)$ [m·s^{-1}]

$$\Delta P_{\min} = \rho g L \sin\theta \text{ [Pa]}$$

2.6 $\dfrac{4.63\times 10^{-3}\left(1-\dfrac{l_1^2}{l_2^2}\right)^2}{\pi^2 l_1^4}$ [kW]

2.7 $1000 \cdot \dfrac{5}{60}\left\{9.81\times([\text{学籍番号下 2 桁}]+2)+\dfrac{(500-200)\times 10^3}{1000}\right\}/0.8$

2.8 2.93 kW

2.9 3.4 kW

2.10 235 W

3.1 2990 W·m^{-2}(ガラス)

2.93 W·m^{-2}(ペアガラス)

92.9 W·m^{-2}(ペアガラス)

3.2 30.9 W·m^{-2}·K^{-1}

3.3 4.51×10^3 W·m^{-2}·K^{-1}

3.4 10.2 W·m^{-1}(裸管)

11.2 W·m^{-1}(3 mm の断熱材)

9.3 W·m^{-1}(15 mm の断熱材)

3.5 1.34×10^3 W

3.6 外管から内管に向かって 4.64 W 流入する．

3.7 793℃(1, 2 層間)

327℃(2, 3 層間)

3.8 96.4 W/m(A を内側)

82.3 W/m(B を内側)

よって，B を内側に巻いた方が約 15 ％程度 A を内側に巻いた場合より放熱量は減少する．

3.9 27.1 K(並流)

42.5 K(向流)

3.10 36.1 K(胴側 1 シェル・管側 2 パス型)

37.0 K(直交流型)

3.11 13.0 m^2

3.12 95.9×10^3 W（交換熱量）

374 K（重油出口温度）

演習問題略解   293

4.1 等モル相互拡散速度
$N_A = 3.01 \times 10^{-4}\,\mathrm{mol\cdot m^{-2}\cdot s^{-1}}$
一方拡散速度 $N_A = 3.09 \times 10^{-4}\,\mathrm{mol\cdot m^{-2}\cdot s^{-1}}$

4.2 $K_G = 2.62 \times 10^{-6}\,\mathrm{mol\cdot m^{-2}\cdot s^{-1}\cdot Pa^{-1}}$, $K_L = 4.06 \times 10^{-6}\,\mathrm{m\cdot s^{-1}}$

4.3 $k_p = \dfrac{k_c}{RT},\quad k_y = \dfrac{Pk_c}{RT}$

4.4 $y = \dfrac{2.43x}{1+1.43x}$

4.5 51 mol %

4.6 38 mol %

4.7 最小理論段数は 12 段.
理論段数は 25 段.

4.8 1.95×10^{-3} kg (293 K)
0.57×10^{-4} kg (323 K)
メタンの水への溶解量は，30 K の温度上昇により約 74% 減少する．

4.9 1.06

4.10 1) $2.00\,\mathrm{kg\cdot m^{-2}\cdot s^{-1}}$
2) 0.42 m
3) $0.909\,\mathrm{kPa\cdot m^{-1}}$

4.11 1.6 m

4.12 $4.75 \times 10^{-2}\,\mathrm{mol\cdot m^{-3}}$

4.13 吸着帯長さ $Z_a = 4.64 \times 10^{-2}$ m
総括容量係数 $0.0875\,\mathrm{s^{-1}}$

4.14 蒸気分圧 2.54 kPa
絶対湿度 0.0160 kg-蒸気・kg^{-1}-乾き空気
飽和度 58.8%
湿球温度 297 K, 露点 293 K
383.15 K まで加熱したとき，
関係湿度 1.77%
湿球温度 312 K, 露点 293 K

4.15 0.0079 kg-蒸気・kg^{-1}-乾き空気, 飽和度 79%

4.16 補給水量 12.2 kg/h
予熱温度 380 K

4.17 $\quad Z = \dfrac{G_0}{k_H a}\ln\!\left(\dfrac{H_s-H_1}{H_s-H_2}\right) = \dfrac{G_0 C_H}{ha}\ln\!\left(\dfrac{T_{g1}-H_s}{H_{g2}-H_s}\right)$

4.18 $\quad w = \dfrac{w'}{1-w'}\ $ または $\ w' = \dfrac{w}{1+w}$

4.19 $\quad 0.20\times 10^{-3}$ kg—水・$\mathrm{m}^{-2}\cdot\mathrm{s}^{-1}$

4.20 $\quad 24100$ s

4.21 恒率乾燥区間 $3.57\ \mathrm{m}^3$
　　　減率乾燥区間 $7.92\ \mathrm{m}^3$

5.1 （省略）

5.2 粒度区間に存在する粒子の割合/粒度区間の幅

5.3 0.0103 mm

5.4 88.3%

5.5 重力式，慣性力式，遠心力式，電気式，ろ過式，洗浄式．電気集塵機の原理は，放電極と平板状の集塵極の間にコロナ放電を行い気流中の粒子を帯電させて捕集する．特徴は，$1\,\mu\mathrm{m}$ 以下の微粒子も捕集でき，捕集された粒子の除去方法には湿式と乾式がある．

5.6 反応性，溶解性，流動性，混合性，成形性，輸送供給性などの特性が向上する．$20\,\mu\mathrm{m}$ 程度の微粉体の場合，比表面積の増大により反応性，溶解性などは向上するが，その半面で，付着性の増大により流動性，成形性などが悪くなり，ハンドリングに支障が生じる．

5.7 超微粉砕は，数 $\mu\mathrm{m}$ 以下まで粉砕する操作をいい，ボールミル，媒体撹拌ミルでは，粉砕媒体であるボールのサイズを小さくすることで実現している．ジェットミルはきわめて強い剪断力・圧縮力を粒子に与える．

5.8 造粒とは粉体を粒状にする操作をいい，使用する場合に最も便利な形態に調整する操作である．造粒は各種工業分野における流動性，成形性，反応性，溶融性などの向上を目的として行われる．医薬品，食品など最終製品の場合は，味覚，服用性，保存性，流動性などの向上を目的とする．

5.9 対流混合：容器や撹拌翼の回転，あるいは気流によって粉体粒子群の位置が大きく移動し混合を促進する形式．剪断混合：粉体層内の速度分布によって生じる粒子相互のすべりや衝突，撹拌翼と容器壁や底面との間に生じる剪断作用による粒子群の解砕による混合．拡散混合：近接した粉粒体相互の位置交換による局所的な混合機構．

5.10 （省略）

6.1 量論式は，$CH_4 + 2O_2 \rightarrow 2H_2O + CO_2$
$r_{CH_4} = -20.0 \text{ mol·m}^{-3}\text{·s}^{-1}$
$r_{O_2} = -40.0 \text{ mol·m}^{-3}\text{·s}^{-1}$
$r_{H_2O} = 40.0 \text{ mol·m}^{-3}\text{·s}^{-1}$
$r_{CO_2} = -20.0 \text{ mol·m}^{-3}\text{·s}^{-1}$

6.2
$r_A = -r_1 - 2r_2$
$r_B = -r_1$
$r_C = 2r_1 - 2r_2$
$r_D = r_{2A}$

6.3 509.1 K

6.4 （省略）

6.5 (1) $\dfrac{C_{A1}}{C_{A0}} = \dfrac{1}{1+k\tau}$

(2) $1 - X_A = \dfrac{C_{A2}}{C_{A0}}$

(3) $1 - X_A = \dfrac{1}{(1+k\tau)^N}$

6.6 （省略）

6.7
$$\ln K_T = \frac{1}{R}\left(-\frac{-4.355 \times 10^4}{T} - 11.44(\ln T) + \frac{3.456 \times 10^{-2}}{2}T - \frac{1.339 \times 10^{-5}}{6}T^2\right) - 7.068$$

6.8 約 13.6 分

6.9 （省略）

6.10 (1) $D = \mu$, (2) $X = Y\left(C_{s,0} - \dfrac{K_s D}{\mu_m - D}\right)$, (3) $620 \text{ mg·}l^{-1}$

6.11 $0.32 \text{ kg-BOD·kg}^{-1}\text{-MLSS·d}^{-1}$

6.12 (1) 約 91％, (2) 7.5 d, (3) $1600 \text{ mg·}l^{-1}$, (4) 0.36, (5) 1.8 d^{-1}

7.1 $y(t) = 2 - 2e^{-(t-5)/8}, \quad t \geq 5$

ただし，$y(t) = 0$ $(t < 5)$．概形は省略．

7.2 (省略)

7.3 (省略)

7.4 (1) $|Q(j\omega)| = \dfrac{5}{\sqrt{1+100\omega^2}}$, $\angle Q(j\omega) = -\omega - \tan^{-1} 10\omega$

$\omega_p = 1.63$, $-20 \log_{10} |Q(j\omega_p)| = 10.3 \text{ dB}$

(2) $K_p = 1.96$, $T_I = 1.93$, $T_D = 0.481$

索引

〈ア 行〉

圧縮性流体　compressible fluid ……………25
圧力損失　pressure drop ………………35
アレニウス式　Arrhenius equation ………187
アンカー翼　Anchor impeller ……………58
安定　stable ……………………………252
異化　catabolism ………………………228
行過ぎ量　overshoot ……………………256
イギリス制単位　British System of Units
　……………………………………2, 20
位相角　phase angle ……………………244
位相線図　phase diagram ………………244
位相余裕　phase margin ………………254
位置エネルギー　potential energy ………5
1次遅れ要素　first-order system ………246
溢汪速度　flooding rate …………………128
溢汪点　flooding point …………………128
一方拡散　unidirectional diffusion ……108
移動層　moving bed ……………………48
移動層吸着　moving bed adsorption ……140
移動層反応器　moving bed reactor ……213
移動単位数（NTU）number of transfer units
　……………………………………92
インパルス応答　impulse response ……243
ウィーンの変移則　Wien's displacement law
　……………………………………73
運動エネルギー　kinetic energy …………5
運動方程式　equation of motion ………32
運動量　momentum ……………………24
運動量流束　momentum flux ……………24
液ホールドアップ　liquid hold-up ……128
エクセルギー　exergy ……………………12
エクセルギー効率　exergy efficiency ……13
エネルギー収支　energy balance ………14
エマルション　emulsion …………………47
遠心分離　centrifugation ………………53

エンタルピー　enthalpy ……………20, 259
エンタルピー収支　enthalpy balance ……19
エントロピー　entropy ……………6, 13
大型翼　large impeller …………………56
押し出し流れ　plug flow, piston flow ……191
オリフィス管　orifice tube ……………42
温度境界層　temperature boundary layer 68
温度勾配　temperature gradient ………63
温度差補正係数　correction factor for logarith-
　mic mean temperature difference ……88
温度測定　temperature measurement ……98

〈カ 行〉

外部表面積　external surface area ………160
回分式操作　batch operation …………190
界面反応　interfacial reaction …………185
外乱　disturbance ………………………238
開ループ伝達関数　open-loop transfer func-
　tion ………………………………252
化学反応律速　chemical reaction control 201
化学反応量論式　stoichiometric equation 183
化学平衡　chemical equilibration ………186
化学平衡状態　chemical equilibrium (state)
　……………………………………8
化学ポテンシャル　chemical potential ……18
化学量論係数　stoichiometric coefficient …183
化学量論数　stoichiometric coefficient ……9
可逆反応　reversible reaction …………186
可逆変化　reversible change ……………6
拡散　diffusion ……………………………107
拡散係数　diffusion coefficient, diffusivity
　……………………………………108
拡散モデル　diffusion model ……………201
撹拌　agitation ……………………………173
撹拌所要動力　power consumption ……56
撹拌槽　stirred tank, mixing vessel ……49, 55
撹拌槽吸着　stirred tank adsorption ……139

索　引

撹拌翼　mixing impeller ……………55
過剰反応物質　excess reactant …………17
ガス吸着法　gas adsorption isotherms…161
カスケード利用　cascade availability………13
ガス中蒸発法　gas evaporation method (or technique) …………………176
活性汚泥　activated sludge ……………230
活性汚泥浮遊物質　mixed liquor suspended solids (MLSS) …………………233
活性汚泥法　activated sludge process……230
活性化エネルギー　activation energy
　…………………………………187, 201
活量 (活動度)　activity ………………8
過渡応答　transient response …………243
ガリレイ数　Galilei number …………111
カルノーサイクル　Carnot cycle…10, 21, 261
管型反応器　plug flow reactor (PFR), tubular reactor …………………191, 196, 213
関係湿度　relative humidity ……………144
含水率　moisture content ……………147
完全混合　perfect mixing ………………191
完全邪魔板条件　fully baffled condition……56
乾燥　drying ……………………144
乾燥速度　drying rate ………………147
乾燥特性　drying characteristic ………148
乾燥特性曲線　drying characteristic curve
　…………………………………149
還流比　reflux ratio ……………119
気液平衡　gas-liquid equilibrium ………113
機械的エネルギー　mechanical energy ……10
幾何学的径　geometric particle diameter 157
キックの式　Kick's equation ……………167
揮発性物質　volatile substance …………80
揮発度　volatility ………………114
ギブスの自由エネルギー　Gibbs free energy
　…………………………………8
ギブスの自由エネルギー変化 (量)　change in Gibbs free energy …………………8
気泡塔　bubble column …………48, 127
基本単位　base unit ……………1, 259
キャビテーション　cavitation …………37
キャリブレーション　calibration …………44
吸収　absorption ………………123

吸収速度　absorption rate ……………124
吸収率　absorptivity ……………72
吸着　adsorption ………………123
吸着剤　adsorbent ………………135
吸着速度　rate of adsorption ……………137
吸着平衡　adsorption equilibrium…………136
境界層　boundary layer ………………25
境界層内拡散律速　diffusion control in boundary layer …………………201
凝縮　condensation………………69
凝縮器　condenser ………………85
強制対流　forced convection ……………69
境膜モデル　boundary film model ………111
境膜容量係数　individual film coefficient on a volume basis …………………132
極　pole ……………………250
キルヒホッフの法則　Kirchhoff's law ……73
均一相反応　homogeneous reaction ………183
均一反応操作　operation by homogeneous reaction …………………189
均一反応モデル　homogeneous reaction model
　…………………………………201
菌体収率　yield coefficient, cell yield ……229
空気透過法　air permeability pycnometer 161
空気力学的径　aerodynamic particle diameter
　…………………………………158
グラスホフ数　Grashof number …………69
系　system ……………4, 11, 260
形態係数　shape factor, view factor, configuration factor …………………74
ゲイン　gain ………………244
ゲイン線図　gain diagram …………244
ゲイン余裕　gain margin ……………254
ゲル-ゾル法　gel-sol process………177
限界含水率　critical moisture content ……150
検出部　sensor ………………239
減衰係数　damping coefficient …………247
限定物質　limiting reactant …………17
原動機　motor ………………10
減率乾燥期間　falling rate period ………149
工学単位系　engineering system of units …2
酵素　enzyme ………………226
恒率 (定率) 乾燥期間　constant rate period

……………………………… *150*
向流　counter flow ……………………… *87*
国際単位系　The International System of Units, SI …………………… *2, 20, 259*
黒体　black body ……………………… *72*
固形物滞留時間　solid retention time（SRT）
……………………………… *231*
固体触媒反応　solid catalyzed reaction
……………………………… *185, 206*
固定層吸着　fixed bed adsorption ………… *140*
固定層反応器　fixed bed reactor ………… *213*
固有角周波数　natural angular frequency *247*
孤立系　isolated system ………………… *5*
混合　mixing ……………………………… *173*
混合平均温度　bulk mean temperature …… *69*
コンパクト型熱交換器　compact heat exchanger ……………………………… *94*

〈サ　行〉

サイクル　cycle …………………… *10, 21*
サイクロン　cyclone ……………………… *165*
細孔径分布　pore size distribution … *135, 161*
細孔容積　pore volume …………………… *135*
最小還流比　minimum reflux ratio ……… *121*
最小流動化速度　minimum fluidization velocity ……………………………… *45*
最小理論段数　minimum theoretical number of stages ……………………………… *121*
最大有効仕事量　maximum effective work load ……………………………… *12*
サージング　surging ……………………… *37*
サーミスタ　thermistor ………………… *97*
三重点　triple point …………………… *96*
時間因子　time factor …………………… *214*
ジーグラ・ニコルスの限界感度法　Ziegler-Nichols ultimate sensitivity method …… *257*
次元　dimension ………………………… *1*
次元式　dimension formula ……… *1, 20, 259*
自己形態係数　self view factor …………… *75*
自己酸化係数　endogenous-decay coefficient
……………………………… *230*
仕事　work ……………………… *5, 10, 260*
仕事量　work load ……………………… *12*

システム方程式　system equation ……… *239*
自然対流　natural convection …………… *69*
湿球温度　wet-bulb temperature ……… *146*
湿度　humidity …………………………… *144*
湿度図表　humidity chart ……………… *144*
質量作用の法則　formula of mass action …… *9*
質量流量　mass flow rate ………………… *28*
時定数　time constant …………………… *246*
死滅係数　endogenous-decay coefficient　*230*
湿りエンタルピー　humid enthalpy …… *144*
湿り比熱　humid specific heat ………… *144*
湿り比容　humid volume ………………… *144*
シャーウッド数　Sherwood number …… *111*
集塵　dust collection …………………… *165*
自由対流　free convection ……………… *69*
充填　packed bed ………………………… *48*
充填塔　packed column ………………… *126*
周波数応答　frequency response ……… *243*
周波数伝達関数　frequency transfer function
……………………………… *244*
周波数特性　frequency characteristic …… *243*
終末速度　terminal velocity …………… *162*
重力換算係数　gravity conversion factor …… *3*
重力単位系　gravitational system of units …… *3*
出力方程式　output equation …………… *239*
シュミット数　Schmidt number ……… *111*
主流　bulk flow ………………………… *68*
晶析法　crystallization method ………… *179*
状態変化　change of state ……………… *6, 10*
状態方程式　state equation …………… *239*
蒸発　evaporation ………………………… *80*
蒸発缶　evaporator ……………………… *81*
正味仕事　net work ……………………… *12*
蒸留　distillation ……………………… *113*
触媒有効係数　effectiveness factor …… *209*
除塵　de-dusting ………………………… *165*
振動性 2 次遅れ要素　second-order oscillatory system ……………………………… *247*
振幅減衰比　damping ratio …………… *256*
水銀圧入法　mercury porosimetry ……… *162*
水撃作用　water hammering ……………… *37*
水理学的滞留時間　hydraulic retention time
……………………………… *232*

索　引

スクラバ　wet scrubber ……………*166*
スケール　scale ………………………*81*
ステップ応答　step response ………*243*
ステファン・ボルツマン定数　Stefan-Boltzmann constant ……………………*73*
ステファン・ボルツマンの法則　Stefan-Boltzmann's law ……………………*73*
ストークス径　stokes diameter ……*158*
スプレー塔　spray column, spray tower ………………………………*48, 127*
制御　control ………………………*237*
制御量　controlled variable ………*238*
生成ギブス自由エネルギー　Gibbs free energy of generation ………………………*9*
整定時間　settling time ……………*255*
精留　rectification …………………*117*
精留塔　rectification column ……*118*
積分時間　integral time ……………*257*
積分動作　integral action …………*257*
積分要素　integral element ………*246*
設計方程式　equation for reactor design…*193*
絶対仕事　absolute work……………*6*
絶対湿度　absolute humidity ……*144*
絶対単位系　absolute system of units ……*2*
絶対値制御面積　integral of absolute error …………………………………*000*
絶対零度　absolute zero point …………*7*
ゼーベック効果　Seebeck effect ……*98*
全圧　total pressure ………………*261*
前指数因子　preexponential factor ………*187*
剪断応力　shear force ………………*24*
全揚程　net pump head ……………*41*
槽型反応器　batch reactor (BR), stirred tank reactor …………………*191, 194, 212*
総括熱伝達係数　overall heat transfer coefficient ……………………………*71, 81*
総括物質移動係数　over-all mass transfer coefficient ………………………………*112*
総括容量係数　over-all composite coefficient of mass transfer ……………………*138*
相互関係　reciprocity law ……………*75*
操作線　operating line ………………*115*
操作部　actuator ……………………*239*

操作量　manipulated variable ………*238*
増殖制限基質　growth-limiting substrate …………………………………*229*
相当径　equivalent particle diameter ……*158*
相当直径　equivalency diameter ……*35*
相当長さ　equivalency length ………*40*
相変化　phase change ………………*69*
層流　laminar flow …………………*26*
造粒　granulation ……………………*169*
総和関係　summation law……………*75*
阻害剤　inhibitor ……………………*227*
粗滑度　roughness ……………………*29*
測温抵抗体　resistance thermometer bulb …………………………………*101*
速度境界層　velocity boundary layer………*68*
素反応　elementary reaction ………*184*
ゾル-ゲル法　sol-gel process………*177*

〈タ 行〉

対数平均温度差　logarithmic mean temperature difference…………………………*87*
代表根　dominant root ………………*256*
対流熱伝達　convective heat transfer ……*68*
多管式熱交換器　shell and tube heat exchanger ……………………………*89*
多重効用缶　multiple effect evaporator ……*83*
立上り時間　rise time ………………*255*
田中の式　Tanaka's equation ………*167*
単位　unit ……………………*1, 20, 259*
単位系　system of units ……………*2*
段効率　stage efficiency ……………*122*
単純反応　simple reaction …………*183*
単蒸留　simple distillation …………*116*
段塔　plate(tray)column ……………*49*
断熱　thermal insulation ……………*76*
断熱変化　adiabatic change …………*11*
断熱冷却線　adiabatic cooling line ……*145*
調湿　humidification ………………*144*
調節器　controller …………………*239*
直交流　cross flow ……………………*87*
沈降分離　sedimentation ……………*53*
定圧比熱　specific heat at constant pressure …………………………………*7*

定圧変化　constant pressure change ……… *13*
定圧ろ過　constant pressure filtration …… *52*
定常位置偏差　offset ………………………*255*
定常状態　steady state ……………………*239*
定速ろ過　constant rate filtration ………… *53*
定方向径　unidirectional particle diameter
　………………………………………………*158*
ティーレ・モジュラス　Thiele modulus …*210*
電磁波　electromagnetic wave ……………… *71*
伝達関数　transfer function ………………*240*
伝熱促進　heat transfer enhancement …… *95*
同化　anabolism ……………………………*228*
透過率　transmissivity ……………………… *72*
凍結乾燥法　freeze drying method ………*179*
動作流体　working fluid …………………*6, 10*
動粘性係数　kinematic viscosity ………… *34*
等モル相互拡散　equimolar counter diffusion
　………………………………………………*111*
動力数　power number ……………………… *56*
特性方程式　characteristic equation………*253*
閉じた系　closed system …………… *5, 8, 13*
ドップラーシフト　Doppler shift ………… *44*
ドレン　drain ………………………………… *80*

〈ナ 行〉

ナイキストの安定判別法　Nyquist stability
　criterion …………………………………*253*
内部エネルギー　internal energy ……… *5, 20*
内部表面積　internal surface area ………*160*
永田の式　Nagata's correlation …………… *57*
ナビア・ストークス　Navier-Stokes ……… *34*
2次遅れ要素　second-order system………*247*
2重管式熱交換器　double tubes heat
　exchanger ………………………………… *87*
2色法　two-color method ………………*103*
ニュートン（分級）効率　Newton's (classifi-
　cation) efficiency …………………………*163*
ニュートンの摩擦法則　Newton's law of vis-
　cosity ……………………………………… *24*
ニュートンの冷却法則　Newton's law of cool-
　ing ………………………………………… *69*
ニュートン流体　Newtonian fluid ………… *25*
ヌッセルト数　Nusselt number …………… *69*

濡れ壁塔　wetted-wall column ……… *48, 126*
熱　heat ………………………………*5, 10, 21*
熱エネルギー　thermal energy ………… *10, 12*
熱拡散率　thermal diffusivity ……………… *67*
熱交換器　heat exchanger ………………… *85*
熱効率　thermal efficiency, heat exchanger ef-
　fectiveness ……………………*10, 21, 92, 261*
熱抵抗　thermal resistance ……………*64, 82*
熱伝達係数　heat transfer coefficient …… *69*
熱電対　thermocouple ……………………… *98*
熱伝導　heat conduction …………………… *63*
熱伝導方程式　heat conduction equation … *66*
熱伝導率　thermal conductivity …………… *67*
熱-動力変換技術（熱機関）　heat engine
　………………………………………… *10, 21*
熱分解法　pyrolysis method ………………*179*
熱容量速度　capacity rate ………………… *92*
熱力学　thermodynamics ……………*5, 8, 20*
熱力学第1法則　the first law of thermody-
　namics ………………………………… *5, 12*
熱力学第2法則　the second law of thermody-
　namics ………………………………… *5, 13*
熱力学第3法則　the third law of thermody-
　namics ………………………………… *5, 7*
熱流束　heat flux …………………………… *63*
熱量　heating value ……………………*20, 260*
粘性境界層　viscous boundary layer ……… *68*
粘性係数　viscosity ………………………… *24*
粘性流　viscous flow ……………………… *25*
粘性力　viscous force ……………………… *24*
粘度　viscosity ……………………………… *24*
濃縮　condensation ………………………… *83*
濃度　concentration ………………………… *8*

〈ハ 行〉

倍加時間　doubling time …………………*228*
灰色体　gray body ………………………… *74*
灰層内拡散律速　diffusion control in ash layer
　………………………………………………*201*
バインダレス造粒　binderless granulation
　………………………………………………*170*
バグフィルタ　bag filter …………………*166*
ハーゲン・ポアズイユの式　Hagen-Poiseuille

.... 28
八田数　Hatta number 126
反射率　reflectivity 72
反応完結時間　the reaction completion time
.... 204
反応器　reactor 211
反応吸収　chemical absorption 124
反応次数　reaction order, order of reaction
.... 186, 201
反応速度　reaction rate 184, 189, 193
反応速度定数　reaction rate constant
.... 186, 200
反応率　conversion 193
非圧縮性流体　incompressible fluid 25
非可逆（変化）　irreversible (change) 12
比揮発度　relative volatility 114
比消費速度　specific consumption rate ... 229
ヒストグラム　histogram 158
ピストン・シリンダ系　system of piston and
    cylinder 5
比増殖速度　specific growth rate 228
比抵抗　specific resistance 51
ピトー管　Pitot tube 44
比内部エネルギー　specific internal energy
.... 7
非ニュートン流体　non-Newtonian fluid ... 25
比熱比　ratio of specific heat 11
非粘性流　inviscid flow 25
比表面積　specific surface area 135, 161
微分時間　derivative time 257
微分動作　derivative action 257
標準エントロピー　standard entropy 7
標準ギブス自由エネルギー変化　change in
    standard Gibbs free energy 9, 21, 261
標準（待機）状態　standard condition 7, 13
標準生成ギブス自由エネルギー　standard
    Gibbs free energy of generation 9
表面拡散　surface diffusion 138
開いた系　open system 6, 13
ビルドアップ　build up 166
比例ゲイン　proportional gain 257
比例動作　proportional action 257
比例要素　proportional element 245

頻度因子　frequency factor 187, 201
頻度分布　frequency distribution 158
ファニングの式　Fanning equation 29
フィックの法則　Fick's law of diffusion ... 108
フィードバック制御　feedback control 238
フィン　fin 94
不可逆変化　irreversible change, nonreversible
    change 6
不均一反応　heterogeneous reaction 183
複合反応　multiple reactions 183
物質移動　mass transfer 107
物質移動係数　mass transfer coefficient ... 110
物質移動速度　mass transfer rate 110
物質移動方程式　mass transfer equation 107
物質収支　mass balance 14
沸騰　boiling 69
物理吸収　physical absorption 124
部分分離効率曲線　partial separation efficiency curve 163
ブラジウスの式　Blasius equation 29
フラッシュ蒸留　equilibrium distillation ... 115
フラッディング点　flooding point 128
プランクの法則　Planck's law 72
プラントル数　Prandtl number 69
フーリエの法則　Fourier's law of heat conduction 66
ふるい下積算分布　cumulative undersize distribution 158
ふるい網　screening mesh 162
ブレークダウン　break down 166
フロインドリッヒの式　Freundlich equation
.... 136
プロセス設計　process design 214
ブロック線図　block diagram 242
分圧　partial pressure 8
分級　classification 162
粉砕　grinding, crushing, size reduction, comminution, pulverizing 166
分散相　dispersion phase 46
噴霧乾燥法　spray drying method 178
分離　separation 107
分離限界粒子径　critical cut size 162
平均温度差　mean temperature difference

　　　　　　　　　　　　　索　　引

………………………………………… *87*
平均粒子径　mean particle diameter ……*159*
平衡（状態）　equilibrium (state)…*6, 21, 260*
平衡含水率　equilibrium moisture content
　　………………………………………… *150*
平衡吸着量　equilibrium adsorption capacity
　　………………………………………… *135*
平衡蒸留　equilibrium distillation ………*115*
平衡組成　equilibrium compositions………*219*
平衡定数　equilibrium constant …*9, 21, 261*
並流　parallel flow ……………………… *87*
閉ループ伝達関数　closed-loop transfer function　…………………………………………*252*
ベクトル軌跡　vector locus ……………*244*
ペブルヒータ　pebble heater …………… *86*
ヘリカルリボン翼　Helical ribbon impeller
　　………………………………………… *57*
ベルヌイの式　Bernoulli equation …… *32*
ベルルサドル　berl saddle ………………*129*
偏差　error ………………………………*238*
ベンチュリー管　venturi tube …………… *42*
ヘンリー定数　Henry constant …………*123*
ヘンリーの法則　Henry's law …………*123*
放射伝熱　radiative heat transfer …… *71*
放射能　emissive power ………………… *72*
放射率　emissivity ……………………… *73*
膨張仕事　expansion work ………… *7, 260*
飽和湿度　saturated humidity …………*145*
飽和蒸気圧　saturated vapor pressure …*114*
飽和定数　half-velocity constant ………*229*
飽和度　degree of saturation …………*144*
保存則　conservation law ………………… *5*
ボード線図　Bode diagram………………*244*
ボンドの式　Bond's equation ……………*167*

　　　　　　　　〈マ　行〉

マイクロカプセル　microcapsule ………*169*
膜温度　film temperature ……………… *70*
摩擦係数　friction factor ……………… *29*
摩擦損失　friction loss ………………… *27*
マッケーブ・シールの段数決定法　McCabe-Thiele method …………………………*120*
ミカエリス定数　Michaelis constant ……*226*

ミカエリス-メンテン式　Michaelis-Menten equation ………………………………*226*
未反応核モデル　shrinking core model …*202*
無次元数　dimensionless number ………… *4*
むだ時間　dead time ……………………*249*
むだ時間要素　dead time element ………*249*
メートル制（工学）単位　metric (engineering) system of units ………………*2, 20*
毛管凝縮法　capillary condensation ……*162*
目標値　desired value …………………*238*
モノー式　Monod equation………………*229*
モル湿度　molar humidity ………………*144*
モル濃度　mole concentration …………… *8*
モル分率　mole fraction ……………*8, 260*

　　　　　　　　〈ヤ　行〉

有効拡散係数　effective diffusion coefficient
　　………………………………………… *138*
有効径　effective particle diameter ……*158*
誘導単位　induction unit …………… *1, 20*
ユラー・ハーキンスの式　Jura-Harkins …*136*
ユングストローム型熱交換器　Ljungstroem heat exchanger ………………………… *86*
溶解度　solubility ………………………*123*
汚れ係数　fouling factor ………………… *90*
予熱期間　preheating period ……………*149*

　　　　　　　　〈ラ　行〉

ラインウィーバー-バークプロット
　　Lineweaver-Burk plot ………………*226*
ラウールの法則　Raoult's law …………*114*
ラシヒリング　raschig ring ……………*129*
ラングミューアーの式　Langmuir ………*136*
ランバートの余弦法則　Lambert's cosine law
　　………………………………………… *75*
乱流　turbulent flow …………………… *26*
リサイクル操作　recycle operation………*18*
リッティンガーの式　Ritteinger's equation
　　………………………………………… *167*
粒子径　particle diameter ………………*157*
粒子径分布　particle diameter distribution
　　………………………………………… *158*
流線　stream line ……………………… *26*

流速　flow rate ……………………… *26*
流体　fluid ………………………………*23*
粒度　particle size ……………………*157*
流動　fluid flow ………………………*23*
流動層　fluidized bed ………………*48*
流動層反応器　fluidized bed reactor ……*213*
粒度分布　particle size distribution ………*158*
理論火炎温度　adiabatic flame temperature
　………………………………………*222*
臨界レイノルズ数　critical Reynolds number
　…………………………………………*27*
ルイスの関係　Lewis relation …………*150*
ルーバー・フィン　Louver fin ……………*95*
零点　zero ………………………………*250*
レイノルズ数　Reynolds number ………*26, 69*
レバの式　Leva's equation ……………*128*
連続式槽型反応器　continuous stirred tank reactor(CSTR) ……………………*191, 195*
連続式操作　continuous operation …*190*
連続相　continuous phase……………*46*
連続の式　equation of continuity……………*30*
ろ液　filtrate ……………………………*51*

ろ過　filtration…………………………*50*
ろ過方程式　filtration equation ………*51*
ローディング点　loading point …………*128*
露点　dew point ………………………*146*

〈英　名〉

BETの式　BET ………………………*136*
CVD法　chemical vaper deposition method
　…………………………………………*175*
HTU　height of transfer unit………………*133*
n 次反応モデル　the n-th reaction model
　…………………………………………*200*
perfectly stirred reactor(PSR) ……………*189*
PID制御　PID control…………………*257*
P-V 線図　P-V diagram ………………*10*
q 線　q-line ……………………………*121*
SI基本単位　SI base unit ………………*1*
SI単位　SI unit …………………………*3, 20*
SI誘導単位　SI induction unit …………*1*
T-S 線図　T-S diagram …………………*11*
ε -NTU法　ε -NTU method ……………*91*

Memorandum

Memorandum

Memorandum

Memorandum

〈監修者紹介〉

架谷　昌信　（はさたに　まさのぶ）
1968　年　名古屋大学大学院工学研究科博士課程修了
専門分野　化学工学
主　著　「演習化学工学」共編，共立出版，1981
　　　　「燃焼の基礎と応用」共著，共立出版，1986
　　　　「通論 化学工学」共編，共立出版，1988
現　在　名古屋大学名誉教授，岐阜大学名誉教授
　　　　愛知工業大学客員教授・工学博士

新編 化学工学

2012 年 3 月 25 日　初版 1 刷発行
2024 年 9 月 10 日　初版 5 刷発行

検印廃止

監修者　架谷　昌信　Ⓒ2012
発行者　南條　光章
発行所　共立出版株式会社

〒 112-0006　東京都文京区小日向 4 丁目 6 番 19 号
電話　03-3947-2511
振替　00110-2-57035
URL　www.kyoritsu-pub.co.jp

一般社団法人
自然科学書協会
会員

印刷：横山印刷／製本：協栄製本
NDC 571／Printed in Japan

ISBN 978-4-320-08869-6

JCOPY ＜出版者著作権管理機構委託出版物＞
本書の無断複製は著作権法上での例外を除き禁じられています．複製される場合は，そのつど事前に，出版者著作権管理機構（TEL：03-5244-5088，FAX：03-5244-5089，e-mail：info@jcopy.or.jp）の許諾を得てください．

■化学・化学工業関連書

www.kyoritsu-pub.co.jp 共立出版

テクニックを学ぶ 化学英語論文の書き方	馬場由成他著
大学生のための例題で学ぶ化学入門 第2版	大野公一他著
わかる理工系のための化学	今西誠之他編著
身近に学ぶ化学の世界	宮澤三雄編著
物質と材料の基本化学 教養の化学改題	伊澤康司他編
化学概論 物質の誕生から未来まで	岩岡道夫他著
理工系のための化学実験 基礎化学からバイオ・機能材料まで	岩村 秀他監修
理工系 基礎化学実験	岩岡道夫他著
基礎化学実験 実験操作法 第2版増補 Web動画解説付	京都大学大学院人間・環境学研究科化学部会編
基礎からわかる物理化学	柴田茂雄他著
物理化学の基礎	柴田茂雄著
やさしい物理化学 自然を楽しむための12講	小池 透著
物理化学 上・下 (生命薬学テキストS)	桐野 豊編
相関電子と軌道自由度 (物理学最前線22)	石原純夫著
興味が湧き出る化学結合論 基礎から論理的に理解して楽しく学ぶ	久保田真理著
第一原理計算の基礎と応用 (物理学最前線27)	大野かおる著
溶媒選択と溶解パラメーター	小川俊夫著
工業熱力学の基礎と要点	中山 顕他著
ニホニウム 超重元素・超重核の物理 (物理学最前線24)	小浦寛之著
有機化学入門	船山信次著
基礎有機合成化学	妹尾 学他著
資源天然物化学 改訂版	秋久俊博他編集
データのとり方とまとめ方 分析化学のための統計学とケモメトリックス 第2版	宗森 信他訳
分析化学の基礎	佐竹正忠他著
陸水環境化学	藤永 薫編集
走査透過電子顕微鏡の物理 (物理学最前線20)	田中信夫著
qNMRプライマリーガイド 基礎から実践まで	「qNMRプライマリーガイド」ワーキング・グループ著
基礎 高分子科学 改訂版	妹尾 学監修
高分子化学 第5版	村橋俊介他編
プラスチックの表面処理と接着	小川俊夫著
化学プロセス計算 第2版	浅野康一著
マテリアルズインフォマティクス	伊藤 聡編
"水素"を使いこなすためのサイエンス ハイドロジェノミクス	折茂慎一他編著
水素機能材料の解析 水素の社会利用に向けて	折茂慎一他編著
バリア技術 基礎理論から合成・成形加工・分析評価まで	バリア研究会監修
コスメティックサイエンス 化粧品の世界を知る	宮澤三雄編著
基礎 化学工学	須藤雅夫編著
新編 化学工学	架谷昌信監修
エネルギー物質ハンドブック 第2版	(社)火薬学会編
NO (一酸化窒素) 宇宙から細胞まで	吉村哲彦著
塗料の流動と顔料分散	植木憲二監訳